설비 유체기계

이명호 저

A-JIN 도서출판 아진

목 차

제1장
유체기계의 개요

1.1 유체기계의 정의

자연계에 존재하는 물체는 물리학(physics)적인 관점에서 고체(solid), 액체(liquid), 기체(gas)로 분류할 수 있으며, 역학(mechanics)적인 관점에서는 고체(固體, solid)와 유체(流體, fluid)로 분류할 수 있다. 유체를 역학적인 관점에서 고체와 비교해 보면 유체(기체, 액체)는 매우 작은 전단력(shear force)이라도 받으면 계속해서 변형이 발생하지만 고체는 쉽게 변형이 발생하지 않는다. 고체는 일정한 전단응력이나 수직응력을 가지고 있으므로, 매우 작은 전단력(shear force)이나 수직력(normal force)을 받으면 쉽게 변형이 발생하지 않는다. 액체는 어느 정도의 수직응력(압축응력)을 가지고 있어서 수직력(압축력)이 작용해도 쉽게 압축되지 않지만 전단응력은 작아서 매우 작은 전단력에도 쉽게 변형할 수 있다. 기체는 전단응력과 수직응력이 매우 작아서 매우 작은 전단력에도 쉽게 변형하며 작은 수직력(압축력)에도 쉽게 압축될 수 있다. 즉 고체와 비교하면 유체(기체, 액체)는 매우 작은 전단력에도 계속해서 저항할 수 없는 성질을 가지고 있으며, 쉽게 형태가 변화할 수 있으므로 흐를 수가 있는 물체이다. 그래서 유체는 고체와 달리 일정한 형태가 없으므로 쉽게 유동할 수 있는 성질이 있다. 그러므로 유체란 매우 작은 전단력이라도 작용하면 계속해서 변형하는 물질이라고 정의할 수 있다.

기계는 고체, 액체, 기체와 같은 물체의 역학적 성질을 이용하여 에너지를 변환 또는 전달하는 기능이 있어야 한다. 즉 선반, 밀링 등의 공작기계는 전기적 에너지(electrical energy)를 받아들여서 기계적 에너지(mechanical energy)로 변환하여 필요한 일을 한다. 내연기관과 같은 열기관은 열에너지(heat energy)를 기계적 에너지로 변환시키는 기계이며 자동차, 항공기 등의 수송기계는 복합적인 에너지의 변환을 수행하는 기계이다.

이러한 기계 중에서도 물, 공기와 같은 유체를 작동물질로 하여 에너지의 변환을 수행하는 기계를 유체기계(fluid machinery)라 한다. 유체기계를 용적형 유체기계와 터보형유체기계로 분류할 수 있으며, 터보형 유체기계를 터보기계(turbo machinery)라 한다. 유체기계 중에서 펌프(pump), 송풍기(blower), 압축기(compressor) 등은 외부에서 기계적 에너지를 받아들여서 물이나 공기 등의 유체에 에너지를 공급하여 유체를 운반하거나 에너지를 저장하는 기계이다. 수차(water turbine), 풍차(wind turbine), 증기터빈(steam turbine), 가스터빈(gas turbine) 등은 물, 공기, 증기, 가스 등의 유체가 가진 에너지를 이용하여 기계적 에너지를 발생시키는 기계이다.

1.2 유체기계의 분류

유체기계는 여러 가지 기준에 의하여 분류할 수 있으며, 작동원리를 기준으로 분류하면 터보형 유체기계(turbo type fluid machinery)와 용적형 유체기계(positive displacement type fluid machinery)로 나눌 수 있다.

터보형 유체기계를 터보기계(turbo machinery)라고도 하며, 터보기계는 그림 1. 1과 같이 회전하는 회전차 또는 깃 사이를 유체가 연속적으로 통과하면서 유체의 압력과 속도가 변화하는 유체동역학(fluid dynamics)적 원리에 의하여 에너지의 변환이 이루어지는 유체기계를 의미한다. 터보형은 회전차를 통과하는 유체의 유동방향에 따라서 반경류형(半徑流型) 또는 원심형(遠心型), 축류형(軸流型) 그리고 사류형(斜流型)으로 나눌 수 있다. 그림 1. 1에서 유체가 회전차를 통과할 때 축의 반지름방향으로 통과하는 형을 반경류형(radial flow type) 또는 원심형(centrifugal type)이라 하며, 유체가 회전차를 축방향으로 통과하는 형을 축류형(axial flow type)이라 한다. 그리고 유체가 회전차를 축방향과 반지름방향의 중간방향, 즉 대각선방향으로 통과하는 형을 사류형(diagonal flow type)이라 한다.

용적형은 그림 1. 2와 같이 용적실(chamber)의 체적을 변화시켜서 유체를 강제적으로 용적실안으로 밀어 넣거나 용적실 밖으로 밀어내면서, 이 때 발생하는 압력에 의하여 유체를 이송시키는 기계이다. 즉 실린더(cylinder)와 피스톤(piston) 또는 케이싱(casing)과 로터(rotor) 같은 고체벽이 이동하는 사이에 밀폐된 용적이 주기적으로 변화하는 사이에 유체의 압력을 변화시키는 유체정역학(fluid statics)적 원리에 의하여 에너지의 변환 및 전달이 이루어지는 형식을 말한다. 용적형은 그림 1. 2에서와 같이 용적의 증감방법에 의하여 왕복형(reciprocating type)과 회전형(rotary type)으로 구분할 수 있다. 왕복형 에서는 실린더내를 왕복운동하는 피스톤면에 작용하는 압력차에 의하여 유체에 에너지를 공급하여 유체를 이송시키게 된다. 회전형에서는 기어(gear)의 이사이의 체적이 변화하는 것을 이용한 기어형(gear type), 로터(rotor)에 설치된 방사상의 홈 속을 베인(vane)이 왕복운동하며 회전하는 형식의 베인형(vane type) 등이 있다.

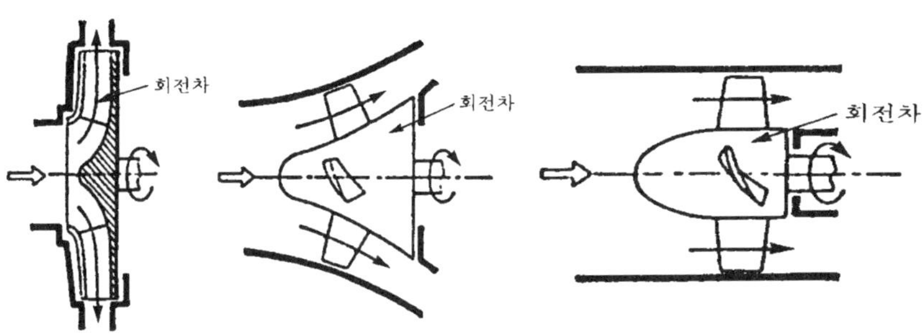

(a) 반경류형 (b) 사류형 (c) 축류형

그림 1.1 터보형 유체기계

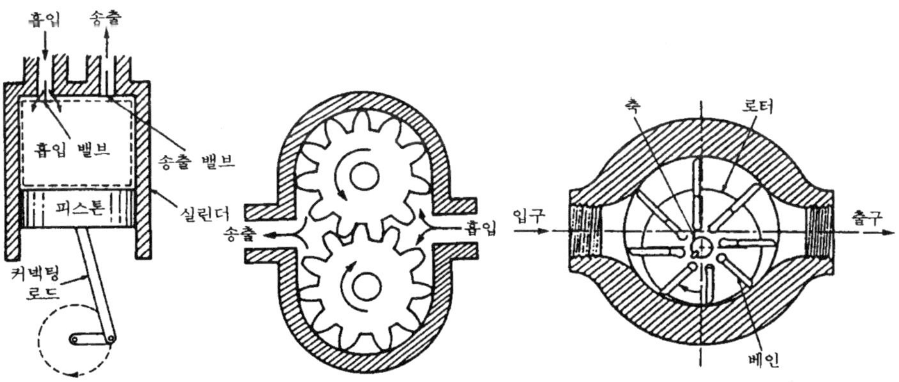

(a) 왕복형 (b) 회전형

그림 1.2 용적형 유체기계

1.3 터보기계의 종류

앞에서 언급한바와 같이 터보기계에서는 회전하는 회전차 또는 깃 사이를 유체가 연속적으로 통과하면서 유체의 압력과 속도가 변화하는 유체유동이 일어나며 동역학(fluid dynamics)적 원리에 의하여 에너지의 변환이 이루어진다. 그러므로 터보기계란 유체 동역학적 원리에 의하여 에너지변환을 수행하는 기계라고 정의할 수 있다. 유체기계 중에서도 터보기계를 설계하고 성능을 평가하기 위해서는 유체역학적 이론과 유동해석이 필요하며, 이 책에서는 유체기계 중에서도 터보기계를 주로 다룬다.

터보기계는 일상생활에서 급수, 배수, 공기의 순환 및 이송, 공기의 압축이 필요한 곳 등에서 광범위하게 사용된다. 그리고 기계시스템, 산업설비, 각종의 플랜트 등에서 유체기계는 필수적인 구성요소로써 다양하게 사용되는 예를 들 수 있다. 아래의 그림들은 몇 가지 터보기계의 예를 나타낸 것이다. 그림1.3 원심펌프, 그림1.4 축류펌프는 기계적에너지를 유체에너지로 변환하여 물과 같은 액체를 이송시키는 용도로 사용되며, 그림 1.5 원심압축기, 그림 1.6 축류압축기는 기계적에너지를 유체에너지로 변환하여 공기와 같은 기체를 압축시키는 용도로 사용되는 기계이다. 그림 1.7 수력터빈은 수력발전소에서 사용되며 물이 가진 에너지를 기계적에너지로 변환시키는 기계이고, 그림 1.8 풍력터빈은 풍력발전에서 바람이 가진 에너지를 기계적에너지로 변환시키는 기계이다. 그림 1.9 가스터빈은 고온고압상태의 연소가스의 유체에너지를 기계적에너지로 변환시키는 기계로서 항공기엔진용이나 가스터빈발전용에 사용되며, 그림 1.10 증기터빈은 고온고압상태의 증기의 유체에너지를 기계적에너지로 변환시키는 기계로서 화력발전이나 원자력발전에 사용되는 터보기계이다.

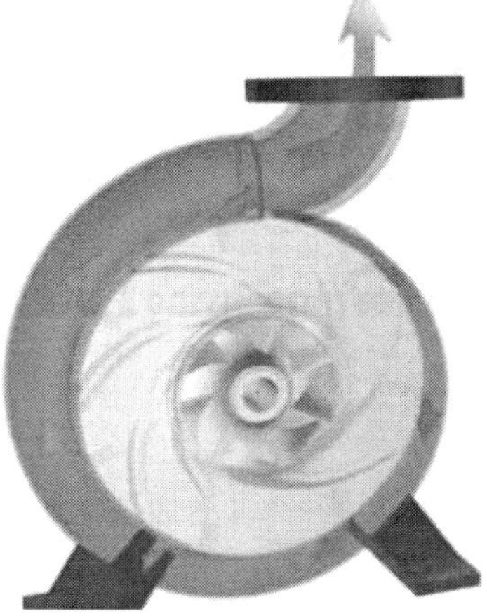

그림 1.3 원심펌프

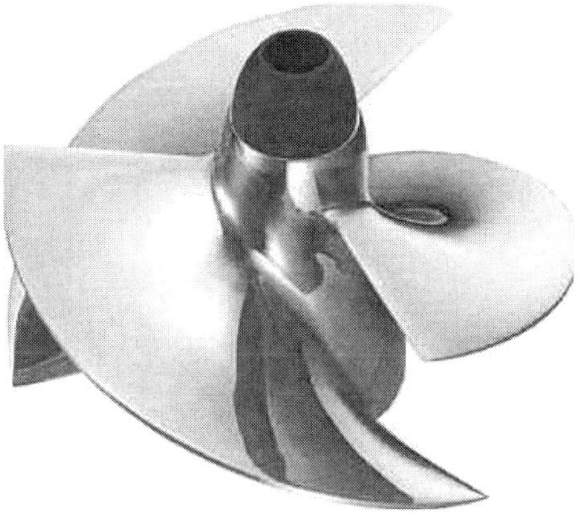

그림 1.4 축류펌프

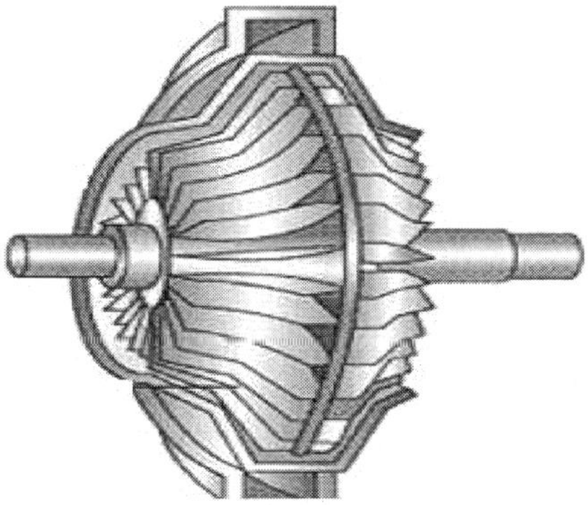

그림 1.5 원심압축기

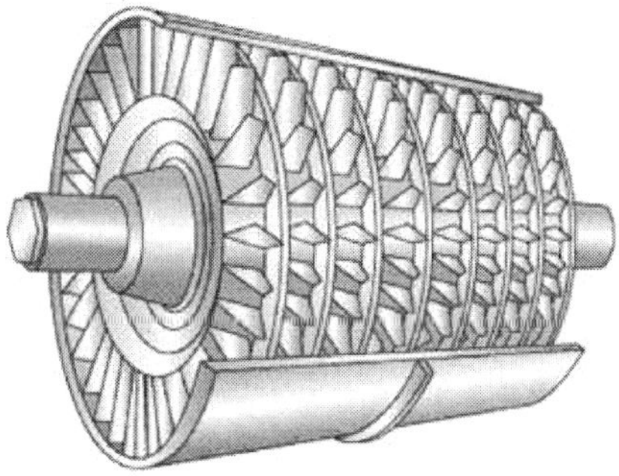

그림 1.6 축류압축기

그림 1.7 수력터빈

그림 1.8 풍력터빈

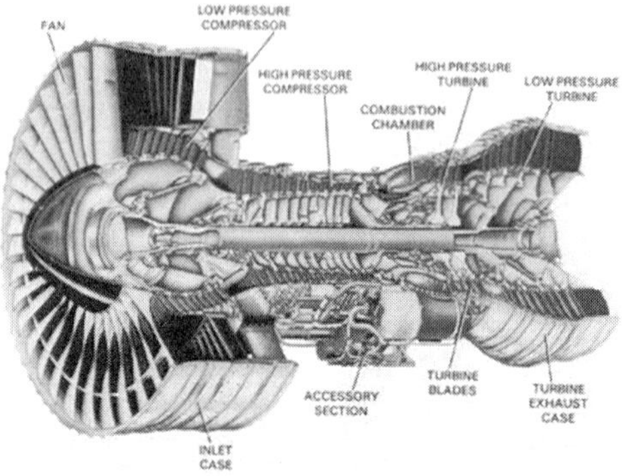

그림 1.9 가스터빈

그림 1.10 증기터빈

제2장

유체기계의 기초이론

2.1 유체와 에너지

유체(기체, 액체)는 매우 작은 전단력(shear force)이라도 받으면 계속해서 변형이 발생하지만 고체는 쉽게 변형이 발생하지 않는다. 즉 유체는 매우 작은 전단력에도 계속해서 저항할 수 없는 성질을 가지고 있으며, 쉽게 형태가 변화할 수 있으므로 흐를 수가 있는 물체이다. 그래서 유체는 고체와 달리 일정한 형태가 없으므로 쉽게 유동할 수 있는 성질이 있다. 그러므로 유체란 매우 작은 전단력이라도 작용하면 계속해서 변형하는 물질이라고 정의할 수 있다.

에너지(energy)란 그 어원에 의하여 간단히 표현하면 "일(work)을 할 수 있는 능력"이라고 정의할 수 있다. 에너지는 여러 가지 형태로 존재할 수 있지만 그게 나누어 보면 역학적 에너지(mechanical energy), 전기에너지(electric energy), 화학에너지(chemical energy), 핵에너지(nuclear energy) 등으로 분류할 수 있다. 물론 각 에너지는 상호간에 변환이 가능하며, 유체기계에서는 여러 가지 에너지 중에서도 고체 및 유체의 역학적 에너지를 주로 다루게 된다.

유체기계는 유체를 작동물질로 하여 에너지의 변환을 수행하는 기계이므로 유체기계 중에서도 터보기계를 해석하고 설계하기 위해서는 유체의 유동에 대한 힘과 에너지를 다루어야 하므로 유체역학적 지식이 필요하다.

유체의 에너지방정식은 밀도의 변화 유무에 따라서 비압축성유동에 대한 에너지방정식과 압축성유동에 대한 에너지방정식으로 분류할 수 있다.

펌프, 수차, 풍차, 홴 등에서 유체는 비압축성유동으로 간주하므로 이에 대한 에너지방정식은 비압축성유동에 대한 에너지방정식을 적용해야 한다. 이에 반하여 압축기, 가스터빈, 증기터빈 등에서 유체는 압축성유동으로 해석해야 하므로 압축성유동에 대한 에너지 방정식을 적용하여야 한다.

2.2 차원과 단위

2.2.1 차원

표 2.1 주요 물리량의 차원

리 량	기 호	FLT계	MLT계
길이(length)	ℓ	L	L
시간(time)	t	T	T
속도(velocity)	v	LT^{-1}	LT^{-1}
가속도(acceleration)	a	LT^{-2}	LT^{-2}
질량(mass)	m	FT^2L^{-1}	M
밀도(density)	ρ	FT^2L^{-4}	ML^{-3}
힘(force), 중량(weight)	f, w	F	MLT^{-2}
비중량(specific weight)	γ	FL^{-3}	$ML^{-2}T^{-2}$
압력(pressure)	p	FL^{-2}	$ML^{-1}T^{-2}$
토크(torque), 일(work)	T, W	FL	ML^2T^{-2}
동력(power)	L	FLT^{-1}	ML^2T^{-3}
응력(stress)	σ, τ	FL^{-2}	$ML^{-2}T^{-2}$
체적유량(volume flow rate)	Q	L^3T^{-1}	L^3T^{-1}
절대점성계수(absolute viscosity)	μ	FLT^{-2}	$ML^{-1}T^{-1}$
동점성계수(kinematic viscosity)	v	$L^{-2}T^{-1}$	L^2T^{-1}
체적탄성계수(modulus of elasticity)	E	FL^{-2}	$ML^{-1}T^{-2}$
표면장력(surface tension)	σ	FL^{-1}	MT^{-2}
각속도(angular velocity)	ω	T^{-1}	T^{-1}
운동량(momentum)	mv	FT	MLT^{-1}
각운동량(angular momentum)	R	FLT	ML^2T^{-1}

일반적으로 유체역학에서 다루는 물리량(physical quantity)은 길이, 질량, 시간, 온도와 같은 기본물리량(primary quantity)을 조합하여 그 물리량의 성질을 나타낼 수 있다. 유

체역학에서는 기본물리량을 힘F, 질량M, 길이L, 시간T로 나타내며, 이 기본물리량의 차원을 기본차원(primary dimension)이라 하고, 기본차원의 조합으로 이루어진 물리량의 차원을 유도차원(derived dimension)이라 한다.

차원계(dimension system)에는 힘F, 길이L, 시간T를 기본차원으로 하는 FLT계와 질량M, 길이L, 시간T를 기본차원으로 하는 MLT계가 있다. Newton의 제 2 법칙에서 힘은 질량과 가속도의 곱이므로 힘의 차원 F와 질량의 차원 M 사이의 관계는 $F = MLT^{-2}$ 혹은 $M = FL^{-1}T^2$이 성립하며, 이 관계를 이용하여 FLT계와 MLT계를 서로 바꾸어 표현할 수 있다. 표 2.1에는 유체역학에서 다루는 주요한 물리량의 차원을 표시하였다.

2.2.2 단위

단위(units)는 기본물리량의 단위인 기본단위(primary units)와 기본단위의 조합으로 이루어지는 유도단위(derived units)로 나눌 수 있다. 어떤 단위를 기본단위로 하는가에 따라서 단위계(system of units)를 구분할 수 있으며, 1970년대 이전까지의 단위계는 이학(理學)에서 주로 사용된 물리단위계(physical system of units) 혹은 절대단위계(absolute system of units)와 공학에서 주로 사용된 공학단위계(engineering system of units) 혹은 중력단위계(gravitational system of units)로 대별할 수 있다. 두 단위계를 통합하기 위하여 1960년 제 11 차 중량과 계량에 관한 총회(General Conference on Weights and Measures)에서 국제단위계(System International d'Units, SI단위계)를 국제적인 표준단위계로 공식적인 채택을 하였으며, 1974년 미국기계학회에서 발표되는 논문에는 SI단위만을 사용할 것을 요구하면서 모든 단위계는 SI단위계로 통일되어가는 과정에 있다. 그러나 현실적으로는 공학단위계와 SI단위계를 병행하여 사용하고 있으므로 두 단위계에 대한 이해와 단위환산을 위한 지식이 필요하다.

1. 절대단위계(Absolute System of Units)

절대단위계(물리단위계)는 길이(length)의 단위 m, 질량(mass)의 단위 g, 시간(time)의 단위 s를 기본단위로 한다.

절대단위계에서 힘(force)의 단위는 dyn이나 N을 사용한다.

$$1\,\mathrm{dyn} = 1\,\mathrm{g}\times 1\mathrm{cm/s^2} = 1\mathrm{g\,cm/s^2}$$

$$1\mathrm{N} = 1\mathrm{kg}\times 1\mathrm{m/s^2} = 1\mathrm{kg\,m/s^2}$$

2. **중력단위계**(Gravitational System of Units)

중력단위계(공학단위계)는 길이의 단위 m, 힘의 단위 kgf, 시간의 단위 s를 기본단위로 한다. Newton의 제 2 법칙에 의하여 힘은 질량과 가속도의 곱으로 정의하므로 1kgf는 1kg의 질량에 중력가속도의 표준값 $g = 9.81\,\mathrm{m/s^2}$의 곱을 의미한다.

$$1\mathrm{kgf} = 1\mathrm{kg}\times 9.81\,\mathrm{m/s^2} = 9.81\,\mathrm{kg\,m/s^2}$$

3. **SI단위계** (SI System of Units)

SI단위계는 물리단위계를 확대한 것으로 기본단위로는 길이의 단위 m, 질량의 단위 kg, 시간의 단위 s, 온도의 단위 K(Kelvin), 이외에 물질량의 단위 mol, 전류의 단위 A, 광도의 단위 Cd를 사용한다.

SI단위계에서는 힘의 단위로 N(Newton), 일(work)이나 열(heat) 등의 에너지(energy)의 단위로 J(Joule), 압력(pressure)의 단위로 Pa(Pascal)이나 bar, 동력(power)의 단위로 kW를 사용한다.

2.2.3 주요 물리량의 단위

1. **밀도**(density) ρ

밀도는 단위 체적당 질량이므로 중력단위계에서는

$$\rho = \frac{\text{질량}}{\text{적}} = \frac{\text{중량/중력가속도}}{\text{체적}} = \frac{W}{g\,V}\ \mathrm{kgf\ s^2/m^4}$$

이고, SI 단위계에서는

$$\rho = \frac{\text{질량}}{\text{적}} = \frac{m}{V}\ \mathrm{kg/m^3}$$

이다.

2. 비중량(specific weight) γ

비중량은 단위 체적당 중량이므로 중력단위계에서는

$$\gamma = \frac{\text{중량}}{\text{체적}} = \frac{W}{V}\ \mathrm{kgf/m^3}$$

이고, SI 단위계에서는

$$\gamma = \frac{W}{V}\ \mathrm{N/m^3}$$

이다.

3. 힘(force) F

Newton의 제 2 법칙에서 힘은 질량과 가속도의 곱으로 정의한다. 중력단위계에서는 1kg의 질량에 중력가속도 $9.81\ \mathrm{m/s^2}$이 작용할 때의 힘을 1kgf로 나타내므로

$$1\mathrm{kgf} = 1\mathrm{kg} \times 9.81\,\mathrm{m/s^2} = 9.81\,\mathrm{kgm/s^2}$$

이고, SI 단위계에서는 1kg의 질량에 $1\,\mathrm{m/s^2}$의 가속도가 작용할 때의 힘을 1N으로 나타내므로

$$1\mathrm{N} = 1\mathrm{kg} \times 1\,\mathrm{m/s^2} = 1\,\mathrm{kgm/s^2}$$

이다.

또, $1\mathrm{dyn} = 1\mathrm{g} \times 1\,\mathrm{cm/s^2} = 1\mathrm{g\,cm/s^2}$을 나타내므로

$$1\text{N} = 10^5\text{dyn}$$

의 관계가 있다. 그러므로 중력 단위계와 SI 단위계에서 힘의 단위는 1kgf=9.81N의 관계를 이용하여 환산할 수 있다.

4. 압력(pressure) p

유체의 미소의 한 점에 작용하는 단위면적당의 수직력을 압력(pressure)이라 한다. 즉 미소면적 δA에 작용하는 미소의 수직력이 δF_n일 때 압력 p는 다음과 같이 표시된다.

$$p = \lim_{\delta A \to 0} \frac{\delta F_n}{\delta A} \approx \frac{F_n}{A}$$

일반적으로는 단위면적당 작용하는 수직력을 압력이라 하며, 압력은 단위면적당 작용하는 힘으로서 FL^{-2}의 차원을 가진다. 단위로는 중력단위계에서는 kgf/m^2, kgf/cm^2을 사용하며 SI 단위계에서는 $\text{Pa}(=\text{N/m}^2)$, bar 등을 사용한다. 그리고 대기(공기)에 의하여 작용하는 압력을 대기압이라 하고, 국소적으로 작용하는 대기압을 국소대기압(local atmospheric pressure)이라 한다. 국소대기압은 지역과 고도 등에 따라서 달라질 수 있으므로, 해수면에 작용하는 평균압력을 표준대기압(standard atmospheric pressure)이라 하여 일반적인 대기의 압력으로 사용한다. 이외에도 압력의 단위에는 여러 가지가 있으며 이들의 관계는 다음과 같다.

표준대기압(standard atmospheric pressure) 1atm은

$$\begin{aligned} 1\text{atm} &= 760\text{mmHg(수은주)} \\ &= 10.3323\text{mAq(수주)} \\ &= 1.03323\,\text{kgf/cm}^2 \\ &= 10332.3\,\text{kgf/m}^2 \end{aligned}$$

인 관계가 있다.

진공압력을 표시할 때는 Torr(Torricelli)를 사용하는 경우도 있다.

$$1\text{Torr} = 1\ \text{mmHg}$$

SI 단위계에서 압력의 단위는

$$1\text{Pa} = 1\text{N/m}^2$$
$$1\text{bar} = 10^5\text{Pa} = 10^5\text{N/m}^2$$
$$1\text{atm} = 101325\text{Pa} = 1.01325\text{bar}$$

이다.

압력계는 일반적으로 대기압을 기준압력(이 때의 압력을 0)으로 나타내며, 압력계에 나타난 압력을 계기압력(gauge pressure)이라 하고, 완전진공의 압력을 기준압력(이 때의 압력을 0)으로 나타낸 압력을 절대압력(absolute pressure)이라 한다. 따라서 절대압력을 p_{abs}, 계기압력을 p_g, 국소대기압을 p_0이라 하면 다음의 관계가 있다.

$$P_{abs} = P_g + P_0$$

절대압력은 항상 양(+)의 값을 갖지만 계기압력은 대기압보다 높으면 양(+)의 값을 가지며, 대기압보다 낮으면 음(-)의 값을 갖는다. 국소대기압보다 높은 압력을 압축압력(正壓), 국소대기압보다 낮은 압력을 진공압력(負壓)이라 한다.

5. 일(work), 열(heat), 에너지(energy)

일은 힘과 변위(displacement, length)의 곱으로 정의한다. 중력 단위계에서는 kgfm를 사용하며 SI단위계에서는 J(Joule)을 사용한다.

$$1\text{kgf m} = 9.8\ \text{kgm}^2/\text{s}^2$$
$$1\text{J} = 1\text{N m} = 1\text{kg m/s}^2$$

이므로 1kgf m = 9.8J의 관계가 있다.

일은 힘과 변위(displacement, length)의 곱으로 정의되는 에너지이며, 열은 물체의 온도를 변화시킬 수 있는 성질을 갖는 에너지로 정의할 수 있다. 일과 열은 그 현상은 다르지만 상호변환이 가능한 같은 성질을 갖는 에너지이다.

중력단위계에서는 일의 단위로써 kgf m를 사용하며 열의 단위로서 kcal를 사용한다.

Joule의 실험에 의하면 이들은 다음과 같은 관계가 있다.

$$1\,\text{kcal} = 426.8\,\text{kgf m}$$

그러므로 열의 일당량 J 는 $J = 426.8\,\text{kgf m/kcal}$를 나타낸다.

SI단위계에서는 열과 일은 동일한 에너지의 단위 J (Joule)을 사용하며 다음의 관계가 있다.

$$1\,\text{J} = 1\,\text{N m} = \frac{1}{9.8}\,\text{kgf m}$$

6. 동력(power)

동력(일률, 공률)은 단위 시간당 에너지(일, 열)를 의미한다. 중력단위계에서 동력의 단위는 kgf m/s, ps를 사용하며

$$1\,\text{ps} = 75\,\text{kgf m/s}$$

인 관계가 있다.

SI단위계에서 동력의 단위는 W, kW를 사용하며

$$1\,\text{W} = 1\,\text{J/s} = 1\,\text{N m/s}$$

$$1\,\text{kW} = 1000\,\text{J/s} = 1000\,\text{N m/s}$$

$$= \frac{1000}{9.81}\,\text{kgf m/s} = 102\,\text{kgf m/s}$$

인 관계가 있다.

표 2.2는 유체역학에서 사용되는 주요한 물리량의 단위를 나타낸다.

표 2.2 주요 물리량의 단위

리 량	절대단위계 (CGS단위계)	중력단위계	SI 단위계
길이(length)	cm	m	m
시간(time)	s	s	s

(mass)	g	kgf s2/m	kg
속도(velocity)	cm/s	m/s	m/s
가속도(acceleration)	cm/s2	m/s2	m/s2
각도(angle)	rad	rad	rad
각속도(angle velocity)	rad/s	rad/s	rad/s
밀도(density)	g/c㎥	kgf s2/m4	kg/㎥
힘(force), 중량(weight)	dyn=gcm/s2	kgf	N
비중량(specific weight)	g/cm2s2	kgf/㎥	N/㎥
압력(pressure), 응력(stress)	g/cms2	kgf/m2	Pa=N/m2
일(work), 에너지(energy)	erg=gcm2/s2	kgf m	J=Nm
동력(power)	gcm2/s3	kgf m/s	W=J/s=Nm/s
체적유량(volume flow rate)	c㎥/s	㎥/s	㎥/s
절대점성계수(absolute viscosity)	g/cms	kgf s/m2	Pa s=Ns/m2
동점성계수(kinematic viscosity)	cm2/s	kgf s/m2	m2/s
표면장력(surface tension)	g/s2	kgf/m	N/m
운동량(momentum)	gcm/s	kgf/s	N/s
각운동량(angular momentum)	gcm2/s	kgf m/s	Nm/s

2.3 운동량 방정식

운동하는 물체에 작용하는 힘 F는 물체의 질량을 m, 가속도를 a라 하면 Newton의 제 2 법칙으로부터

$$F = ma = m\frac{dv}{dt} \tag{2.1}$$

로 표시된다.

질량은 시간에 관계없이 일정하므로(질량보존의 법칙) 식 (2.1)은 다음과 같이 표시할 수 있다.

$$F = \frac{d}{dt}(mv) \tag{2.2}$$

식 (2.2)에서 질량과 속도의 곱 mv 를 운동량(momentum)이라 하며, 식 (2.2)는 물체에 작용하는 힘은 그 물체의 단위시간당 운동량의 변화량과 같다는 것을 의미하며, 이것을 운동량 정리(momentum theorem)라 한다.

그림 2.1과 같이 직선관내의 단면 1-2 사이를 유동하는 유체의 미소시간 dt 동안의 운동량 변화량 $d(mv)$는

$$d(mv) = m_2 v_2 - m_1 v_1 = (\rho_2 A_2 v_2 dt) v_2 - (\rho_1 A_1 v_1 dt) v_1 \tag{2.3}$$

이며, 식 (2.3)을 식 (2.2)에 대입하면 단면 1-2 사이의 유체에 작용하는 힘 F는 다음 식으로 구할 수 있다.

$$F = \rho_2 A_2 {v_2}^2 - \rho_1 A_1 {v_1}^2 \tag{2.4}$$

연속방정식으로부터 $\rho_1 A_1 v_1 = \rho_2 A_2 v_2 = \rho Q$로 표시하면

$$F = \rho Q (v_2 - v_1) \tag{2.5}$$

로 표시할 수 있다.

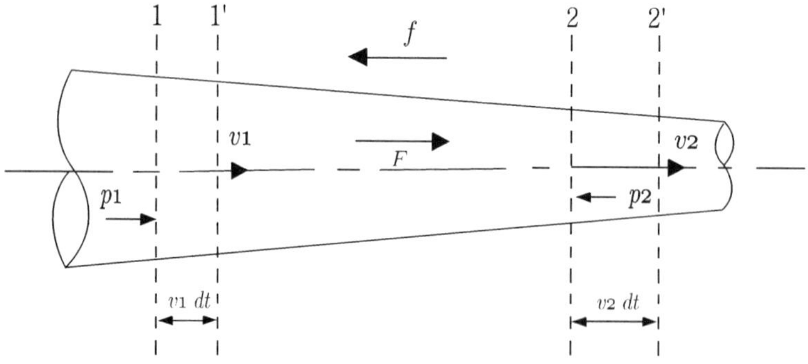

그림 2.1 관내유동의 운동량방정식

두 단면에서의 압력 p_1, p_2와 관이 유체의 흐름을 방해하는 마찰력 $f(\quad)$를 고려하면 다음의 관계가 있다.

$$F = \rho Q(v_2 - v_1) = p_1 A_1 - p_2 A_2 - f \tag{2.6}$$

따라서 유체가 관을 미는 힘 $f(\rightarrow)$는 다음과 같다.

$$f = p_1 A_1 - p_2 A_2 + \rho Q(v_1 - v_2) \tag{2.7}$$

2.4. 에너지방정식

유체의 에너지방정식은 밀도의 변화 유무에 따라서 비압축성유동에 대한 에너지방정식과 압축성유동에 대한 에너지방정식으로 분류할 수 있다.
펌프, 수차, 풍차, 팬 등에서 유체는 비압축성유동으로 간주하므로 이에 대한 에너지방정식은 비압축성유동에 대한 에너지방정식을 적용해야 한다. 이에 반하여 압축기, 가스터빈, 증기터빈 등에서 유체는 압축성유동으로 해석해야 하므로 이에 대한 에너지방정식은 압축성유동에 대한 에너지방정식을 적용하여야 한다.

2.4.1 오일러의 운동방정식

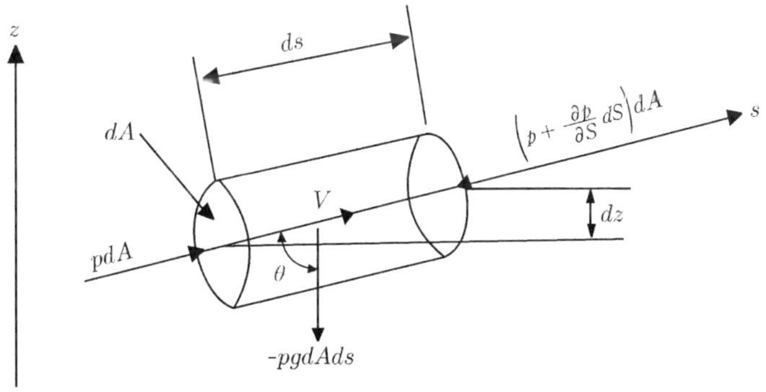

그림 2.2 유체입자의 운동

비점성유동, 즉 전단(응)력이 존재하지 않는 유동에 Newton의 제 2 법칙을 적용하여 유체입자에 작용하는 힘을 표현한 방정식이 오일러의 운동방정식(Euler equation of motion)이다.

그림 2.2와 같이 유선 S를 따라서 1차원 유동하는 유체입자의 체적을 $dA\,dS$, 유선 S와 중력의 방향이 이루는 각이 θ일 때 Newton의 제 2 법칙을 적용하면 표면력(전압력)과 체력의 합은 관성력이므로 다음과 같이 나타낼 수 있다.

$$pdA - \left(p + \frac{\partial p}{\partial S} dS\right) dA - \rho g dA\, dS \cos\Theta = \rho\, dA dS \frac{dv}{dt} \qquad (2,8)$$

식 (2,8)을 유체입자의 질량 $\rho\, dA\, dS$로 나누어 정리하면 다음과 같다.

$$\frac{1}{\rho} \frac{\partial p}{\partial S} + \frac{1}{g} \cos\Theta + \frac{dv}{dt} = 0 \qquad (2,9)$$

식 (2,9)에서 $\cos\Theta = \frac{dz}{dS} = \frac{\partial z}{\partial S}$, $\frac{dv}{dt} = v\frac{\partial v}{\partial S} + \frac{\partial v}{\partial t}$ 로 표시하면

$$\frac{1}{\rho} \frac{\partial p}{\partial S} + g\frac{\partial z}{\partial S} + v\frac{\partial v}{\partial S} + \frac{\partial v}{\partial t} = 0 \qquad (2,10)$$

로 된다.

정상유동인 경우에는 $\frac{\partial v}{\partial t} = 0$이므로 식 (2.10)은 다음과 같다.

$$\frac{1}{\rho} \frac{\partial p}{\partial S} + g\frac{\partial z}{\partial S} + v\frac{\partial v}{\partial S} = 0 \quad \text{또는} \quad \frac{dp}{\rho} + g\,dz + vdv = 0 \qquad (2.11)$$

식 (2.11)은 1차원 정상유동에 관한 오일러의 운동방정식(Euler equation of motion)이다.

2. 4. 2 베르누이 방정식(Bernoulli Equation)

비압축성 비점성유동에 관한 에너지방정식을 베르누이(Bernoulli) 방정식이라 하며, 베르누이 방정식은 오일러의 운동방정식을 적분하면 얻을 수 있다.

식 (2.11)을 그림 2.3과 같은 유선상에서 임의의 두 단면 1, 2사이에서 적분하면 비압축성 유동(ρ =상수)인 경우 다음과 같다.

$$\frac{p_1}{\rho} + \frac{v_1^{\,2}}{2} + gz_1 = \frac{p_2}{\rho} + \frac{v_2^{\,2}}{2} + gz_2 \ \text{또는}\ \frac{p}{\rho} + \frac{v^2}{2} + gz = E \qquad (2.12)$$

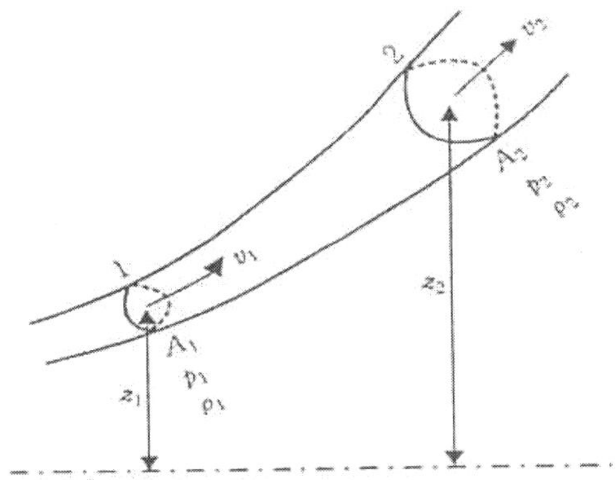

그림 2.3 유선을 따르는 유체입자의 운동

식 (2.12)에서 p/ρ는 압력에너지(pressure energy), $v^2/2$은 운동(속도)에너지(kinetic(velocity) energy), gz은 포텐셜에너지(potential energy)라 하며, E는 적분상수로서 전에너지(total energy)를 의미한다. 여기서 각 항은 단위 질량당 에너지이다.

식 (2.12)를 중력가속도 g로 나누면 다음 식으로 표시할 수 있다.

$$\frac{p_1}{\gamma} + \frac{v_1^{\,2}}{2g} + z_1 = \frac{p_2}{\gamma} + \frac{v_2^{\,2}}{2g} + z_2 \text{ 또는 } \frac{p}{\gamma} + \frac{v^2}{2g} + z = H \tag{2.13}$$

여기서 각 항은 단위 중량당 에너지로서 수두(head)의 차원(L)을 가지며 p/γ는 압력수두(pressure head), $v^2/2g$은 속도수두(velocity head), z는 위치수두(potential head), H는 전수두(total head)라 한다.

식 (2.13)에 비중량 γ 를 곱하면

$$p_1 + \frac{\gamma v_1^{\,2}}{2} + \gamma z_1 = p_2 + \frac{\gamma v_2^{\,2}}{2g} + \gamma z_2 \text{ 또는 } p + \frac{\gamma v^2}{2g} + \gamma z = p_t \tag{2.14}$$

로 표시되며, 여기서 기체인 경우 위치수두 γz 의 값을 무시하면 다음과 같이 표시된다.

$$p_1 + \frac{\gamma v_1^{\,2}}{2g} = p_2 + \frac{\gamma v_2^{\,2}}{2g} \text{ 또는 } p + \frac{\gamma v^2}{2g} = p_t \tag{2.15}$$

식 (2.15)에서 각 항은 단위 체적당 에너지이며 압력의 차원 $[FL^{-2}]$을 갖는다. 식 (2.15)

에서 p는 정압(靜壓, static pressure), $\gamma v^2/2g$은 동압(動壓, dynamic pressure), p_t는 전압(全壓, total pressure)이라 한다.

식(2.12)~식(2.15)는 베르누이방정식이다. 베르누이방정식은 비점성, 정상, 비압축성 유동에서 한 유선을 따라 전 에너지는 항상 일정하다는 것을 의미하고, 이것을 베르누이 정리(Bernoulli theorm)라 한다.

실제의 유동(점성유동)에서는 점성(마찰)에 의한 손실에너지를 고려해야 하므로 유동중의 마찰손실 수두를 h_l이라 하면 베르누이방정식 식(2.13)은 다음과 같이 수정되어야 한다.

$$\frac{p_1}{\gamma} + \frac{v_1^{\ 2}}{2g} + z_1 - h_l = \frac{p_2}{\gamma} + \frac{v_2^{\ 2}}{2g} + z_2 \tag{2.16}$$

식(2.16)은 실제의 유동에 적용할 수 있는 베르누이방정식이다.

【예제 2.1】 단면적 $0.1\,\text{m}^2$ 인 원관내에서 물이 압력 150kPa, 유속 9.8m/s 로 흐르고 있다. 기준면으로부터 수직거리 5m인 지점에서 물의 단위 중량당에너지(전수두)는 몇 m 인가?, 또 이 지점에서 물의 동력은 몇 kW인가?

【풀이】 전수두 H는

$$H = \frac{p}{\gamma} + \frac{v^2}{2g} + z = \frac{150 \times 10^3}{9800} + \frac{9.8^2}{2 \times 9.8} + 5 = 25.2\,\text{m}$$

물의 동력 L은

$$L = \gamma QH = 9800 \times (0.1 \times 9.8) \times 25.2 = 242000\,\text{N m/s} = 242\,\text{kW}$$

2.4.3 펌프와 송풍기에 대한 에너지방정식

펌프나 송풍기는 물과 공기 등의 유체에 에너지를 주어서 유체를 이송시키는 유체기계이다. 그림 2.4의 단면 1, 2에서 유체의 전수두는 각각 H_1, H_2이고 펌프가 단면 1, 2사이를 흐르는 단위중량당 유체에 실제로 준 에너지(수두)를 H라 하면 에너지방정식은 다음과 같이 나타낼 수 있다.

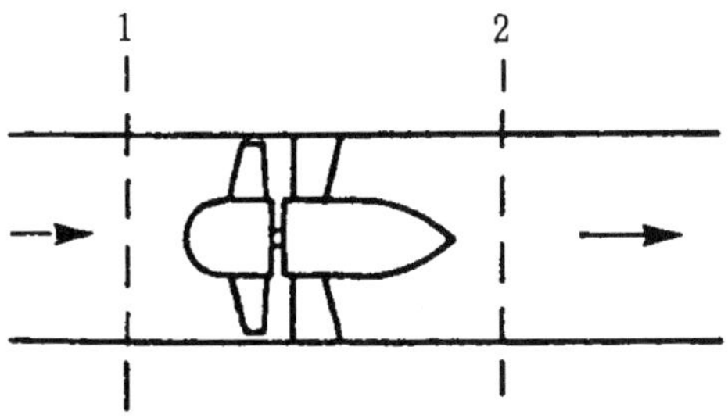

그림 2.4 펌프와 송풍기의 에너지방정식

$$H_1 + H = H_2 \text{ 또는 } \frac{p_1}{\gamma} + \frac{v_1^2}{2g} + z_1 + H = \frac{p_2}{\gamma} + \frac{v_2^2}{2g} + z_2 \qquad (2.17)$$

식 (2.17)에서 펌프가 유체에 실제로 준 에너지 H는

$$H = H_2 - H_1 = \left(\frac{p_2}{\gamma} + \frac{v_2^2}{2g} + z_2\right) - \left(\frac{p_1}{\gamma} + \frac{v_1^2}{2g} + z_1\right) \qquad (2.18)$$

이며, 여기서 펌프가 단위중량당 유체에 준 에너지 H를 펌프의 전양정(全揚程, total head)이라 한다.

펌프가 물에 실제로 준 단위시간당 에너지를 수동력(水動力, water power)이라 하며, 펌프의 수동력 L_w는 물의 비중량을 γ kgf/m^3, 유량을 Qm^3/s라 하면 다음과 같다.

$$L_w = \gamma QH \text{kgf m/s} = \frac{\gamma QH}{75} \text{ps} = \frac{\gamma QH}{102} \text{kW} \qquad (2.19)$$

SI단위에서 비중량이 γ N/m^3, 유량은 Qm^3/s로 주어 졌다면 수동력 L_w는 다음 식으로 구할 수 있다.

$$L_w = \gamma QH \text{Nm/s} (= \text{W}) = \frac{\gamma QH}{1000} \text{ kW} \qquad (2.20)$$

송풍기인 경우 단면 1, 2에서 유체의 전압은 각각 p_{t1}, p_{t2}이고 송풍기가 단면 1, 2사이를 흐르는 단위체적당 유체에 실제로 준 에너지(전압)를 p_t라 하면 에너지방정식은 다음과 같이 나타낼 수 있다.

$$p_{t1} + p_t = p_{t2} \text{ 또는 } p_t = p_{t2} - p_{t1} = \left(p_2 + \gamma\frac{v_2^2}{2g} + \gamma z_2\right) - \left(p_1 + \gamma\frac{v_1^2}{2g} + \gamma z_1\right) \quad (2.21)$$

식 (2.21)에서 송풍기가 유체에 실제로 준 에너지(전압) p_t는 기체인 경우 비중량이 매우 작으므로 위치에너지를 무시하면 다음 식으로 나타낼 수 있다.

$$p_t = \left(p_2 + \gamma\frac{v_2^2}{2g}\right) - \left(p_1 + \gamma\frac{v_1^2}{2g}\right) \quad (2.22)$$

여기서 송풍기가 단위체적당 유체에 준에너지 p_t를 송풍기의 전압(全壓, total pressure)이라 한다.

송풍기가 공기에 실제로 준 단위시간당 에너지를 공기동력(空氣動力, air power)이라 하며, 송풍기의 공기동력 L_a는 송풍기의 전압이 p_t kgf/m^2, 유량이 Q m^3/s이면 다음과 같다.

$$L_a = p_t Q \text{kgf m/s} = \frac{p_t Q}{75} \text{ps} = \frac{p_t Q}{102} \text{kW} \quad (2.23)$$

만일 p_t, Q의 단위가 각각 kgf/cm^2, m^3/min인 경우에는

$$L_a = \frac{(p_t \times 10^4)Q}{60 \times 75} \text{ps} = \frac{(p_t \times 10^4)Q}{60 \times 102} \text{kW} \quad (2.24)$$

이 된다.

SI 단위계에서 p_t의 단위가 Pa(=N/m^2)이고 유량 Q의 단위가 m^3/s라면 공기동력 L_a는 다음 식으로 구할 수 있다.

$$L_a = p_t Q \text{ N m/s} (= \text{W}) = \frac{p_t Q}{10^3} \text{kW} \quad (2.25)$$

【예제 2.2】 펌프의 입구와 출구측 압력이 각각 −30mmHg, 3 kgf/cm^{2}이고, 송출유량은 12 m^3/min일 때 수동력은 얼마인가? 단, 진공계와 압력계사이의 수직거리는 3m, 흡입관 의 직경은 25cm, 송출관의 직경은 20cm이다.

【풀이】 흡입관과 송출관에서 유속 v_A, v_B는

$$v_A = \frac{Q}{\frac{\pi}{4}D_A^2} = \frac{12/60}{\frac{\pi}{4}\times 0.25^2} = 4.07\,\text{m/s}$$

$$v_B = \frac{Q}{\frac{\pi}{4}D_B^2} = \frac{12/60}{\frac{\pi}{4}\times 0.2^2} = 6.37\,\text{m/s}$$

압력 p_A는

$$p_A = -\frac{30}{760}\times 1.0332 = -0.04\,\text{kgf/cm}^2 \text{-->}\ p_A = -\frac{30}{760}\times 1.0332 = -0.04\,\text{kgf/cm}^2$$

펌프의 전양정 H는

$$H = \frac{p_B - p_A}{\gamma} + \frac{{v_B}^2 - {v_A}^2}{2g} + (z_B - z_A) = \frac{(3+0.04)\times 10^4}{1000} + \frac{6.37^2 - 4.07^2}{2\times 9.8} + 3 = 34.6\ \text{m}$$

수동력 L_w는

$$L_w = \frac{\gamma QH}{60\times 75} = \frac{1000\times 12\times 34.6}{60\times 75} = 92.3\,\text{ps}$$

$$= \frac{\gamma QH}{60\times 102} = \frac{1000\times 12\times 34.6}{60\times 102} = 67.8\,\text{kW}$$

【예제 2.3】 송풍기의 입구와 출구의 압력은 각각 -15mmHg, 0.5 kgf/cm^{2}이고, 송출 유량은 10 m^3/min일 때 공기동력은 얼마인가? 단, 흡입관과 송출관의 직경은 같다.

【풀이】 송풍기의 전압 p_t는 $v_1 = v_2$이므로

$$p_t = p_2 - p_1 = 0.5 - \left(-\frac{15}{760}\times 1.0332\right) = 0.52\ \text{kgf/cm}^2$$

공기동력 L_a는

$$L_a = \frac{(p_t\times 10^4)\,Q}{60\times 75} = \frac{(0.52\times 10^4)\times 10}{60\times 75} = 11.56\,\text{ps}$$

$$= \frac{(p_t\times 10^4)\,Q}{60\times 102} = \frac{(0.52\times 10^4)\times 10}{60\times 102} = 8.50\,\text{kW}$$

【예제 2. 4】 전압 70mmHg, 풍량 3 m^3/min을 충족시키는 송풍기의 축동력은 몇 ps인가? 단, 송풍기 효율은 66% 이다.

【풀이】 효율 $\eta = \frac{\text{공기동력}}{\text{축동력}} = \frac{L_a}{L}$ 에서 축동력 L은

$$L = \frac{L_a}{\eta} = \frac{p_t Q}{75 \times 0.66} = \frac{\left(\frac{70}{760}\right) \times 10332 \times \frac{3}{60}}{75 \times 0.66} = 0.96\,\text{ps}$$

2.4.4 수차에 대한 에너지방정식

수차(water turbine)는 물이 가지고 있는 에너지를 받아들여서 기계적에너지로 변환시키는 유체기계이다.

그림 2.5의 단면 1, 2에서 물의 전수두는 각각 H_1, H_2이고 단면 1, 2사이를 흐르는 단위중량당 물이 수차에 준 에너지(수두)를 H라 하면 에너지방정식은 다음과 같이 나타낼 수 있다.

$$H_1 - H = H_2 \text{ 또는 } \frac{p_1}{\gamma} + \frac{v_1^2}{2g} + z_1 - H = \frac{p_2}{\gamma} + \frac{v_2^2}{2g} + z_2 \tag{2.26}$$

식 (2.26)에서 펌프가 유체에 실제로 준 에너지(수두) H는

$$H = H_1 - H_2 = \left(\frac{p_1}{\gamma} + \frac{v_1^2}{2g} + z_1\right) - \left(\frac{p_2}{\gamma} + \frac{v_2^2}{2g} + z_2\right) \tag{2.27}$$

이다. 여기서 수차가 단위중량당 물로부터 얻은 에너지 H를 수차의 유효낙차(有效落差, effective head)라 한다.

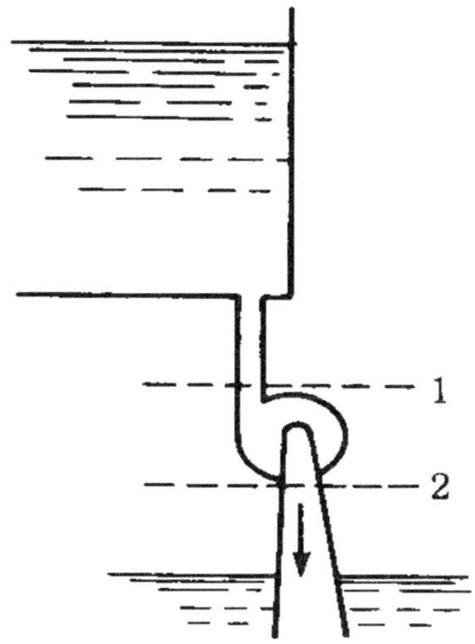

그림 2.5 수차에 대한 에너지방정식

수차가 물에서 얻은 단위시간당 에너지를 이론동력(理論動力, theoretical power)이라 하며, 수차의 이론동력 L_{th}는 물의 비중량이 γkgf/m^3, 유량이 Qm^3/s이면 다음과 같다.

$$L_{th} = \gamma QH \text{kgf m/s} = \frac{\gamma QH}{75}\ \text{ps} = \frac{\gamma QH}{102}\ \text{kW} \quad (2.28)$$

SI단위에서 중량이 $\gamma(=\rho g)$ N/m^3, 유량은 Qm^3/s로 주어졌다면 이론동력 L_{th}는 다음 식으로 구할 수 있다.

$$L_{th} = \gamma QH\ \text{W} = \frac{\gamma QH}{1000}\ \text{kW} \quad (2.29)$$

【예제 2.5】 수차에 흐르는 물의 유량은 80 m^3/s, 입구와 출구에서 관의 직경은 각각 2m, 4m이고, 입구 A와 출구 B에서 압력은 각각 600kPa, -5kPa일 때 수차의 이론출력은 몇 kW인가? 단, 입구 A와 출구 B 사이의 수직거리는 6m이다.

【풀이】 수차의 입구와 출구에서 관내의 유속 v_A, v_B는

$$v_A = \frac{Q}{\frac{\pi}{4}D_A^2} = \frac{80}{\frac{\pi}{4}\times 2^2} = 25.5\,\text{m/s}$$

$$v_B = \frac{Q}{\frac{\pi}{4}D_B^2} = \frac{80}{\frac{\pi}{4}\times 4^2} = 6.4\,\mathrm{m/s}$$

수차의 유효낙차 H는

$$H = \frac{p_A - p_B}{\gamma} + \frac{v_A^2 - v_B^2}{2g} + z_A - z_B = \frac{(600+5)\times 10^3}{9810} + \frac{25.5^2 - 6.4^2}{2\times 9.8} + 6 = 99\,\mathrm{m}$$

수차의 이론출력 L_{th}는

$$L_w = \gamma QH = 9810\times 80\times 99 = 77695200\,\mathrm{W} = 77695\,\mathrm{kW}$$

2.5 압축성유동

2.5.1 압축성유동과 기체의 상태변화

유체의 유동중에 밀도가 변화하는 유동, 즉 밀도를 상수로 취급할 수 없는 유동을 압축성 유동(compressible fluid flow)이라 한다. 일반적으로 기체 중에서 운동하는 물체의 운동 속도가 빠르면 물체주위에서 압력의 변화가 커지고, 따라서 유체의 밀도 변화가 크므로 온도 변화를 수반하는 압축성유동이 된다. 관내의 유동에서도 유속이 빠르면 압력의 변화가 커지고 밀도와 온도의 변화를 수반하는 압축성유동이 된다. 그러나 기체의 유동이라 하더라도 속도의 변화가 작으면 압력의 변화가 작고 밀도는 상수로 가정할 수 있으므로 비압축성유동(incompressible fluid flow)으로 취급할 수 있다.

비압축성유동에서는 압력과 속도가 주요한 변수이므로 연속방정식, 운동량방정식 그리고 에너지방정식이 주어지면 해를 구할 수 있다. 그러나 압축성유동에서는 압력과 속도 외에도 밀도와 온도가 주요한 변수로 추가된다. 따라서 압축성유동을 해석하기 위해서는 연속방정식, 운동량방정식, 에너지방정식 그리고 상태방정식이 주어져야 하며 온도변화와 관련된 열역학적 이론이 필요하다. 유체기계 중에서 압축기, 증기터빈, 가스터빈 등은 압축성유동으로 해석해야하는 유체기계들이다.

유체역학에서 이상유체란 점성을 무시할 수 있는 유체, 즉 전단력(마찰력)이 작용하지 않는 유체를 말한다. 그러나 일반적으로 분자 사이에 분자력이 작용하지 않으며, 분자의 크기도 무시할 수 있는 기체를 이상기체(ideal gas) 또는 완전기체(perfect gas)라 한다. Boyle-Charles의 법칙에 의하면 질량 m, 절대압력 p, 체적 V, 온도 T인 이상기체에서는 다음과 같은 이상기체의 상태 방정식이 성립한다.

$$pV = mRT \tag{2.30}$$

여기서 R는 기체상수(gas constant)이며, R의 단위는 $\mathrm{N\,m/kgK}$ 또는 $\mathrm{kgf\,m/kgK}$이다. 비체적 v는 $v = V/m = 1/\rho$ 이므로 이상기체의 상태식은 다음 식으로도 나타낼 수 있다.

$$pv = RT \text{ 또는 } \frac{p}{\rho} = RT \tag{2.31}$$

아보가드로의 법칙(Avogadro's law)에서 같은 압력, 같은 온도인 경우 일정한 체적내에 이상기체의 분자수는 기체의 종류에 관계없이 항상 동일하다. 일반기체상수(universal gas constant) $\overline{R}$는 기체의 분자질량 M과 기체상수 R의 곱이며, 일반기체상수는 모든 기체에서 같은 값을 갖는다. 즉 일반기체상수 $\overline{R}$는 다음 식으로 표시된다.

$$\overline{R} = MR \tag{2.32}$$

그러므로 일반기체상수$\overline{R}$는 다음과 같다.

$$\overline{R} = \frac{pv}{T} = \frac{10332 \times 22.4}{273} = 8314.3\ \mathrm{N\,m/kmol\,K}$$

공기의 기체상수는 $287\ \mathrm{N\,m/kgK}$ 이다.

비유동계(nonflow system)에 관한 열역학 제1법칙에서 계의 외부에서 dq의 열이 가해지면 내부에너지 u와 비체적 v가 변화한다. 즉

$$dq = du + pdv \tag{2.33}$$

가 된다. 또 이상기체의 내부에너지는 온도만의 함수이므로 $u = u(T)$이다.

열과 관계된 에너지, 즉 내부에너지 u와 유동일에너지 $pv(=RT)$의 합을 엔탈피(enthalpy)라 한다.

$$h = u + pv = u + RT \qquad (2.34)$$

윗 식을 미분하면 $dh = du + pdv + vdp$ 이므로 다음의 관계가 성립한다.

$$dh = dq + vdp = du + RdT \qquad (2.35)$$

정적비열(定積比熱, specific heat at constant volume) C_v는

$C_v = (\frac{\partial q}{\partial T})_v = (\frac{\partial u + p\partial v}{\partial T})_v = (\frac{\partial u}{\partial T})_v$이므로 다음의 관계가 성립한다.

$$C_v = \frac{du}{dT} \text{ 또는 } du = C_v dT \qquad (2.36)$$

정압비열(定壓比熱, specific heat at constant pressure) C_p는

$C_p = (\frac{\partial q}{\partial T})_p = (\frac{\partial h - v\partial p}{\partial T})_p = (\frac{\partial h}{\partial T})_p$이므로 다음의 관계가 성립한다.

$$C_p = \frac{dh}{dT} \text{ 또는 } dh = C_p dT \qquad (2.37)$$

식 (2.37)에 $dh = du + RdT = C_v dT + RdT$를 대입하면 다의 관계가 성립한다.

$$C_p - C_v = R \qquad (2.38)$$

비열비를 k는 다음과 같이 정의한다.

$$k = \frac{C_p}{C_v} \qquad (2.39)$$

공기의 비열비 $k = 1.4$이다.

식 (2.38), (2.39)에서

$$C_p = \frac{k}{k-1}R\,, \quad C_v = \frac{1}{k-1}R \qquad (2.40)$$

이 된다.

단열과정(斷熱過程, adiabatic process)에서 식 (2.33)은 다음과 같다.

$$dq = du + pdv = C_v dT + pdv = 0 \tag{2.41}$$

식 (2.31)을 미분하면 $pdv + vdp = RdT$로 되고, dT를 구하여 식(2.41)에 대입하고, 식 (2.38)을 이용하면 $C_p p dv + C_v v dp = 0$로 표시된다.

즉 $k\frac{dv}{v} + \frac{dp}{p} = 0$로 되고, 이 식을 적분하면 $k\ln v + \ln p = c_1$(상수)로 되며, 다음의 관계식이 성립한다.

$$pv^k = \frac{p}{\rho^k} = c_1 \quad \text{또는} \quad \frac{p_1}{\rho_1} = \frac{p_2}{\rho_2^k} \tag{2.42}$$

윗 식과 상태방정식 $p/\rho = RT$에서 다음과 같이 나타낼 수 있다.

$$\frac{T}{\rho^{k-1}} = c_2(\text{상수}) \quad \text{또는} \quad \frac{T_1}{\rho_1} = \frac{T_2}{\rho_2^{k-1}} \tag{2.43}$$

그러므로 단열과정에서는 식 (2,42)와 (2,43)으로부터 다음의 관계식이 성립한다.

$$\frac{T_2}{T_1} = \left(\frac{p_2}{p_1}\right)^{\frac{k-1}{k}} = \left(\frac{\rho_2}{\rho_1}\right)^{k-1} \tag{2.44}$$

2.5.2 압축성 등엔트로피유동의 에너지방정식

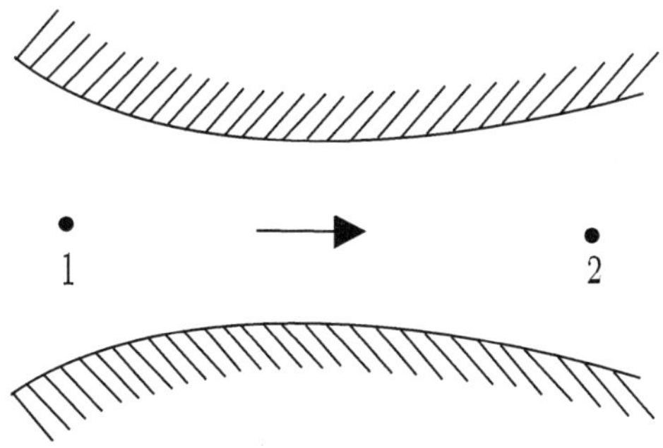

그림 2.6 관내의 압축성유동

Euler의 운동방정식 $\frac{dp}{\rho}+vdv+gdz=0$를 단면 1과 단면 2사이의 압축성유동에 적분하면 압축성 등엔트로피유동에 관한 에너지방정식은 다음과 같이 나타낼 수 있다.

$$u_1+\frac{p_1}{\rho_1}+\frac{V_1^{\,2}}{2}+gz_1=u_2+\frac{p_2}{\rho_2}+\frac{V_2^{\,2}}{2}+gz_2 \tag{2.45}$$

기체의 유동이므로 포텐셜에너지를 무시하고 $h=u+\frac{p}{\rho}=C_pT=\frac{k}{k-1}RT$이므로

$$h_1+\frac{V_1^2}{2}=h_2+\frac{V_2^2}{2} \tag{2.46}$$

또는

$$C_pT_1+\frac{V_1^2}{2}=C_pT_2+\frac{V_2^2}{2} \tag{2.47}$$

로 되며, $C_p=\frac{k}{k-1}R$이므로

$$\frac{k}{k-1}RT_1+\frac{V_1^2}{2}=\frac{k}{k-1}RT_2+\frac{V_2^2}{2} \tag{2.48}$$

로 된다.

단열과정에서 음속 c는 $c^2=kRT$이고, $C_pT=\frac{k}{k-1}RT=\frac{c^2}{k-1}$이므로

$$\frac{c_1^2}{k-1}+\frac{V_1^2}{2}=\frac{c_2^2}{k-1}+\frac{V_2^2}{2} \tag{2.49}$$

로 되며, 또 $\frac{V}{c}=M$(Mach수), $c^2=kRT$이므로 다음과 같이 나타낼 수 있다.

$$T_1\left(1+\frac{k-1}{2}M_1^{\,2}\right)=T_2\left(1+\frac{k-1}{2}M_2^{\,2}\right) \tag{2.50}$$

식 (2.45) ~ 식 (2.50)은 압축성 등엔트로피유동에 관한 에너지방정식이다.

실제의 유동중에 단위질량당 q의 열에너지가 공급되고 단위질량당 w의 일이 외부로 방출되었다면 에너지방정식은 다음과 같이 나타낼 수 있다.

$$u_1 + \frac{p_1}{\rho_1} + \frac{V_1^{\ 2}}{2} + gz_1 + q - w = u_2 + \frac{p_2}{\rho_2} + \frac{V_2^{\ 2}}{2} + gz_2 \tag{2.51}$$

【예제 2.6】 체적 120 m³인 탱크 안에 들어 있는 공기의 절대압력은 100 kPa, 온도는 20℃이다. 이 때 공기의 질량은 몇 kg인가?

【풀이】 $pV = mRT$에서 질량 m은

$$m = \frac{pV}{RT} = \frac{100 \times 120}{0.287 \times 293} = 142.7\ \text{kg}$$

【예제 2.7】 체적 80l 인 탱크내에 압력계의 공기압력 p_1=140kPa에서 물이 40l 만큼 채워졌을 때 절대 압력 p_2는 몇 kPa인가?

【풀이】 물이 들어있으므로 등온변화로 가정하면 $p_1 V_1 = p_2 V_2$ 에서 p_2는

$$p_2 = \frac{p_1 V_1}{V_2} = \frac{(140 + 101) \times (80 \times 10^{-3})}{40 \times 10^{-3}}$$

$$= 482\ \text{kPa(abs)}$$

【예제 2.8】 압력 8ata, 온도 120℃ 인 압축공기 0.5m³ 를 단열팽창시켜서 외부에 30000kgf m 의 일을 하는 경우 공기의 압력과 체적을 구하여라.

【풀이】 공기의 무게 G는

$$G = \frac{pV}{RT} = \frac{8 \times 10^4 \times 0.5}{29.27 \times 393} = 3.48\ \text{kgf}$$

일 $W=\dfrac{k}{k-1}GR(T_1-T_2)$이므로 단열변화 후의 온도 T_2는

$$T_2 = T_1 - \frac{k-1}{k}\frac{W}{GR} = 393 - \frac{1.4-1}{1.4}\frac{30000}{3.48\times 29.27} = 309\,K$$

단열팽창 후의 압력 p_2는

$$p_2 = p_1\left(\frac{T_2}{T_1}\right)^{\frac{k}{k-1}} = 8\times\left(\frac{309}{393}\right)^{\frac{1.4}{1.4-1}} = 3.5\,\mathrm{ata}$$

단열팽창 후의 체적 V_2는

$$V_2 = \frac{GRT_2}{p_2} = \frac{3.48\times 29.27\times 309}{3.5\times 10^4} = 0.9\,\mathrm{m}^3$$

【예제 2.9】 가스터빈엔진용 압축기의 입구에서 공기의 엔탈피 $h_1 = 200\mathrm{kJ/kg}$, 속도 $v_1 = 200\mathrm{m/s}$이고, 출구에서 엔탈피 $h_2 = 1800\mathrm{kJ/kg}$, 속도 $v_2 = 260\mathrm{m/s}$이다. 압축기를 통과하는 공기의 질량유량 $\dot{m} = 2.2\mathrm{kg/s}$일 때 압축기의 단열상태에서 이론공기동력은 L_{th}는 몇 kW인가?

【풀이】

이론공기동력 L_{th}는

$$L_{th} = \dot{m}\left((h_2-h_1)+\frac{v_2^2-v_1^2}{2\times 1000}\right) = 2.2\times\left((1800-200)+\frac{260^2-200^2}{2\times 1000}\right) = 3550\,\mathrm{kW}$$

【예제 2.10】 steam turbine입구에서 증기의 엔탈피 $h_1 = 1200\mathrm{kJ/kg}$, 속도 $v_1 = 240\mathrm{m/s}$이고, 출구에서 엔탈피 $h_2 = 700\mathrm{kJ/kg}$, 속도 $v_2 = 30\mathrm{m/s}$이다. turbine에서 열손실 $\Delta q = 120\mathrm{kJ/kg}$ 이고, turbine을 통과하는 증기의 질량유량 $\dot{m} = 2\mathrm{kg/s}$일 때 turbine shaft에서 얻어지는 이론동력 L_{th}는 몇 kW인가?

【풀이】

터빈이 증기로부터 얻은 에너지 E일 때, 에너지방정식

$h_1 + \frac{v_1^2}{2} - \Delta q - E = h_2 + \frac{v_2^2}{2}$ 에서

터빈이 증기로부터 얻은 이론동력 L_{th}는

$$L_{th} = \dot{m}\left((h_1 - h_2) + \frac{v_1^2 - v_2^2}{2} - \Delta q\right)$$

$$= 2 \times \left((1200 - 700) + \frac{240^2 - 30^2}{2 \times 1000} - 120\right) = 816.7\text{kW}$$

연습문제

2. 1 유체를 정의하시오.

2. 2 힘(force), 압력(pressure), 일(work), 동력(power)을 정의하시오.

2. 3 유체가 관을 통하여 흐를 때 마찰이 발생하는 이유를 설명하시오.

2. 4 어떤 유체의 체적은 5㎥, 중량은 5000kgf 이다. 이 유체의 밀도, 비중량, 비중을 구하여라.

2. 5 점성계수 20Poise인 기름이 간격 10mm인 평행평판 사이를 흐르고 있다. 한 평판은 고정되어 있고 다른 한 평판은 8m/s의 속도로 운동할 경우 전단응력은 몇 N/m2인가?

2. 6 어떤 액체에 10000Pa의 압력을 가하였을 때 밀도가 3% 증가하였다. 이 액체의 압축율과 체적탄성계수를 구하여라.

2. 7 밀폐된 탱크안에 비중 0.75인 기름이 2m높이로 들어있다. 탱크내에서 기름 위의 공기의 압력은 2kgf/cm2일 때 탱크바닥면에서의 압력은 몇 kgf/m2인가?

2.8 실린더에 작용하는 부하 F=100kgf, 실린더의 단면적 A=20cm2일 때 실린더내의 압력은 몇 kgf/cm2 인가?

2.9 중량 500kgf인 물체를 1분 동안에 거리 10m만큼 움직일 때 필요한 동력은 몇 ps인가? 또, 몇 kW인가? 단, 제 손실은 무시한다.

2.10 중량 1ton의 물체를 속도 1m/s로 운동시킬 경우 몇 ps의 동력이 필요한가?

2.11 물이 흐르고 있는 직경 10cm인 수평원관의 2곳에 설치된 수은액주계의 높이차가 5mmHg일 때 물이 관벽에 작용하는 마찰력은 몇 N인가?

2.12 직경이 120mm에서 60mm로 축소되는 수평원관내에서 흐르는 물의 유량은 0.02m^3/s이다. 직경이 120mm인 곳에서 압력이 280kPa일 때 물이 축소관을 수평방향으로 미는 힘을 구하라.

2.13 노즐출구에서 분사되는 물의 유량 0.3m^3/s, 유속 12m/s인 경우에 수직으로 놓여 있는 벽이 받는 힘은 몇 N인가?

2.14 분류의 수직방향에 놓여 있는 평판이 분류의 운동방향으로 속도 4m/s로 움직일 때, 노즐출구에서 분사되는 유량 0.3m^3/s, 유속 12m/s인 물이 평판을 미는 힘은 몇 N인가? 또, 평판이 분류의 반대방향으로 속도 4m/s로 움직일 때 분류가 평판을 미는 힘을 구하라.

2.15 정압비열 $C_p = 1004$Nm/kgK인 공기가 관내부에서 상류의 단면 1에서 유속은 $v_1 = 110$m/s, 온도는 $T_1 = 56$℃인 상태로 등엔트로피 유동하고 있을 때, 하류의 단면 2에서 온도 $T_2 = 10$℃인 점에서 Mach 수 M_2를 구하라.

2.16 압축기의 입구에서 공기의 엔탈피 $h_1 = 300\text{kJ/kg}$, 속도 $v_1 = 80\text{m/s}$이고, 출구에서 엔탈피 $h_2 = 2400\text{kJ/kg}$, 속도 $v_2 = 260\text{m/s}$이다. 압축기를 통과하는 공기의 질량유량 $\dot{m} = 3.2\text{kg/s}$일 때 압축기의 단열상태에서 이론공기동력은 L_{th}는 몇 kW인가?

2.17 화력발전소 증기터빈의 입구에서 증기의 엔탈피 $h_1 = 2800\text{kJ/kg}$, 속도 $v_1 = 300\text{m/s}$이고, 출구에서 엔탈피 $h_2 = 600\text{kJ/kg}$, 속도 $v_2 = 40\text{m/s}$이다. 증기터빈내부에서 열손실 $\Delta q = 180\text{kJ/kg}$ 이고, 터빈을 통과하는 증기의 질량유량 $\dot{m} = 4\text{kg/s}$일 때 터빈의 축에서 얻어지는 이론동력 L_{th}는 몇 kW인가?

제3장
원심펌프

3.1 펌프의 개요

펌프는 원동기 등으로부터 기계적 에너지를 받아서 물과 같은 액체의 유체에너지로 변환시키는 기계라고 정의할 수 있다. 펌프는 낮은 곳에 위치한 물을 높은 곳으로 양수(揚水)하기 위한 도구로 발달되어 왔으며, 오늘날에는 원동기의 급속한 발달과 함께 매우 높고 먼 위치까지 물, 기름 등의 액체를 대량으로 이송시킬 수 있게 되었다. 근래에는 단순한 액체의 이송용뿐만 아니라 유압(油壓)펌프와 같이 액체를 이용하여 에너지의 전달과 제어를 하기 위한 용도로도 이용되고 있으며, 사용범위는 더욱 확대되고 있다.

펌프를 작동원리에 의하여 분류하면 터보형(turbo type)과 용적형(positive displacement type)으로 나눌 수 있다. 터보형 펌프에서는 회전하는 회전차(impeller) 또는 깃(blade or vane)사이를 유체가 연속적으로 통과하면서 유체동역학(fluid dynamic)적 원리에 의하여 에너지의 변환 및 전달이 이루어진다. 터보형 펌프는 회전차를 통과하는 유체의 유동방향에 따라서 반경류형(半徑流型, radial flow type or centrifugal type), 축류형(軸流型, axial flow type) 그리고 사류형(斜流型, diagonal flow type)으로 나눌 수 있다. 유체가 회전차내에서 축의 반지름방향으로 통과하는 형이 반경류형 또는 원심형(遠心型)이며, 회전차를 축방향으로 통과하는 형을 축류형이라 한다. 그리고 회전차를 축방향과 반지름방향의 중간방향, 즉 대각선방향으로 통과하는 형을 사류형이라 한다.

터보펌프(turbo pump)중에서 가장 일반적인 펌프는 원심펌프(centrifugal pump)이다. 원심펌프는 그림 3.1과 같이 펌프의 본체는 회전차(impeller)와 케이싱(casing or volute)의 두 가지 주요한 구성요소로 이루어져 있다. 회전축에 부착된 회전차는 축의 주위에 배열된 다수의 깃(blade or vane)과 측판(shroud)으로 구성되어 있다. 회전차가 회전하면 유체는 회전차입구를 통하여 축방향으로 유입하고 회전차내에서 회전차와 함께 회전운동하면서 압력에너지와 속도에너지를 얻어서 반지름방향으로 유출하게 된다. 회전차를 통과한 유체의 에너지는 디퓨저(diffuser)나 와류실(volute chamber)에서 압력에너지로 변환되어 펌프밖으로 송출된다. 펌프본체 이외의 구성 요소로는 주축(main shaft), 축이음(shaft coupling), 밀봉장치(packing box), 베어링(bearing) 등이 있으며, 일반적으로 전동기가 연결되어 있다.

원심펌프는 구조, 성능 등의 여러 가지 면에서 다른 종류의 펌프와 비교할 때 이점이 많고 설계상의 고려를 통하여 넓은 범위의 송출유량과 송출압력을 낼 수 있으므로 가장 광범위한 용도로 이용된다. 종래에는 대유량에는 축류펌프를 이용하고, 고압에는 용적형 펌프를 주로 이용하였지만 최근에는 대유량과 고압의 범위까지 원심펌프를 이용할 수 있게 되었다.

그림 3.1 원심펌프와 임펠러

3.2 원심펌프의 분류

원심펌프는 펌프 중에서 가장 광범위한 용도로 이용되므로 펌프의 용도와 형태는 매우 다양하며, 다음과 같이 여러 가지 측면에서 분류할 수 있다.

1. 안내 깃의 유무

그림 3.2(a)와 같은 단순한 원심펌프인 경우에는 회전차를 통과하면서 유체가 얻은 운동에너지를 볼류트 케이싱(volute casing)에서 압력에너지로 변환하도록 설계되어 있으며, 이러한 원심펌프를 볼류트펌프(volute pump)라 한다. 큰 원심펌프인 경우에는 그림 3.2(b)와 같이 회전차주위에 디퓨저(diffuser or guide vane)를 설치하기도 한다. 디퓨저는 회전차에서 나온 유체의 운동에너지를 압력에너지로 변환시키는 역할을 하며, 디퓨저를 설치하면 수력손실이 감소되므로 양정을 높일 수가 있다. 이러한 디퓨저를 설치한 원심펌프를 디퓨저펌프(diffuser pump) 또는 터빈펌프(turbine pump)라 한다.

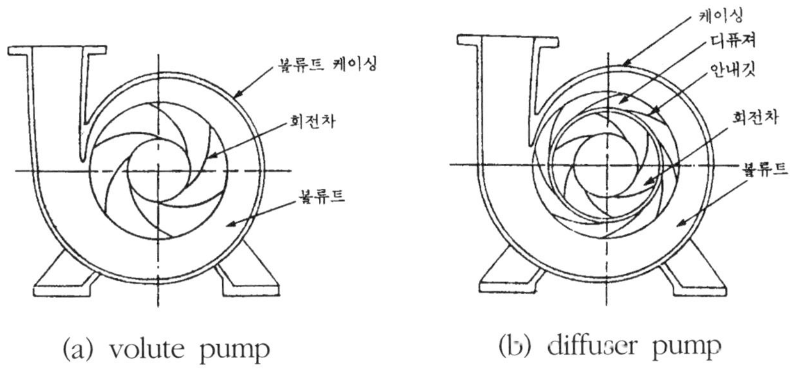

그림 3.2 볼류트펌프와 디퓨저펌프

2. 회전차의 형태

펌프 회전차에서 측판의 유무에 따라 그림 3.3(a)와 같이 양쪽이 측판(shroud)으로 막혀져 있는 경우의 폐쇄형 회전차(enclosed impeller or shrouded impeller)와 그림 3.3(b)와 같이 양쪽이 측판으로 막혀 있지 않은 경우의 개방형 회전차(open impeller), 그림 3.3(c)와 같이 한쪽만 측판으로 막혀있는 semi-open 회전차 등이 있다.

(a) enclosed impeller (b) open impeller (c) semi-open impeller

그림 3.3 회전차의 형태

3. 흡입구의 수

회전차의 한 쪽에서만 유체가 흡입되는 단흡입펌프(single suction pump)와 회전차의 양쪽으로 유체가 흡입되는 양흡입펌프(double suction pump)로 나눌 수 있다. 양정에 비하여 유량이 비교적 작은 경우에는 단흡입회전차를 사용하지만, 유량이 큰 경우에는 양흡입회전차를 사용한다.

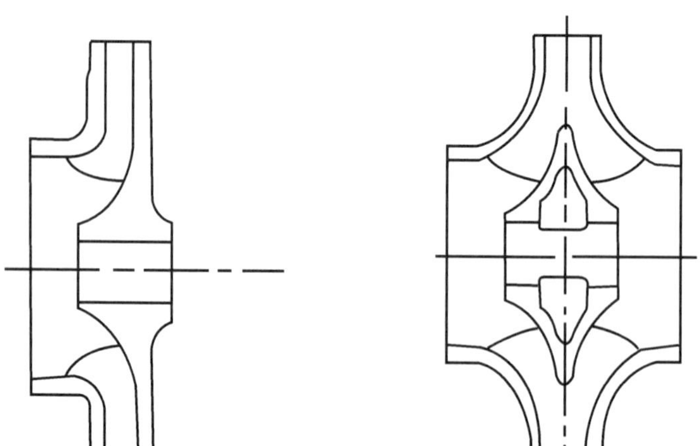

그림 3.4 편흡입회전차와 양흡입회전차

4. 단(stage)의 수

한 개의 케이싱(casing)내에 회전차를 2개이상 직렬로 설치하면 펌프의 전양정을 높일 수 가 있다. 회전차가 1개인 펌프를 단단펌프(single stage pump)라 하며, 2개이상의 회전차를 설치하여 제 1 단 회전차를 통과한 액체가 제 2 단, 제 3 단 등의 회전차를 단계적으로 통과하게 하여 펌프의 양정을 높게 한 펌프를 다단펌프(multi stage pump)라 한다.

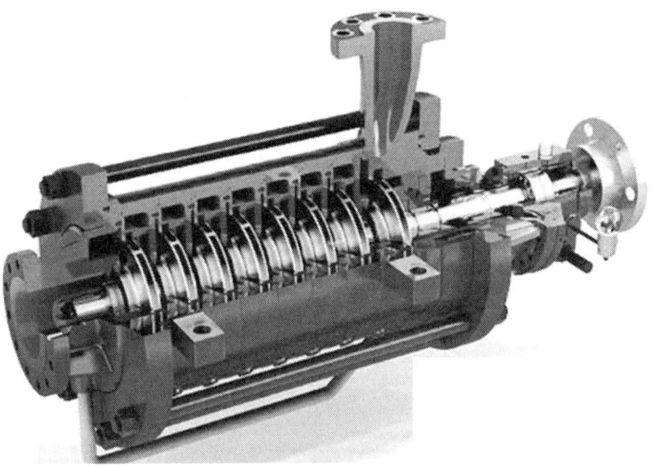

그림 3.5 다단펌프

3.3 양 정

펌프관로계에서는 수두를 양정(揚程)이라 하며, 펌프가 단위중량당의 물에 공급하는 에너지를 펌프의 전양정(全揚程, total head)이라 한다. 펌프가 취급하는 에너지는 전양정 뿐만 아니라 흡입관로, 송출관로, 관로 입구와 출구 등에서 에너지의 손실을 고려해야 하며, 이러한 손실에너지를 양정으로 나타내면 편리하다.

그림 3,6과 같은 흡입수면의 물을 송출수면까지 양수하는 펌프관로계에서 펌프의 전양정 H는 펌프 흡입구와 송출구에서 액체의 전수두의 차와 같으므로 다음 식으로 나타낼 수 있다.

$$H=\left(\frac{p_d}{\gamma}+\frac{v_d^{\,2}}{2g}+z_d\right)-\left(\frac{p_s}{\gamma}+\frac{v_s^{\,2}}{2g}\right) \tag{3.1}$$

여기서 p_d : 송출압력(압력계의 압력), p_s : 흡입압력(진공계의 압력), v_d : 송출관에서의 유속, v_s : 흡입관에서의 유속, γ : 액체의 비중량, z_d : 흡입측 진공계의 위치(z_s=0)를 기준으로 송출 측 압력계의 수직거리를 나타낸다.

또 펌프의 전양정 H는 다음 식으로도 나타낼 수 있다.

$$H=\frac{p_2-p_1}{\gamma}+\frac{v_2^2-v_1^2}{2g}+H_a+h_l \tag{3.2}$$

여기서 p_1 : 흡입수면의 압력, p_2 : 송출수면의 압력, H_a : 흡입수면과 송출수면 사이의 수직거리(실양정), h_l : 관로에서의 총손실수두(흡입관 손실수두 h_s와 송출관 손실수두 h_d의 합)를 나타낸다.

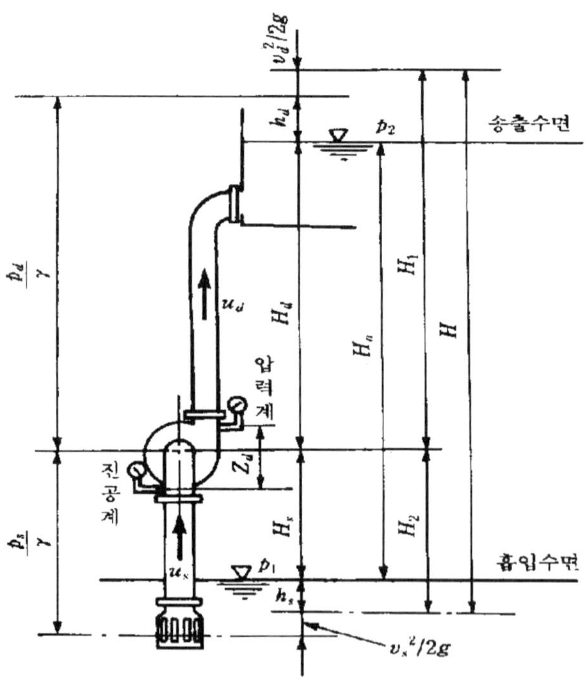

그림 3.6 펌프시스템의 양정

【예제 3. 1】 양수펌프의 운전중에 출구 압력계의 압력은 3.5bar, 입구 진공계의 압력은 60mmHg, 진공계와 압력계의 수직거리는 0.5m일 때 펌프의 전양정은 몇 m인가? 단, 흡입관과 송출관의 직경은 같다.

【풀이】 전양정 H는 $H=\frac{p_d-ps}{\gamma}+\frac{v_d^2-v_s^2}{2g}+z_d$에서 $v_d=v_s$이므로

$$H=\frac{3.5\times10^5}{9810}-\left(-\frac{60}{760}\times10.3\right)+0.5=37\,\mathrm{m}$$

【예제 3.2】 흡입수면과 송출수면사이의 수직거리는 30m, 흡입수면의 압력은 대기압, 송출수면의 압력은 200kPa(gage), 총손실수두는 10m, 송출유량은 $3\,\mathrm{m^3/min}$일 때, 물을 이송하기 위한 펌프의 수동력 L_w는 몇 kW이어야 하는가?

【풀이】 펌프의 전양정 H는

$$H=\frac{p_2-p_1}{\gamma}+H_a+h_l$$

$$=\frac{200\times10^3-0}{9810}+30+10=60.4\,\mathrm{m}$$

펌프의 수동력 L_w는

$$L_w=\gamma QH=9810\times\frac{3}{60}\times60.4=29620\mathrm{W}=29.6\mathrm{kW}$$

3.4 원심형 회전차의 기본이론

3.4.1 각운동량 방정식

모든 터보기계에서는 축을 중심으로 회전하는 회전차(impeller, rotor)가 있으므로 그 성능을 토크(torque)와 각운동량에 의하여 나타내어야 한다.

한 점을 중심으로 반경 r인 원주상을 회전운동하는 질량 m인 물체의 원주방향으로 작용하는 힘이 F인 경우, 이 물체의 힘의 모멘트, 즉 토크 T는 다음 식으로 나타낼 수 있다.

$$T = rF = r\frac{d}{dt}(mv_u) \tag{3.3}$$

여기서 v_u는 물체의 원주방향 속도이다. 식 (3.3)에서 반경 r도 시간에 관계없는 상수이므로 토크 T는 다음 식으로 나타낼 수 있다.

$$T = \frac{d}{dt}(mv_u r) \tag{3.4}$$

식 (3.4)에서 선형운동량 mv_u와 반경 r의 곱 $mv_u r$을 운동량의 모멘트(moment of momentum) 또는 각운동량(angular momentum)이라 하며, 각운동량 변화량 $d(mv_u r)$은 dt 시간 동안의 계(system)내에서의 변화량이다. 식 (3.4)는 한 점을 중심으로 회전운동하는 물체에 작용하는 힘의 모멘트, 즉 토크는 그 물체의 단위시간당 각운동량의 변화량과 같다는 것을 의미하며, 이것을 각운동량 이론(angular momentum theorem)이라 한다.

그림 3.7과 같이 O점을 중심으로 하여 회전하는 원판위에서 선회유동하는 유체에 각운동량 이론을 적용해 보자. 원판위에서 유체의 두께는 b로 하고, 반경 r_1, r_2 사이를 선회하며 유동하는 유체가 dt 시간후에 r_1', r_2'를 유동하였을 때 dt 시간동안의 각운동량 변화량은 다음과 같이 표시할 수 있다.

$$\begin{aligned} d(mv_u r) &= m_2 v_{u2} r_2 - m_1 v_{u1} r_1 \\ &= (\rho_2 A_2 v_{m2} dt) v_{u2} r_2 - (\rho_1 A_1 v_{m1} dt) v_{u1} r_1 \end{aligned} \tag{3.5}$$

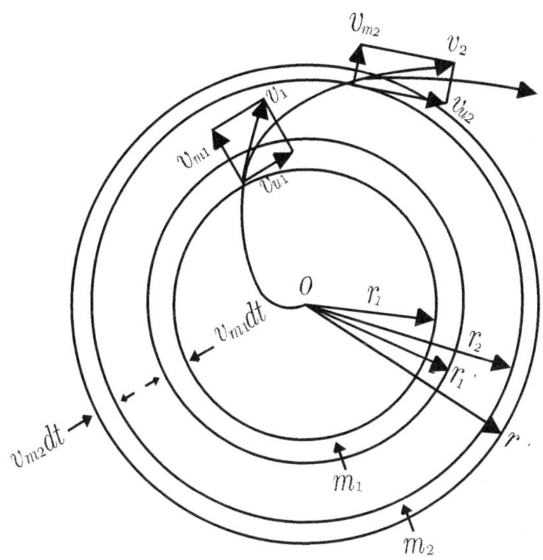

그림 3.7 선회유동의 각운동량 변화

여기서 $A_1 = 2\pi r_1 b$, $A_2 = 2\pi r_2 b$이고, v_{u1}, v_{u2}는 반경 r_1, r_2에서 유체의 원주방향 속도, v_{m1}, v_{m2}는 반경 r_1, r_2에서 유체의 반경방향 속도, ρ_1, ρ_2는 반경 r_1, r_2에서 유체의 밀도이다.

식 (3.5)를 식 (3.4)에 대입하면 반경 r_1, r_2 사이를 선회하며 유동하는 유체의 토크 T는 다음 식으로 구할 수 있다.

$$T = \frac{d(mv_u r)}{dt} = \rho_2 A_2 v_{m2} v_{u2} r_2 - \rho_1 A_1 v_{m1} v_{u1} r_1 \tag{3.6}$$

식 (3.6)에서 $A_1 v_{m1} = Q_1$, $A_2 v_{m2} = Q_2$로 하면, 연속방정식에 의하여 $\rho_1 Q_1 = \rho_2 Q_2 = \rho Q$이므로 토크 T는 다음 식으로 나타낼 수 있다.

$$T = \rho_2 Q_2 v_{u2} r_2 - \rho_1 Q_1 v_{u1} r_1 = \rho Q (v_{u2} r_2 - v_{u1} r_1) \tag{3.7}$$

3.4.2 원심형 회전차의 이론수두

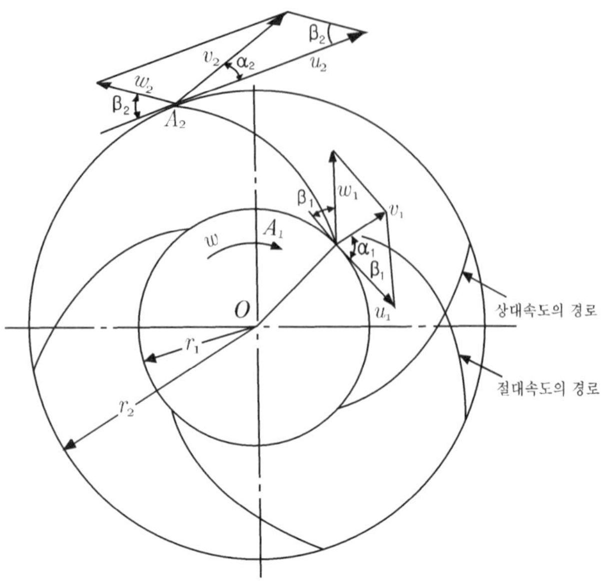

그림 3.8 회전차내에서 유체의 유동과 속도선도

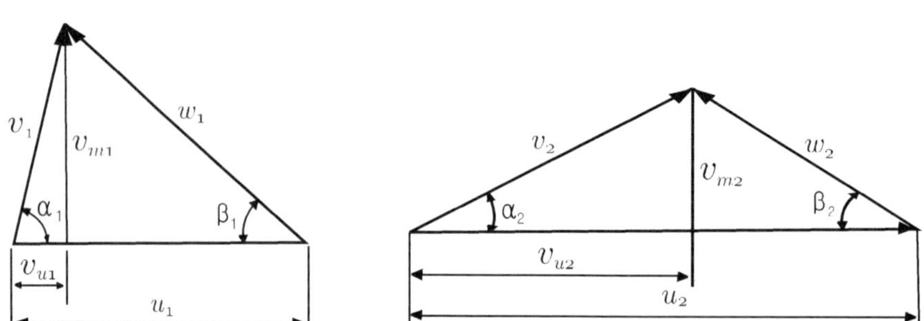

그림 3.9 회전차의 속도삼각형

원심형의 펌프, 송풍기, 압축기는 회전축에 부착된 회전차(impeller, rotor)와 회전차를 둘러싸고 있는 케이싱(casing) 또는 볼류트(volute)의 두 가지 주요한 요소로 구성되어 있다. 회전차는 축을 중심으로 하여 규칙적으로 배열된 다수의 깃(blade, vane)과 측판(shroud)으로 되어있다.

주축에 축토크가 공급되어 회전차가 회전하면 유체는 회전차입구로 유입되고, 회전하는 깃에 의하여 유체에 토크(에너지)가 공급되면서 유체는 선회유동하면서 반경방향으로 유출된다.

원심형의 회전차를 통과하는 유체의 유동에서 깃의 수가 무한히 많고 깃의 두께는 무한히 얇아서 회전차내에서 유선은 익형과 같은 유선을 이루고 마찰 등에 의한 에너지의 손실이 없는 것으로 가정한 유동을 깃 수 무한인 회전차내의 유동이라 한다.

그림 3.8은 입구의 반경 r_1, 출구의 반경 r_2인 원심형 회전차가 각속도 ω로 회전운동할 때 유체가 회전차내를 선회유동하는 경우에 유체의 유동과 회전차 입구와 출구에 대한 속도선도를 나타낸 그림이며, 그림 3.9는 입구와 출구에 대한 속도선도를 속도삼각형으로 나타낸 그림이다. 그림 3.9에서

v_1, v_2 : 회전차입구와 출구에서 절대속도(absolute velocity)로서 정지상태에서 관찰한 유체입자의 속도

u_1, u_2 : 회전차입구와 출구에서 원주속도(peripheral velocity)로서 정지상태에서 관찰한 회전차의 속도

w_1, w_2 : 회전차입구와 출구에서 상대속도(relative velocity)로서 운동하는 회전차내에서 관찰한 유체입자의 속도

v_{m1}, v_{m2} : 회전차입구와 출구에서 자오면속도(meridional velocity)로서 회전차를 통과하는 유체입자의 속도

β_1, β_2 : 회전차 깃의 입구각과 출구각으로서 회전차의 입구와 출구에서 원주방향을 기준으로 한 깃의 각도

α_1, α_2 : 유체입자의 유입각과 유출각으로서 회전차의 입구와 출구에서 원주방향을 기준으로 한 유체입자의 각도

v_{u1}, v_{u2} : 회전차입구와 출구에서 절대속도의 원주방향성분으로서 $v_{u1} = v_1 \cos\alpha_1$, $v_{u2} = v_2 \cos\alpha_2$

이다.

회전차가 유체에 주어지는 토크 T는 식 (3.7)로부터 다음과 같이 된다.

$$T = \rho Q(r_2 v_{u2} - r_1 v_{u1}) = \frac{\gamma}{g} Q(r_2 v_2 \cos\alpha_2 - r_1 v_1 \cos\alpha_1) \tag{3.8}$$

깃 수 무한인 경우의 이론동력 L_{th} 는 토크 T와 각속도 ω의 곱이므로

$$L_{th\infty} = T\omega = \frac{\gamma}{g} Q(r_2 v_2 \cos\alpha_2 - r_1 v_1 \cos\alpha_1)\omega \tag{3.9}$$

이다. 여기서 $r_1\omega = u_1$, $r_2\omega = u_2$ 이므로 식 (3.9)는 다음과 같이 된다.

$$L_{th\infty} = \frac{\gamma}{g} Q(u_2 v_2 \cos\alpha_2 - u_1 v_1 \cos\alpha_1) \tag{3.10}$$

깃 수 무한인 경우 회전차로부터 유체가 얻는 이론전수두를 $H_{th\infty}$라 하면, 이론동력 $L_{th\infty}$는 다음과 같이 표시된다.

$$L_{th\infty} = \gamma Q H_{th\infty} \tag{3.11}$$

식 (3.10)과 식 (3.11)에서 원심회전차에서 깃 수 무한인 경우 이론전수두 $H_{th\infty}$는 다음 식으로 나타낼 수 있다.

$$H_{th\infty} = \frac{1}{g}(u_2 v_2 \cos\alpha_2 - u_1 v_1 \cos\alpha_1) \tag{3.12}$$

식 (3.12)를 오일러의 터빈방정식(Euler's turbine equation)이라 하며, 모든 터보기계에서 회전차와 유체사이에 주고받는 에너지를 나타내는 기본이 되는 식이다. 여기서 $H_{th\infty}$는 유체에너지손실을 무시하였을 때 회전차와 유체사이에 주고받는 에너지를 나타내며, 오일러의 이론수두(Euler's theoretical head)라고 한다.

실제로는 회전차입구에서 유체는 거의 반경방향으로 유입하므로, 유입각 $\alpha_1 = 90°$ ($v_{u1} = 0$)로 하면 식 (3.12)는 다음과 같이 된다.

$$H_{th} = \frac{1}{g} u_2 v_2 \cos\alpha_2 \tag{3.13}$$

회전차 입구와 출구의 속도삼각형에 cosine 제 2 법칙을 적용하면

$$w_1^2 = v_1^2 + u_1^2 - 2v_1 u_1 \cos\alpha_1 \tag{3.14.a}$$

$$w_2^2 = v_2^2 + u_2^2 - 2v_2 u_2 \cos\alpha_2 \tag{3.14.b}$$

식 (3.14.a), 식 (3.14.b)에서

$$v_1 u_1 \cos\alpha_1 = \frac{1}{2}(v_1^2 + u_1^2 - w_1^2) \tag{3.15.a}$$

$$v_2 u_2 \cos\alpha_2 = \frac{1}{2}(v_2^2 + u_2^2 - w_2^2) \tag{3.15.b}$$

식 (3.15. a), 식 (3.15. b)을 식 (3.12)에 대입하면 다음 식을 얻을 수 있다.

$$H_{th\infty} = \frac{v_2^2 - v_1^2}{2g} + \frac{u_2^2 - u_1^2}{2g} + \frac{w_1^2 - w_2^2}{2g} \tag{3.16}$$

식 (3.16)에서 우변의 각항을 다음과 같이 표시한다.

$$H_{th\infty v} = \frac{v_2^2 - v_1^2}{2g}$$

$$H_{th\infty p} = \frac{u_2^2 - u_1^2}{2g} + \frac{w_1^2 - w_2^2}{2g}$$

$$H_{th\infty p}/H_{th\infty} = \rho$$

위의 식에서 $H_{th\infty v}$는 회전차 입구와 출구 사이에서 유체가 얻은 운동에너지를 의미하며, $H_{th\infty p}$는 회전차의 원심력에 의하여 유체가 얻은 압력에너지($(u_2^2 - u_1^2)/2g$)와 회전차 내의 통로단면적의 증가에 의하여 유체가 얻은 압력에너지($(w_1^2 - w_2^2)/2g$)의 합을 의미한

다. 그리고 $\rho(=H_{th\ p}/H_{th\infty})$는 전수두에 대한 압력수두의 비로서, 이 값을 반동도(反動度, degree of reaction)라 한다. 반동도 ρ가 클수록 회전차는 반경류형에서 축류형이 되어야 한다.

3.4.3 원심펌프 회전차의 기본이론

원심펌프는 회전축에 부착된 회전차(impeller)와 회전차를 둘러싸고 있는 케이싱(casing) 또는 볼류트(volute)의 두 가지 주요한 요소로 구성되어 있다. 회전차는 축을 중심으로 하여 규칙적으로 배열된 다수의 깃(blade, vane)과 측판(shroud)으로 되어있다.

주축에 축토크가 공급되어 회전차가 회전하면 유체는 회전차 입구로 유입되고, 회전하는 깃에 의하여 유체에 토크(에너지)가 공급되면서 유체는 선회유동하면서 반경방향으로 유출된다.

원심펌프 회전차에서 깃 수 무한인 경우 이론전수두(theoritical total head) $H_{th\infty}$는 오일러의 터빈방정식(Euler's turbine equation) (3.12)에서 유입각 $\alpha_1 = 90°$ $(v_{u1} = 0)$로 하면 다음과 같이 된다.

$$H_{th\infty} = \frac{1}{g}u_2 v_2 \cos\alpha_2 = \frac{1}{g}u_2 v_{u2} \tag{3.17}$$

그림 3.10의 회전차 출구의 속도삼각형에서 다음의 관계식을 얻을 수 있다.

$$v_{u2} = u_2 - w_2 \cos\beta_2 \tag{3.18}$$

$$v_{u2} = u_2 - \frac{v_{m2}}{\tan\beta_2} \tag{3.19}$$

여기서 v_{m2}는 회전차출구의 자오면속도로서 유체가 회전차를 반경방향으로 통과하는 속도이다.

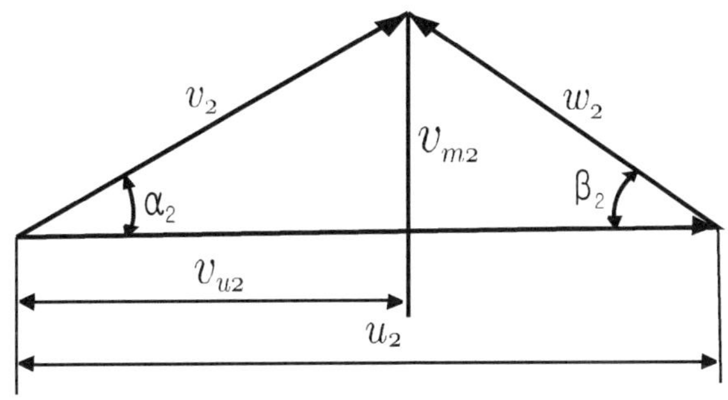

그림 3.10 원심펌프 회전차 출구의 속도삼각형

식 (3.19)를 식 (3.17)에 대입하면 이론수두 H_{th} 는 다음 식으로 나타낼 수 있다.

$$H_{th\infty} = \frac{u_2}{g}\left(u_2 - \frac{v_{m2}}{\tan\beta_2}\right) \tag{3.20}$$

회전차의 출구단면적을 A_2, 출구직경을 D_2, 출구폭을 b_2라 하면 유량 $Q = A_2 v_{m2} = \pi D_2 b_2 v_{m2}$이다. 따라서 식 (3.20)을 유량 Q로 나타내면 다음과 같다.

$$H_{th\infty} = \frac{u_2^2}{g}\left(1 - \frac{Q}{A_2 u_2}\frac{1}{\tan\beta_2}\right) \tag{3.21}$$

식 (3.21)에서 회전차의 크기와 원주속도가 일정한 경우, 원심펌프 회전차의 이론수두 $H_{th\infty}$와 유량 Q 사이의 관계는 출구각 β_2의 값에 따라서 변화한다는 것을 알 수 있다. 그림 3.11은 깃의 출구각 β_2의 값에 따라서 변화하는 이론수두 $H_{th\infty}$, 유량 Q 사이의 관계를 나타낸 것이다. 그림 3.11에서 $\beta_2 = 90°$ 일 때 이론수두는 유량에 관계없이 일정한 값 $H_{th\infty} = \frac{{u_2}^2}{g}$을 유지한다. β_2 90° 인 경우에는 유량이 증가함에 따라서 수두는 감소하고, $\beta_2 > 90°$ 인 경우에는 유량이 증가함에 따라서 수두도 증가한다. 즉 같은 크기의 펌프라도 β_2가 커지면 이론수두 $H_{th\infty}$ 는 증가한다. 그러나 β_2가 커질수록 에너지손실은 커져서 회전차의 효율은 낮아진다.

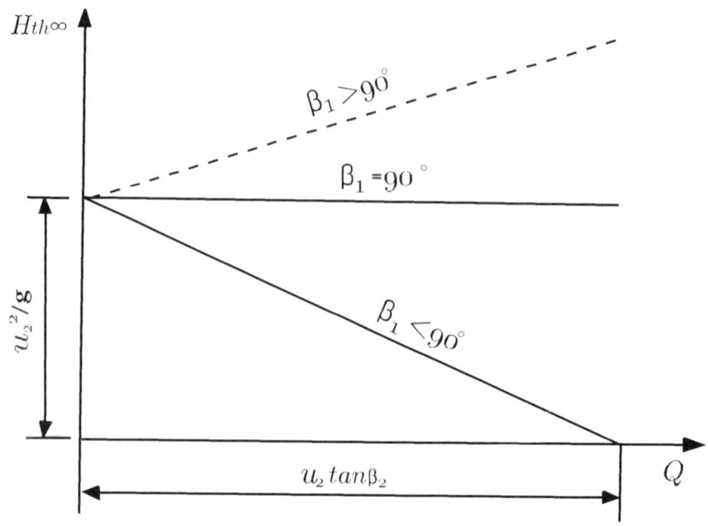

그림 3.11 이론수두($H_{th\infty}$)와 유량(Q)

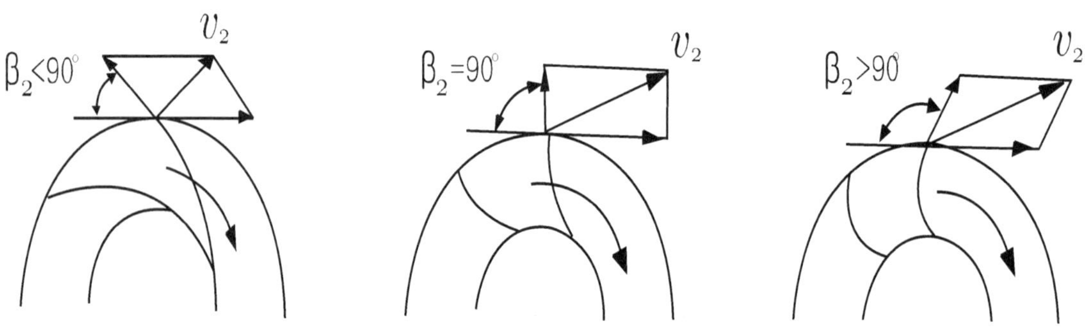

(a) 후향익

(b) 반경익

(c) 전향익

그림 3.12 원심형 익의 형태

그림 3.12와 같이 β_2 90°인 것을 후향익(backward curved vane), $\beta_2 = 90°$인 것을 반경익(radial curvea vane), $\beta_2 > 90°$인 것을 전향익(forward curved vane)이라 한다.

이론적으로는 반경익이나 전향익이 바람직하지만, 실제로는 반경익이나 전향익을 채용한 펌프는 효율이 낮고 유량이 매우 적어서 불안정한 유동상태가 되기 쉬우므로 사용할 수 없다.

펌프에서는 출구각 β_2 의 표준범위는 $20° < \beta_2 < 25°$ 이며 입구각 β_1 의 범위는 보통 $15° < \beta_1 < 50°$ 이다.

실제의 원심펌프 회전차내의 유동에서는 유체가 회전차내에 깃과 깃사이를 유동할 때 상대속도의 유선이 깃의 곡선과 일치하지 못하는 유동, 즉 깃 수 유한인 유동이 된다. 깃 수 유한인 유동에서는 유체가 회전차내에 깃과 깃사이를 유동할 때 slip이 발생하는 유동이 되는데, 깃수 유한인 유동에서 slip을 고려한 이론수두를 H_{th} 하 하면

$$k = \frac{H_{th}}{H_{th}}$$

로 나타낼 수 있으며, 여기서 k는 실험적으로 구해지는 값으로써 slip계수라 한다.

【예제 3.3】 원심펌프에서 회전차의 직경은 520mm, 회전속도는 1200rpm, 송출유량은 6㎥/min일 때 전양정(m)과 수동력(kW)을 구하여라. 단, 회전차입구에서 물은 축방향으로 유입하고 회전차출구에서는 상대속도가 반경방향이며, $\frac{H}{H_{th\infty}} = 0.8$이다.

【풀이】 깃 수 무한인 경우의 이론수두 H_{th} 는 $H_{th\infty} = \frac{1}{g}(u_2 v_2 \cos\alpha_2 - u_1 v_1 \cos\alpha_1)$이다.
속도삼각형에서 회전차입구에서 물은 축방향으로 유입하므로 유입각 $\alpha_1 = 90°$ 이고, 회전차출구에서 상대속도가 반경방향 즉 출구각 $\beta_2 = 90°$ 일 때 $v_2 \cos\alpha_2 = u_2$이다. 따라서 $H_{th\infty}$는

$$H_{th\infty} = \frac{1}{g} u_2 v_2 \cos\alpha_2 = \frac{1}{g} u_2^2 = \frac{1}{g}\left(\frac{\pi D_2 N}{60}\right)^2$$

$$= \frac{1}{9.8}\left(\frac{\pi \times 0.52 \times 1200}{60}\right)^2 = 108.9\,\text{m}$$

전양정 H는 $H = H_{th\infty} \times 0.8 = 87.1\,\text{m}$

수동력 L_w는 $L_w = \gamma QH = \dfrac{9800 \times \dfrac{6}{60} \times 87.1}{1000} = 85.4\,\text{kW}$

【예제 3.4】 원심펌프 회전차의 바깥지름은 600mm, 회전수는 1750rpm, 유입각 $\alpha_1 = 90°$, 출구각 $\beta_2 = 25°$, 출구의 상대속도 $w_2 = 10\text{m/s}$일 때, 깃 수 무한인 경우의 이론수두 H_{th} 를 구하여라.

【풀이】 원주속도 u_2는

$$u_2 = \frac{\pi D_2 N}{60} = \frac{\pi \times 0.6 \times 1750}{60} = 54.95\text{m/s}$$

$\alpha_1 = 90°$ 이므로 $v_{u1} = v_1 \cos\alpha_1 = 0$

$v_{u2} = u_2 - w_2\cos\beta_2 = 54.95 - 10\cos 25° = 45.9\text{m/s}$

이론수두 $H_{th\infty}$ 는

$$H_{th\infty} = \frac{1}{g}(u_2 v_{u2} - u_1 v_{u1}) = \frac{1}{9.8} \times (54.95 \times 45.9 - 0) = 257\text{m}$$

【예제 3.5】 원심펌프에서 회전차의 외경 $D_2 = 600\text{mm}$, 회전수 $N = 1600\,\text{rpm}$는 1600rpm, 깃의 출구각 $\beta_2 = 25°$, 출구에서 상대속도 $w_2 = 9\,\text{m/s}$이고, 물은 입구에서 축방향으로 유입하며, 미끄럼계수 $k = 0.85$일 때 이론수두 $H_{th}(\text{m})$를 구하시오.

【풀이】

원주속도 u_2는

$$u_2 = \frac{\pi D_2 N}{60} = \frac{\pi \times 0.6 \times 1600}{60} = 50.24\text{m/s}$$

$v_{u2} = u_2 - w_2 \cos\beta_2 = 50.24 - 9\cos 25 = 42.1\text{m/s}$

깃 수 무한인 겨우의 이론수두 H_{th} 는

$$H_{th\infty} = \frac{1}{g} u_2 v_{u2} = \frac{1}{9.8} \times 50.24 \times 42.1 = 216\text{m}$$

이론수두 H_{th}는

$$H_{th} = H_{th\infty} \times k = 216 \times 0.85 = 184\,\text{m}$$

3.5 상사법칙과 비속도

3.5.1 상사법칙

상사(相似)한 두 물체 사이의 운동에 성립하는 법칙을 상사법칙(similitude)이라 하며, 유체기계의 해석이나 설계에서 상사법칙은 매우 중요하다. 실형(實型)과 모형(模型)이 닮은 모양이고 대응하는 길이의 비가 같으면 기하학적 상사(相似)인 관계가 성립하며, 두 물체의 유동장에서 대응하는 점의 속도와 가속도의 방향이 같고 속도와 가속도의 크기의 비가 같으면 운동학적 상사법칙이 성립한다. 또한 2개의 유동장에서 대응하는 점에 작용하는 힘의 방향이 같고 힘의 크기의 비가 같으면 역학적 상사법칙이 성립한다. 유체의 유동에서 기하학적(geometric)으로 상사한 2개의 물체가 유체 중에서 운동하는 유동장이 운동학적(kinematic), 역학적(dynamic)으로 상사하다면 상사관계를 나타내는 법칙이 존재할 수 있으며, 이 법칙을 상사법칙(相似法則)이라 한다. 같은 종류의 터보형 유체기계에서는 상사법칙이 성립하며, 이 법칙을 이용하면 유체기계의 해석이나 설계과정이 매우 간편해 질 수 있다.

그림 3.13에서와 같이 상사법칙이 성립하는 2대의 펌프회전차에서 회전차의 바깥지름은 각각 D_1, D_2 이고 폭은 b_1, b_2 이면 기하학적 상사의 조건에서 $\dfrac{D_1}{D_2} = \dfrac{b_1}{b_2}$의 관계가 성립한다. 회전차 출구의 대응하는 점에서 절대속도는 v_1, v_2 원주속도는 u_1, u_2 상대속도는 w_1, w_2 자오선속도는 v_{m1}, v_{m2} 이고 유출각은 α_1, α_2이면 기하학적 상사법칙의 조건에서 $\dfrac{u_1}{u_2} = \dfrac{v_1}{v_2} = \dfrac{v_{m1}}{v_{m2}}$, $\alpha_1 = \alpha_2$인 관계가 성립한다. 또한 2대의 펌프의 효율이 η_1, η_2 이면 역학적 상사법칙의 조건에서 $\eta_1 = \eta_2$인 관계가 성립한다. 2대의 펌프의 회전수는 N_1, N_2 이고 유체의 비중량은 γ_1, γ_2 라 하면 다음과 같은 유량, 양정, 동력에 관한 상사법칙이 성립한다.

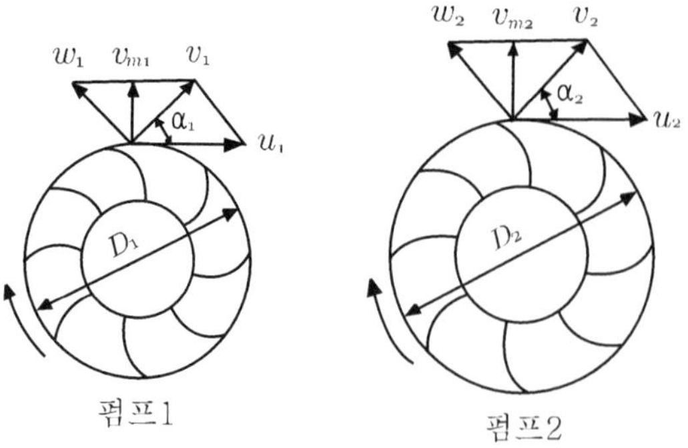

그림 3.13 상사한 2대의 펌프 회전차

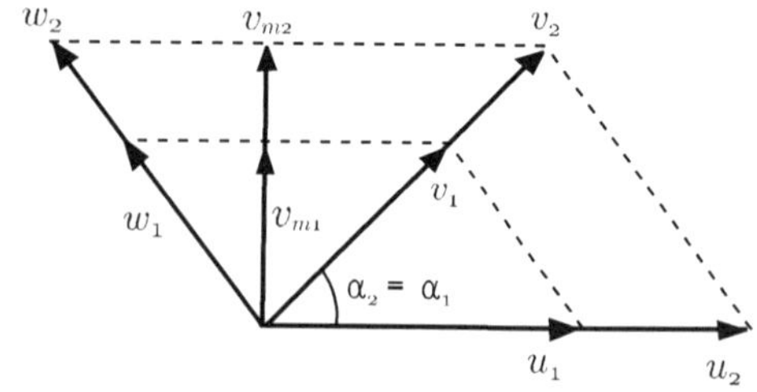

그림 3.14 속도선도

1. 유량에 관한 상사법칙

2대의 회전차의 유량을 각각 Q_1, Q_2 라 하면 유량의 비는 다음과 같다.

$$\frac{Q_1}{Q_2} = \frac{\pi D_1 b_1 v_{m1}}{\pi D_2 b_2 v_{m2}} \tag{3.22}$$

기하학적 상사의 조건에서 $\dfrac{D_1}{D_2} = \dfrac{b_1}{b_2}$ 이 성립하며, 운동학적 상사의 조건으로부터 대응하는 점에서 속도의 비가 같다. 즉 $\dfrac{v_{m1}}{v_{m2}} = \dfrac{u_1}{u_2}\left(= \dfrac{\pi D_1 N_1}{\pi D_2 N_2}\right)$ 인 관계가 성립하므로 식 (3.22)는 다음과 같이 된다.

$$\frac{Q_1}{Q_2} = \left(\frac{D_1}{D_2}\right)^3 \left(\frac{N_1}{N_2}\right) \text{ 또는 } \frac{Q_1}{D_1^3 N_1} = \frac{Q_2}{D_2^3 N_2} \tag{3.23}$$

식 (3.23)에 의하면 유량은 회전차직경의 3제곱에 비례하고 회전수에 비례한다.

2. 양정에 관한 상사법칙

2대의 회전차의 전양정 H_1, H_2 의 비는 다음과 같다.

$$\frac{H_1}{H_2} = \frac{H_{th\infty 1}}{H_{th\ \ 2}} = \frac{\frac{1}{g}u_1 v_1 \cos\alpha_1}{\frac{1}{g}u_2 v_2 \cos\alpha_2} \tag{3.24}$$

식 (3.24)에서 $\alpha_1 = \alpha_2$, $\frac{v_1}{v_2} = \frac{u_1}{u_2}\left(= \frac{\pi D_1 N_1}{\pi D_2 N_2}\right)$이므로 다음의 식이 성립한다.

$$\frac{H_1}{H_2} = \left(\frac{D_1}{D_2}\right)^2\left(\frac{N_1}{N_2}\right)^2 \text{ 또는 } \frac{H_1}{D_1^2 N_1^2} = \frac{H_2}{D_2^2 N_2^2} \tag{3.25}$$

식 (3.25)에 의하면 전양정은 회전차직경의 제곱에 비례하고 회전수의 제곱에 비례한다.

3. **축동력에 관한 상사법칙**

2대의 펌프의 축동력 L_1, L_2 의 비는 역학적 상사법칙의 조건에서 효율 $\eta_1 = \eta_2$이므로 다음의 관계가 성립한다.

$$\frac{L_1}{L_2} = \frac{L_{w1}}{L_{w2}} - \frac{\gamma_1 Q_1 H_1}{\gamma_2 Q_2 H_2} \tag{3.26}$$

식 (3.26)에 식 (3.23), 식 (3.25)를 대입하고 $\gamma_1 = \gamma_2$로 하면 다음의 식이 성립한다.

$$\frac{L_1}{L_2} = \left(\frac{D_1}{D_2}\right)^5\left(\frac{N_1}{N_2}\right)^3 \text{ 또는 } \frac{L_1}{D_1^5 N_1^3} = \frac{L_2}{D_2^5 N_2^3} \tag{3.27}$$

식 (3.27)에서 펌프의 축동력(또는 수동력)은 회전차직경의 5제곱에 비례하고 회전수의 3제곱에 비례한다는 것을 알 수 있다.

3.5.2 펌프의 비속도

상사법칙이 성립하는 2대의 펌프 회전차를 운전하면서 한 회전차가 단위 유량에서 단위 양정을 낼 때, 이 회전차의 회전수를 상사법칙이 성립하는 회전차에 대한 비속도

(specific speed) 또는 비교회전도라 한다. 비속도는 펌프를 비롯한 모든 터보기계의 형식결정과 설계변수를 결정하는 기준이 된다.

펌프의 성능에 관련된 주요한 값은 유량, 양정, 회전수이므로 식 (3.23)과 식 (3.25)에서 D_1/D_2 항을 소거하여 정리하면 비속도에 관한 식을 얻을 수 있다.

식 (3.23)에서

$$\left(\frac{D_1}{D_2}\right)^3 = \left(\frac{Q_1}{Q_2}\right)\left(\frac{N_2}{N_1}\right) \tag{3.28}$$

식 (3.25)를 3/2제곱하면

$$\left(\frac{H_1}{H_2}\right)^{\frac{3}{2}} = \left(\frac{D_1}{D_2}\right)^3\left(\frac{N_1}{N_2}\right)^3 \tag{3.29}$$

식 (3.29)에서

$$\left(\frac{D_1}{D_2}\right)^3 = \left(\frac{H_1}{H_2}\right)^{\frac{3}{2}}\left(\frac{N_2}{N_1}\right)^3 \tag{3.30}$$

식 (3.28)과 식 (3.30)에서 D_1/D_2 항을 소거하여 정리하면 다음과 같다.

$$\frac{N_1^2\, Q_1}{H_1^{\frac{3}{2}}} = \frac{N_2^2\, Q_2}{H_2^{\frac{3}{2}}} \tag{3.31}$$

식 (3.31)의 양변을 1/2제곱하면

$$\frac{N_1\, Q_1^{\frac{1}{2}}}{H_1^{\frac{3}{4}}} = \frac{N_2\, Q_2^{\frac{1}{2}}}{H_2^{\frac{3}{4}}} \tag{3.32}$$

식 (3.32)에서 $Q_2 = 1, H_2 = 1, N_2 = N_s$ 로 놓으면 다음과 같이 표시된다.

$$\frac{NQ^{\frac{1}{2}}}{H^{\frac{3}{4}}} = N_s \ (\mathrm{m, m^3/min, rpm}) \tag{3.33}$$

식 (3.33)에서 N_s를 비속도(specific speed) 또는 비교회전도라 하며, 펌프의 형식결정과 설계변수를 결정하는데 기준이 되는 값이다. 또한 터보형 휀, 압축기와 같은 유체기계의 비속도를 결정할 때에도 식 (3.33)을 이용한다.

단, 양흡입 펌프인 경우에는 유량 Q 대신에 $Q/2$로 하여 계산하고, 다단(n단) 펌프인 경우에는 양정 H 대신에 H/n로 하여 계산하여야 한다.

비속도 N_s는 무차원수가 아니며 전양정 H, 회전수 N, 유량 Q의 단위에 따라서 값과 단위는 달라진다. 비속도 N_s의 단위가 m, m^3/min, rpm이고, 그 외의 단위를 가지는 비속도를 N_s'라 하면 N_s과 N_s'의 관계는 다음과 같이 나타낼 수 있다.

$$N_s = kN_s' \tag{3.34}$$

여기서 계수 k는 표 3.1의 값을 갖는다.

표 3.1 비속도 단위 환산계수의 k값

N_s' 단위	k
m, m^3/sec, rpm	0.129
m, l^3/sec, rpm	4.08
ft, ft^3/sec, rpm	0.314
ft, ft^3/min, rpm	2.44
ft, gallon/min, rpm	6.67

또한 비속도를 무차원수로 나타내기 위하여 다음 식으로 계산한 K의 값을 비속도 대신에 사용하는 경우도 있다.

$$\frac{NQ^{\frac{1}{2}}}{(\mathrm{gH})^{\frac{3}{4}}} = K \tag{3.35}$$

여기서 K를 형상계수(type coefficient)라 하며 무차원수이다.

그림 3.13은 비속도 N_s(m, m^3/min, rpm)의 변화에 따른 회전차의 형상이 어떻게 변화되는가를 나타낸 것이다. 그림 3.13에서와 같이 비속도가 증가할수록 회전차의 형상은 반경류형→혼류형→사류형→축류형 회전차로 선택하여야 한다. 즉 비속도가 작을 때는 양정을 크게 하기 위하여 회전차에서 유로단면적은 작은 대신에 회전차의 외경을 크게 하여 유체는 반경방향으로 회전차를 통과하도록 해야 하는데, 이러한 경우에는 반경류형(radial flow type)이나 혼류형(mixed flow type)회전차로 하여야 한다. 비속도가 클 때는 단위시간당 회전차를 통과하는 유량이 많아지게 하기 위하여 회전차 직경은 크고 유로(流路)단면적을

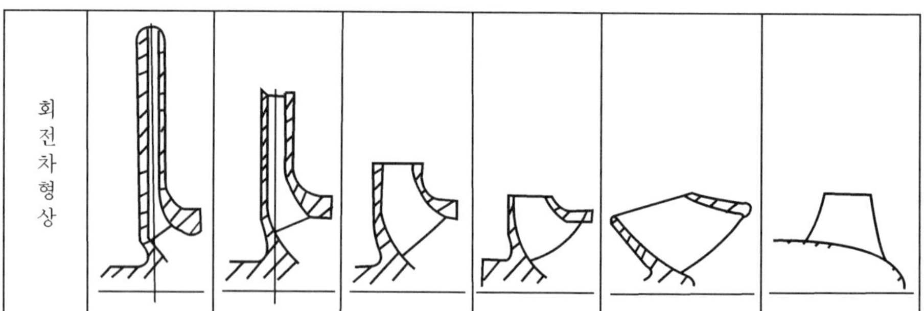

비속도	100 이하	200	400	500	1000	1200 이상
형식	반경류형		혼류형	사류형		축류형

그림 3.13 비속도와 회전차의 형상

표 3.2 회전차의 형상과 비속도의 범위

N_s(m, m³/min, rpm)		형식	펌프의 명칭
실용범위	최적범위		
80 ~ 250	100 ~ 200	반경류형	원심펌프(디퓨저펌프)
250 ~ 750	350 ~ 550	혼류형	원심펌프(볼류트펌프)
650 ~ 1200	700 ~ 1100	사류형	사류펌프
850 ~ 3800	1500 ~ 2000	축류형	축류펌프

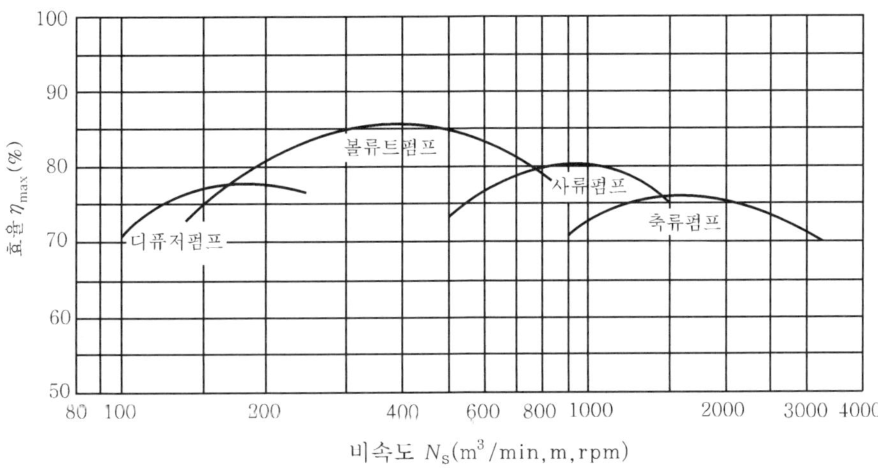

그림 3.14 비속도와 펌프의 효율

넓게 하여 유체는 축방향으로 회전차를 통과하여야 하며, 이러한 경우에는 사류형(diagonal flow type)이나 축류형(axial flow type)으로 하여야 한다. 표 3.2는 비속도 N_s(m, m³/min, rpm)의 범위에 대한 회전차의 형식과 펌프의 종류를 나타낸 것이다.

【예제 3.6】 유량 Q=14m³/min, 전양정 H=100m, 회전수 N=1750rpm인 경우 (1) 편흡입 1단 펌프, (2) 편흡입 2단 펌프, (3) 양흡입 1단 펌프에 대한 비속도 N_s(m, m³/min, rpm)를 계산하여라.

【풀이】 (1) 편흡입 1단 펌프

$$N_s = \frac{NQ^{\frac{1}{2}}}{H^{\frac{3}{4}}} = \frac{1750 \times 14^{\frac{1}{2}}}{100^{\frac{3}{4}}} = 207 \quad (\mathrm{m, m^3/min}, rpm)$$

(2) 편흡입 2단 펌프

$$N_s = \frac{NQ^{\frac{1}{2}}}{(H/2)^{\frac{3}{4}}} = \frac{1750 \times 14^{\frac{1}{2}}}{(100/2)^{\frac{3}{4}}} = 348 \ (\mathrm{m, m^3/min}, rpm)$$

(3) 양흡입 1단 펌프

$$N_s = \frac{N(Q/2)^{\frac{1}{2}}}{H^{\frac{3}{4}}} = \frac{1750 \times (14/2)^{\frac{1}{2}}}{100^{\frac{3}{4}}} = 146 \ (\mathrm{m, m^3/min}, rpm)$$

【예제 3.7】 회전수 $N_1 = 600\mathrm{rpm}$, 전양정 $H_1 = 30\mathrm{m}$, 송출유량 $Q_1 = 50\mathrm{m^3/min}$으로 물을 양수하기 위한 원심펌프를 설계하고 제작하기 위하여 실형펌프와 상사한 모형펌프를 만들려고 한다. 모형펌프의 유량 $Q_2 = 8\mathrm{m^3/min}$, 축동력 $L_2 = 50\mathrm{kW}$ 효율 $\eta = 85\%$인 경우 회전수 N_2는 몇 rpm이어야 하는가?

【풀이】 비속도 N_s는

$$N_s = \frac{N_1 Q_1^{\frac{1}{2}}}{H_1^{\frac{3}{4}}} = \frac{600 \times 30^{\frac{1}{2}}}{30^{\frac{3}{4}}} = 363 \ (\mathrm{m, m^3/min}, rpm)$$

모형펌프의 수동력 L_{w2}는

$$L_{w2} = L_2 \eta = 50 \times 0.85 = 42.5\,\mathrm{kW} = 42500\,\mathrm{N\,m/s}$$

$$L_{w2} = \gamma Q_2 H_2 = 9810 \times \frac{8}{60} \times H_2 = 42500\,\mathrm{N\,m/s} \text{에서 } H_2 = 33\,\mathrm{m}$$

그러므로

$$N_s = \frac{N_1 Q_1^{\frac{1}{2}}}{H_1^{\frac{3}{4}}} = \frac{N_2 \times 8^{\frac{1}{2}}}{33^{\frac{3}{4}}} = 363\ (\mathrm{m, m^3/min}, rpm)$$ 에서

모형펌프의 회전수 N_2는 $N_2 = 1767\,\mathrm{rpm}$

3.6 펌프의 동력과 효율

3.6.1 동력(power)

1. 수동력(water power) L_w

펌프가 물에 실제로 준 단위시간당 에너지를 수동력(水動力, water power)이라 하며, 펌프의 수동력 L_w는 물의 비중량을 $\gamma(\mathrm{N/m^3})$, 유량을 $Q(\mathrm{m^3/s})$, 양정을 $H(\mathrm{m})$라 하면 다음과 같다.

$$L_w = \gamma Q H\ \mathrm{Nm/s}(=\mathrm{W}) = \frac{\gamma Q H}{1000}\ \mathrm{kW} \tag{3.36}$$

2. 축동력(shaft power) L

펌프가 액체에 수동력 L_w를 공급하기 위하여 원동기로부터 공급받아야 하는 단위시간당 기계적에너지를 축동력(軸動力, shaft power)이라 한다. 펌프의 전효율을 η라 하면 축동력 L는 다음과 같다.

$$L = \frac{L_w}{\eta} \tag{3.37}$$

3.6.2 효율

1. 수력효율(hydraulic efficiency) η_h

펌프 내에서 액체의 마찰손실과 부차적 손실의 합을 수력손실(hydraulic loss)이라 하며, 수력손실을 고려한 효율을 수력효율이라 한다. 펌프의 이론양정을 H_{th}, 전양정(실제양정)

을 H, 수력손실을 h_l이라 하면 수력효율 η_h는 다음과 같다.

$$\eta_h = \frac{H}{H_{th}} = \frac{H_{th} - h_l}{H_{th}} = 1 - \frac{h_l}{H_{th}} \tag{3.38}$$

일반적으로 원심펌프의 수력효율은 0.80~0.95이다.

2. **체적효율**(volumetric efficiency) η_v

펌프회전차를 통과한 액체중의 일부는 작은 간극을 통하여 펌프 밖으로 누설되거나 회전차입구로 역류하여 누설이 발생하게 되며, 누설유량을 고려한 효율을 체적효율(용적효율)이라한다. 펌프의 회전차입구를 통과한 유량, 즉 이론유량을 Q_{th}, 누설유량을 ΔQ라 하면 실제의 송출량 Q는 $Q = Q_{th} - \Delta Q$이므로 체적효율 η_v는 이론유량 Q_{th}에 대한 실제유량 Q의 비로써 다음과 같이 된다.

$$\eta_v = \frac{Q}{Q_{th}} = \frac{Q_{th} - \Delta Q}{Q_{th}} = 1 - \frac{\Delta Q}{Q_{th}} \tag{3.39}$$

일반적으로 원심펌프의 체적효율은 0.90~0.95이다.

3. **기계효율**(mechanical efficiency) η_m

펌프에서는 펌프를 구성하는 고체의 요소가 운동하면서 기계적 마찰손실이 발생하며, 기계적 손실을 고려한 효율을 기계효율이라 한다. 펌프의 축동력 L에서 기계손실동력 ΔL_m을 제외한 동력이 펌프내에서 액체에 공급할 수 있는 이론적 수동력 L_{th}이다. 즉 이론적 수동력 L_{th}는 $L_{th} = L - \Delta L_m = \gamma Q_{th} H_{th}$이며, 축동력 L과 이론적 수동력 L_{th}의 비가 펌프의 기계효율(mechanical efficiency) η_m이다.

$$\eta_m = \frac{L_{th}}{L} = \frac{\gamma Q_{th} H_{th}}{L} = \frac{L - \Delta L_m}{L} = 1 - \frac{\Delta L_m}{L} \tag{3.40}$$

일반적으로 원심펌프의 기계효율은 0.90~0.97 정도이다.

4. **전효율**(total efficiency) η

펌프가 원동기로부터 축을 통하여 공급받은 단위시간당 기계적 에너지가 축동력 L이며 액체가 펌프로부터 얻은 단위시간당 유체에너지가 수동력 L_w이다. 그러므로 축동력 L과 수동력 L_w의 비가 펌프의 (전)효율 η이다.

$$\eta = \eta_h \eta_v \eta_m = \frac{H}{H_{th}} \frac{Q}{Q_{th}} \frac{\gamma Q_{th} H_{th}}{L} = \frac{\gamma QH}{L} = \frac{L_w}{L} \tag{3.41}$$

【예제 3.8】 펌프의 입구와 출구측 압력이 각각 −30mmHg, 3bar이고, 송출유량은 12 ㎥/min일 때 수동력 L_w(kW)와 축동력 L(kW)은 얼마인가? 단, 흡입관과 송출관의 직경은 같으며, 진공계와 압력계 사이의 수직거리는 3m이고, 펌프의 전효율은 86%이다.

【풀이】 펌프의 입구압력 p_A는

$$p_A = -\frac{30}{760} \times 101325 = -4000\,\mathrm{N/m^2}$$

펌프의 전양정 H는

$$H = \frac{p_B - p_A}{\gamma} + \frac{v_B^2 - v_A^2}{2g} + (z_B - z_A)$$

$$= \frac{3 \times 10^5 + 4000}{9810} + 0 + 3 = 34\,\mathrm{m}$$

수동력 L_w는

$$L_w = \gamma QH = \frac{9810 \times \frac{12}{60} \times 34}{1000} = 117.7\,\mathrm{kW}$$

축동력 L_w는

$$L = \frac{L_w}{\eta} = \frac{117.7}{0.88} = 133.8\,\mathrm{kW}$$

【예제 3.9】 전양정 30m, 송출유량 2㎥/min인 원심펌프에서 수력손실수두는 3m, 누설유량은 이론유량의 3% 일 때, 이 펌프의 수동력과 축동력은 각각 몇 kW인가? 단, 기계

효율은 92%이다.

【풀이】 수동력 L_w는 $L_w = \gamma QH = \dfrac{9810 \times \dfrac{2}{60} \times 30}{1000} = 9.8\,\text{kW}$

펌프의 전효율 η는

$$\eta = \eta_h \eta_v \eta_m = \frac{H}{H_{th}} \frac{Q}{Q_{th}} \eta_m = \frac{30}{30+3} \times \frac{2}{2+2 \times 0.03} \times 0.92 = 0.84$$

축동력 L은 $L = \dfrac{L_w}{\eta} = \dfrac{9.8}{0.84} = 11.7\,\text{kW}$

【예제 3.10】 송출압력 18MPa, 송출유량 $Q = 15l/\text{min}$로 유압펌프를 운전하기 위한 동력은 5kW였다. 이 펌프의 전효율을 구하여라. 단, 펌프흡입구의 압력은 대기압이다.

【풀이】 축동력은 $L = 5\,\text{kW}$이므로 펌프의 유동력 L_o는

$$L_o = \gamma_o QH = p_t Q = \frac{18 \times 10^6 \times 15 \times 10^{-3}}{60 \times 1000} = 4.5\,\text{kW}$$

펌프의 전효율 η는

$$\eta = \frac{L_w}{L} = \frac{4.5}{5} = 0.9 = 90\,\%$$

3.7 원심펌프의 설계

1. 전양정 H

흡입수면의 물을 송출수면까지 양수하는 펌프관로계에서 펌프의 전양정 H는 다음 식에 의하여 구할 수 있다.

$$H = \frac{p_2 - p_1}{\gamma} + \frac{v_2^2 - v_1^2}{2g} + H_a + h_l$$

여기서 p_1 : 흡입수면의 압력, p_2 : 송출수면의 압력, v_1 : 흡입관에서의 유속, v_2 : 송출관에서의 유속, γ : 액체의 비중량, H_a : 흡입수면과 송출수면 사이의 수직거리(실양정), h_l : 관로에서의 총손실수두를 나타낸다.

2. 펌프의 회전수 N

내연기관을 원동기로 사용한다면 회전수는 임의로 결정할 수 있으며, 전동기를 사용하는 경우에는 다음 식으로 회전수 N을 구할 수 있다.

$$N = \frac{60 \times f}{p/2}(1-\epsilon)\,(\mathrm{rpm})$$

여기서 f : 전원의 주파수(50Hz, 또는 60Hz), p : 전동기의 극수(2극~20극), ϵ: 미끄럼률 (0.02~0.05)

3. 비속도 N_s

비속도 N_s는 다음 식으로 구한다.

$$N_s = \frac{NQ^{\frac{1}{2}}}{H^{\frac{3}{4}}}\,(\mathrm{m,\ m^3/min,\ rpm})$$

4. 회전차의 형식과 전효율 η

그림 3.13과 그림 3.14에서 비속도에 적합한 회전차의 형식을 결정하고 펌프의 효율 η를 결정한다.

5. 펌프의 동력

(1) 수동력 L_W

$$L_W = \gamma QH$$

(2) 축동력 L

$$L = \frac{L_W}{\eta}$$

(3) 전동기의 출력 L_d

$$L_d = kL$$

6. 이론 유량 Q_{th}

회전차내를 통과하는 유량, 즉 이론유량(설계양수량) Q_{th}는

$$Q_{th} = Q + \Delta Q = \frac{Q}{\eta_v}$$

이다. 여기서 Q는 펌프의 송출유량, ΔQ는 누설유량, η_v는 체적효율이다.

7. 회전차의 크기

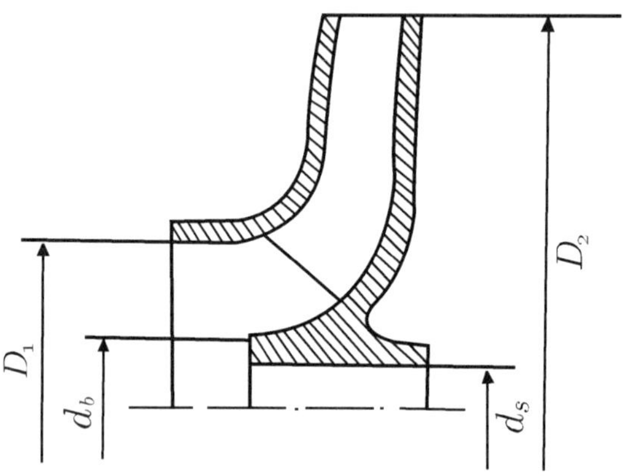

그림 3.15 회전차의 크기

(1) 축의 지름 d_s와 회전차 보스(boss)의 지름 d_b

회전차의 축동력이 L일 때 축에 작용하는 비틀림 모멘트(토크) T는 $L = T\omega = \frac{2\pi N}{60}$에서 $T = \frac{60 \times L}{2\pi N}$이다.

축재료의 허용비틀림응력을 σ, 극단면계수를 Z_p, 축의 지름을 d_s라 하면

$T = Z_p \sigma = \frac{\pi d_s^3}{16} \sigma$ 이므로

$$d_s = \zeta \sqrt[3]{\frac{16T}{\pi\sigma}}$$

여기서 ζ는 안전율이다.
회전차보스의 지름 $d_b = 1.2d$로 한다.

(2) 깃의 입구각 β_1과 깃의 출구각 β_2

그림 3.16의 속도삼각형에서 회전차입구에서 깃의 경사각, 즉 깃의 입구각 β_1은

$$\tan\beta_1 = \frac{v_1 \sin\alpha_1}{u_1 - v_1 \cos\alpha_1}$$

이며, $\alpha_1 = 90°$로 하면 위 식은 다음과 같이 된다.

$$\tan\beta_1 = \frac{v_{m1}}{u_1} = \frac{v_{m1}}{\pi D_1 N/60}$$

회전차출구에서 깃의 경사각, 즉 깃의 출구각 β_2는 $(u_2 - v_{u2})\tan\beta_2 = v_{m2}$이므로

$$\tan\beta_2 = \frac{v_2 \sin\alpha_2}{u_2 - v_2 \cos\alpha_2} = \frac{v_{m2}}{u_2 - v_{u2}}$$

이다.

실제의 설계에서는 비속도 N_s와 양정계수 $\varphi\left(= \frac{H}{u_2^2/g}\right)$를 알고 있을 때 회전차 출구에서 깃의 경사각 β_2는 그림 3.17을 이용하여 결정한다.

Stepanoff는 실용적인 β_2 값으로 $\beta = 17°30' \sim 27°30'$를 제시하였으며, 보통 $\beta = 22°30' \sim 25°$ 범위의 값을 주로 사용한다. 깃의 입구각 β_1의 범위는 보통 $15° < \beta_1 < 50°$이다.

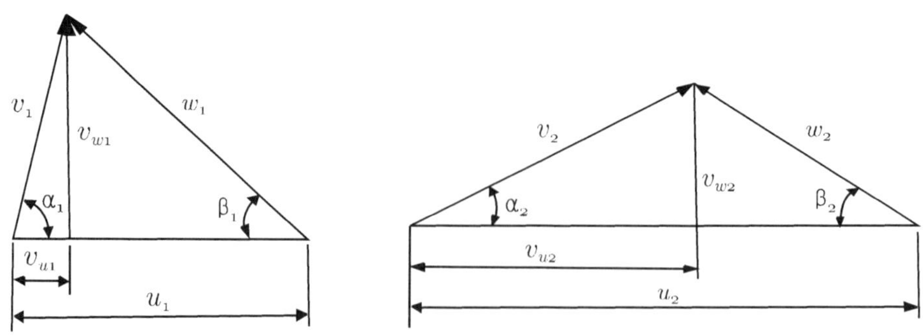

그림 3.16 속도삼각형

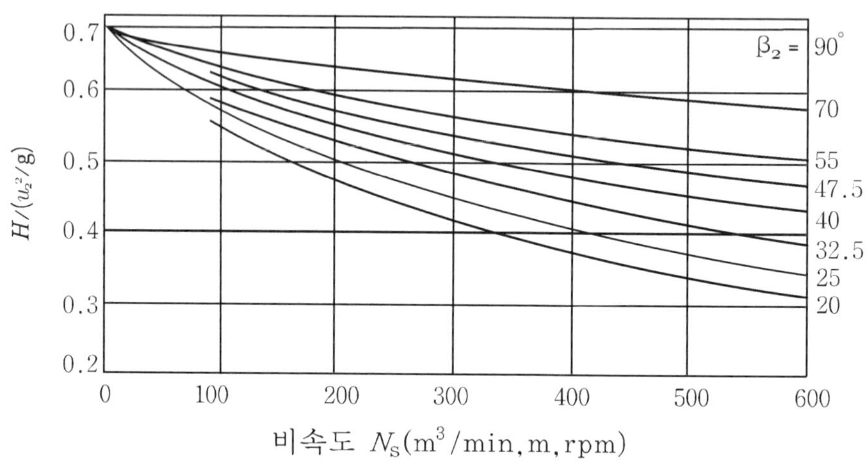

그림 3.17 깃의 출구각

(3) 회전차의 외경 D_2와 내경 D_1

$u_2 = \dfrac{\pi D_2 N}{60} = K_u \sqrt{2gH}$에서 회전차의 외경 D_2는

$$D_2 = \frac{60 K_u \sqrt{2gH}}{\pi N}$$

이다. 여기서 K_u 는 원주속도 계수로서 그림 3.18에서 구할 수 있다.

그림 3.18에서 $D_1/D_2 = x$ 로 하면

$$D_1 = x D_2$$

이다.

(4) 자오면속도 v_{m1}, v_{m2}

회전차 입구와 출구에서 반지름방향의 유속, 즉 자오면속도 v_{m1}, v_{m2}는 각각 다음 식과 같다.

$$v_{m1} = K_{m1} \sqrt{2gH}$$
$$v_{m2} = K_{m2} \sqrt{2gH}$$

여기서 K_{m1}, K_{m2} 는 각각 회전차 입구와 출구에서 자오면 속도계수로서 그림 3.18에서 구할 수 있다.

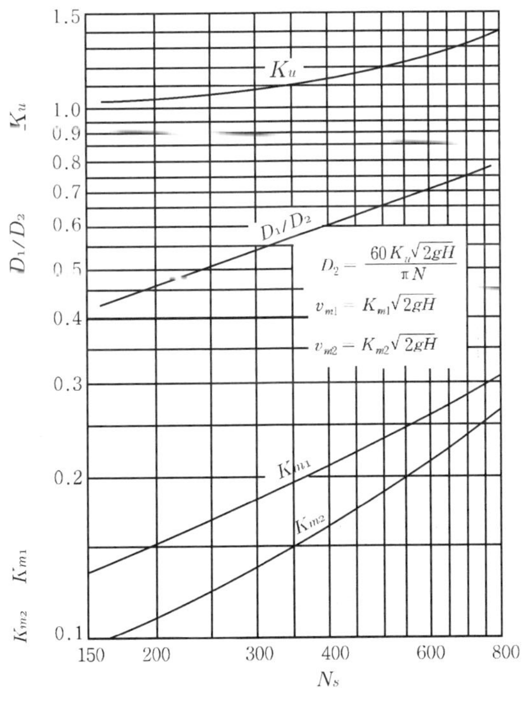

그림 3.18

(5) 깃의 수 Z

원심펌프의 깃의 수 z는 표 3.3을 이용하여 결정할 수 있다.

표 3.3 비속도와 깃의 수

(㎥/min, m, rpm)	100~200	200~400	400~600	600~800
깃의 수	5~6	6~7	7~8	8~9

Pfleiderer 의 실험식을 이용하면 깃의 수 z는 다음과 같다.

$$z = 6.5 \times \frac{D_2 + D_1}{D_2 - D_1} \sin \frac{\beta_1 + \beta_2}{2}$$

(6) 회전차 입구와 출구의 치수

그림 3.19에서 회전차 입구와 출구의 원주피치 t_1, t_2는 각각 다음과 같다.

$$t_1 = \frac{\pi D_1}{z}$$

$$t_2 = \frac{\pi D_2}{z}$$

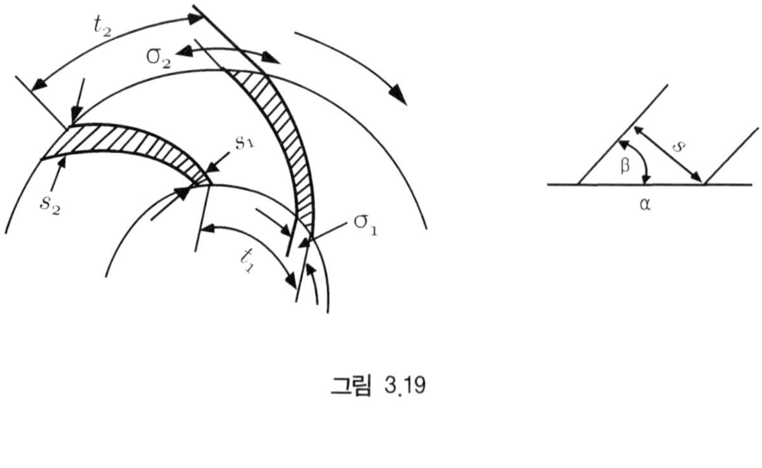

그림 3.19

회전차입구와 출구에서 깃의 두께를 각각 s_1, s_2로 하면 회전차입구와 출구에서 깃의 원주방향두께 σ_1, σ_2는 각각 다음과 같다.

$$\sigma_1 = \frac{s_1}{\sin\beta_1}$$

$$\sigma_2 = \frac{s_2}{\sin\beta_2}$$

(7) 회전차 입구폭 b_1과 출구폭 b_2

회전차 입구폭과 출구폭 b_1, b_2는 다음 식으로 계산할 수 있다.

$$b_1 = \frac{Q_{th}}{\pi D_1 v_{m1}} \frac{t_1}{t_1 - \sigma_1}$$

$$b_2 = \frac{Q_{th}}{\pi D_2 v_{m2}} \frac{t_2}{t_2 - \sigma_2}$$

윗 식에서 $(t_1 - \sigma_1)/t_1$는 입구면적의 감소율이며, $(t_2 - \sigma_2)/t_2$는 출구면적의 감소율로서 유량은 깃의 두께로 인하여 감소하므로 깃의 폭은 감소율을 고려하여 결정해야 한다.

8. 깃의 곡선

회전차에서 깃의 형상을 결정하는 것이 깃의 곡선이다. 깃의 곡선을 그리기 위해서는 깃의 내경과 외경 D_1, D_2 깃의 입구폭과 출구폭 b_1, b_2 깃의 입구각과 출구각 β_1, β_2가 먼저 주어져야 한다. 깃의 곡선을 작도할 때에는 유로에서의 수력손실이 최소로 되도록 깃의 각이나 유로단면적이 균일한 비로 변화되도록 고려하여야 한다. 깃의 곡선을 작도하는 방법으로는 1원호(圓弧)법, 2원호(圓弧)법, 3원호(圓弧)법, 대수나선(對數螺線)법 등이 있다. 여기서는 이중에서 1원호법을 소개한다.

(1) 회전차 내경 $2r_1$과 외경 $2r_2$에 해당하는 2개의 동심원(同心圓)을 그린다.

(2) 두 원의 중심 O에서 반경 x인 원을 두 원의 중간에 그린다.

(3) 반경 x인 원의 한 점 C를 중심으로 하여 반경 y인 원을 그린다.

(4) 반경 y인 원이 반경 r_1인 원과 반경 r_2인 원과의 교점을 A, B라 하면 원호 AB가 깃의 곡선이 된다.

(5) 그림 3.20에서 $\angle DAE$가 β_1이면 $\angle CAO$도 β_1이고, $\angle FBG$가 β_2이면 $\angle CBO$도 β_2이다.

(6) CAO와 $\triangle CBO$에 각각 cosine 제 2 법칙을 적용하면 다음의 식을 얻을 수 있다.

$$x = y^2 + r_1^2 - 2r_1 y \cos\beta_1$$

$$x = y^2 + r_2^2 - 2r_2 y \cos\beta_2$$

위 두 식에서 x, y를 구한다.

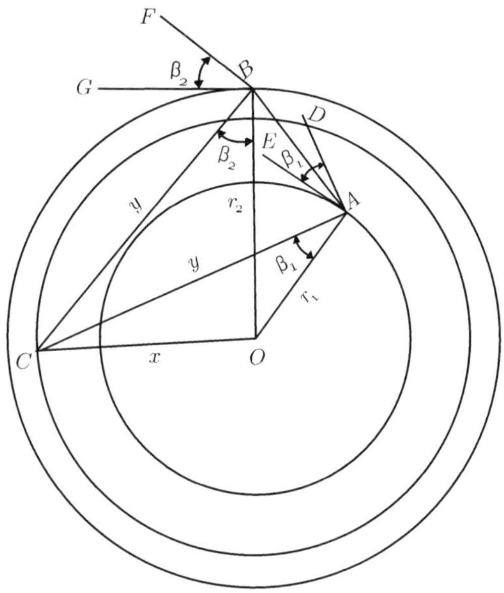

그림 3.20

9. **와류실**

와류실은 회전차에서 나온 액체를 송출구로 보내는 과정에서 에너지의 손실이 최소화되도록 설계되어야 한다. 실험에 의하면 손실을 감소시키기 위해서는 유로단면에서 유속이 일정해야 하며, 이를 위해서는 송출구에 가까워짐에 따라서 유로단면적이 일정한 비로 커져야 한다.

(1) 와류실내의 평균유속 v_3

와류실내에서 평균유속 v_3는 다음 식으로 나타낼 수 있다.

$$v_3 = K_3\sqrt{2gH}$$

여기서 속도계수 K_3는 그림 3.21의 비속도 N_s에 대한 와류실의 제 설계치를 구하기 위한 그림에서 구할 수 있다.

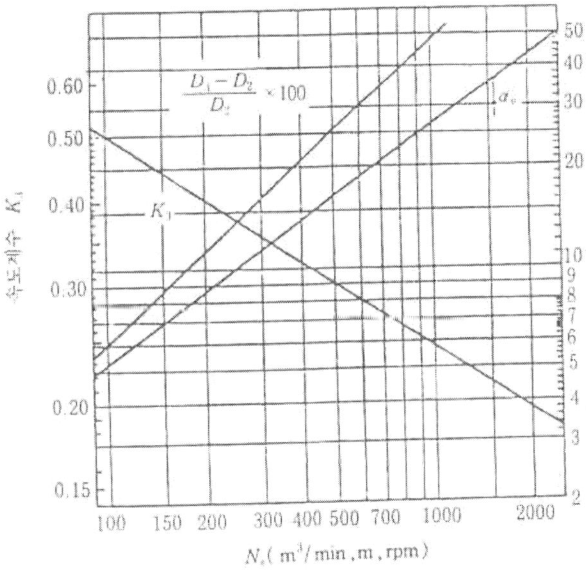

그림 3.21

(2) 와류실 유로의 단면적 A_x

와류실 출구의 단면적 A_1은 다음 식으로 구한다.

$$A_1 = \frac{Q}{v_3}$$

각 유로단면에서의 단면적 A_x는 다음 식으로 나타낼 수 있다.

$$A_x = \frac{\alpha}{2\pi} \cdot A_1$$

여기서 α는 와류실의 시점을 기준으로 한 단면과 A_x인 단면이 이루는 각이다.
즉 그림 3.22와 같이 와류실을 8등분하면 각 유로 단면적은 다음과 같다.

$$A_1 = \frac{1\times 2\pi}{2\pi}\times A_1 = A_1 A_2 = \frac{\frac{7}{8}\times 2\pi}{2\pi}\times A_1 = \frac{7}{8}A_1 \cdots A_8 = \frac{1}{8}A_1$$

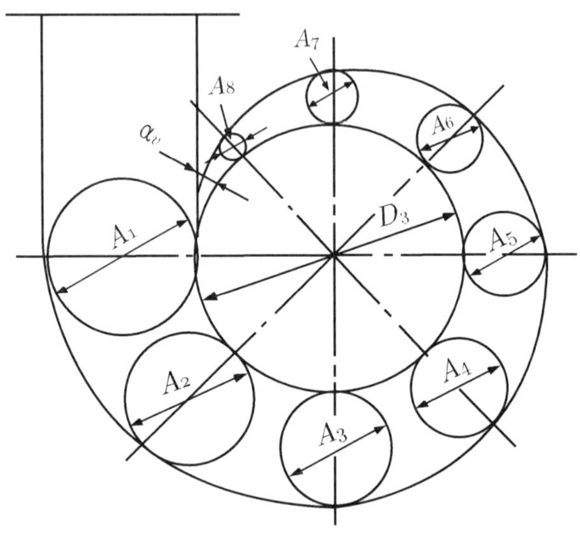

그림 3.22

(3) 기초원의 직경 D_3

그림 3. 22에서 $(D_3-D_2)/D_2$을 구할 수 있으므로 회전차의 외경 D_2가 주어지면 기초원의 직경 D_3를 구할 수 있다.

(4) 와류실의 와류곡선이 시작하는 각 α_v

그림 3. 22에서 와류실의 와류곡선이 시작하는 각 α_v °를 구할 수 있다.

(5) 와류실의 입구폭 b_3

와류실의 입구폭 b_3는 깃의 출구폭 b_2보다 커야 하며 다음 식으로 주어진다.

$$b_3 = K_b b_2$$

여기서 K_b는 그림 3. 23에서 구할 수 있다.

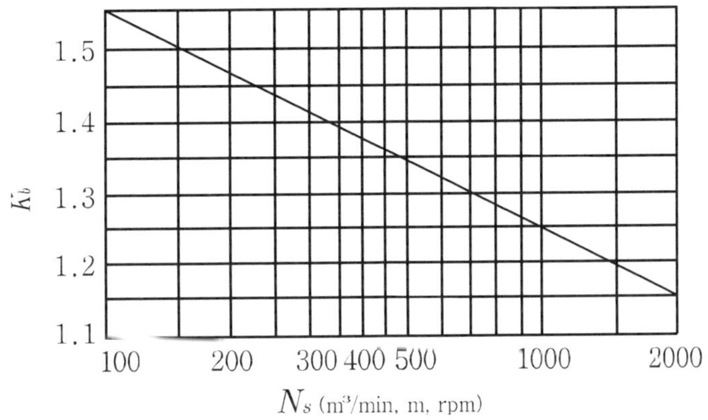

그림 3.23

10. **펌프의 크기**

펌프의 크기는 흡입구의 직경 $D_s$mm와 송출구의 직경 $D_d$mm로 표시한다. 즉 흡입구의 직경이 90mm, 송출구의 직경이 80mm인 원심펌프라면 "90×80 원심펌프"라 칭한다. 흡입구와 송출구의 직경을 결정하기 위해서는 먼저 유속을 결정하여야 한다.
한국산업규격 KS B 7513-81에는 펌프의 흡입관 및 송출관의 치수를 규격화하였다.

(1) 흡입구의 직경 D_s

펌프 흡입구의 유속 v_s는

$$v_s = K_s\sqrt{2gH}$$

로 주어지며, 흡입구의 속도계수 K_s는 그림 3.24에서 구한다.

$Q=\frac{\pi}{4}D^2_{v_s s}$ 에서 흡입구의 직경 D_s는 다음 식으로 주어진다.

$$4D_s = \sqrt{\frac{4Q}{\pi v_s}}$$

(2) 송출구의 직경 D_d

펌프 송출구의 유속 v_d는

$$v_d = K_d\sqrt{2gH}$$

로 주어지며, 송출구의 속도계수 K_d는 그림 3.25에서 구한다.

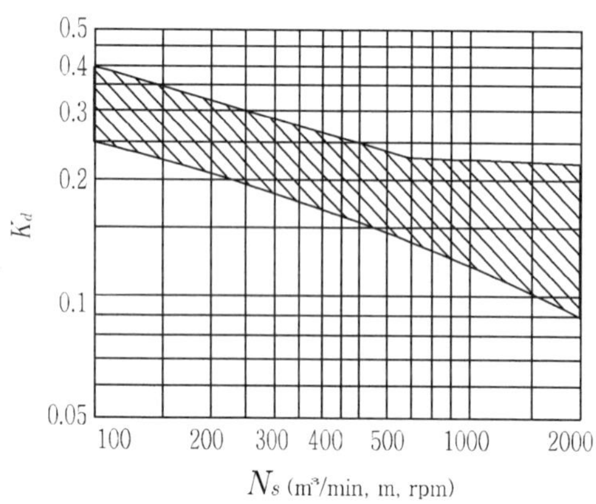

그림 3.24

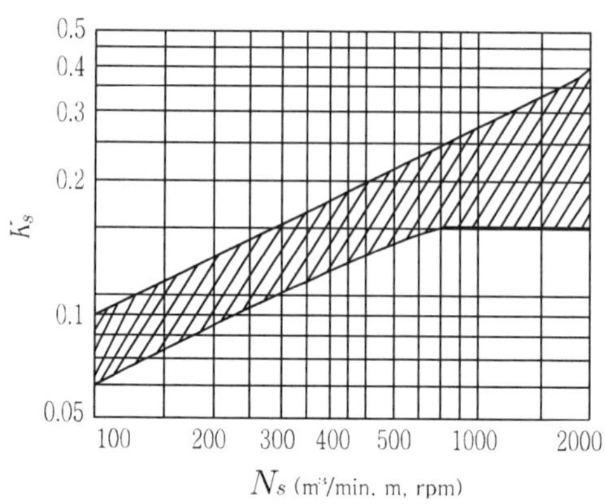

그림 3.25

$Q=\frac{\pi}{4}D_d^2 v_d$ 에서 송출구의 직경 D_d는 다음 식으로 주어진다.

$$D_d = \sqrt{\frac{4Q}{\pi v_d}}$$

【예제 3.11】 전양정 $H=20$m, 송출유량 $Q=2$㎥/min인 급수시스템에 설치할 최적의 원심펌프를 설계하여라. 단, 전동기는 극수 $p=4$극, 전원의 주파수 $f=60$Hz, 미끄럼률 $\epsilon=0.03$이다.

【풀이】 1. 펌프의 회전수

$$N=\frac{60\times f}{p/2}(1-\epsilon)=\frac{60\times 60Hz}{4/2}(1-0.03)=1746\text{ rpm}\doteq 1750\text{ rpm}$$

여기서 f : 전원의 주파수(60Hz) p : 전동기의 극수 ϵ : 미끄럼률(0.03)

2. 비속도

$$N_S=\frac{NQ^{\frac{1}{2}}}{H^{\frac{3}{4}}}=\frac{1750\times 2^{\frac{1}{2}}}{20^{\frac{3}{4}}}=262\,(\text{㎥/min, m, rpm})$$

3. 펌프의 종류와 전효율

그림 3.14의 비속도와 회전차의 형상관계에서 비속도 N_S=262(㎥/min, m, rpm)인 경우에 적합한 펌프의 종류는 원심 볼류트(volute)펌프이며 효율 $\eta=85\%$로 한다.

4. 펌프의 동력

(1) 수동력 L_W

$$L_W=\gamma QH=\frac{9800\times 2\times 20}{1000\times 60}=6.53\,\text{kW}$$

(2) 축동력 L

$$L=\frac{L_W}{\eta}=\frac{6.53}{0.85}=7.68\,\text{kW}$$

과부하를 고려하여 최대축동력 $L_{\max}=1.5L$로 하면

$$L_{\max}=1.5L=1.5\times7.68=11.52\,\text{kW}$$

(3) 전동기의 출력 L_d

$$L_d=kL=1.2\times7.68=9.2\,\text{kW}$$

5. 이론유량(설계양수량) Q_{th}

회전차내를 통과하는 유량, 즉 설계양수량 Q_{th}는 체적효율 $\eta_v=95\%$로 가정하면 누설유량 $\Delta Q=5\%$ 이므로

$$Q_{th}=Q+\Delta Q=1.05Q=2.1\,\text{m}^3/\text{min}$$

6. 회전차의 크기

(1) 축의 지름 d와 회전차보스의 지름 d_b

회전차의 축에 작용하는 비틀림 모멘트(토크) T는 $L_{\max}=T\frac{2\pi N}{60}$에서

$$T=\frac{60\times L_{\max}}{2\pi N}=\frac{60\times11.52\times10^3}{2\pi\times1750}=62.89\,\text{N m}=6289\,\text{N cm}$$

축재료의 허용비틀림응력을 σ, 극단면계수를 Z_p, 축의 지름을 d라 하면

$T=Z_p\sigma=\frac{\pi d^3}{16}\sigma$ 이므로

$$d = \zeta \sqrt[3]{\frac{16T}{\pi\sigma}} = 1.2 \times \sqrt[3]{\frac{16 \times 6289}{\pi \times 1200}} = 3.59\,\text{cm}$$

여기서 안전율 $\zeta = 1.2$, 허용비틀림응력 $\sigma = 1200\,\text{N/cm}^2$로 하였다.

회전차보스의 지름 $d_b = 1.2d$로 하면

$$d_b = 1.2d = 1.2 \times 3.59 = 5.38\,\text{cm}$$

(2) 회전차의 출구각 β_2

회전차의 출구각 β_2는 그림 3.17을 이용하거나 Stepanoff가 정한 값을 이용하여 $\beta_2 = 22°30'$으로 한다.

(3) 회전차의 외경 D_2

$\beta_2 = 22°30'$로 할 경우 그림 3.18에서 $N_s = 283$일 때 $K_u = 1.08$로 하면

$$D_2 = \frac{60K_u\sqrt{2gH}}{\pi N} = \frac{60 \times 1.08 \times \sqrt{2 \times 9.8 \times 20}}{\pi \times 1750} = 0.233\,\text{m}$$

(4) 회전차의 내경 D_1

그림 3.18에서 $N_s = 283$일 때 $D_1/D_2 - 0.53$로 하면

$$D_1 = 0.53D_2 = 0.53 \times 0.233 = 0.123\,\text{m}$$

(5) 반지름 방향의 유속 v_{m1}, v_{m2}

그림 3.18에서 $N_s = 283$일 때 $K_{m1} = 0.156$, $K_{m2} = 0.135$로 하면 회전차 입구와 출구에서 반지름방향의 유속 v_{m1}, v_{m2}는 다음과 같다.

$$v_{m1} = K_{m1}\sqrt{2gH} = 0.156 \times \sqrt{2 \times 9.8 \times 20} = 3.088\,\text{m/s}$$

$$v_{m2} = K_{m2}\sqrt{2gH} = 0.135 \times \sqrt{2 \times 9.8 \times 20} = 2.561\,\text{m/s}$$

(6) 회전차의 입구각 β_1

$$\beta_1 = \tan^{-1}\frac{v_{m1}}{u_1} = \tan^{-1}\frac{v_{m1}}{\pi D_1 N/60}$$

$$= \tan^{-1}\frac{3.088}{\pi\times0.123\times1750/60} = 17°\,02'$$

(7) 깃의 수 Z

Pfleiderer의 실험식을 이용하면

$$Z = 6.5\times\frac{D_2+D_1}{D_2-D_1}\sin\frac{\beta_1+\beta_2}{2}$$

$$= 6.5\times\frac{0.233+0.123}{0.233-0.123}\sin\frac{22°30'+17°02'}{2} = 12.27$$

따라서 깃의 수 $Z=13$으로 한다.

(8) 회전차 입구폭과 출구폭 b_1, b_2

회전차 입구의 깃 열의 피치 $t_1 = \frac{\pi D_1}{Z} = \frac{\pi\times0.123}{13} = 0.0297\,\text{m}$

회전차 출구의 깃 열의 피치 $t_2 = \frac{\pi D_2}{Z} = \frac{\pi\times0.233}{13} = 0.0563\,\text{m}$

회전차 입구와 출구에서 깃의 두께는 각각 $S_1 = 4\text{mm}, S_2 = 6\text{mm}$로 하면 회전차 입구와 출구에서 깃의 원주방향두께 σ_1, σ_2는 다음과 같다.

$$\sigma_1 = \frac{s_1}{\sin\beta_1} = \frac{4}{\sin17°02'} = 15.14\text{mm}$$

$$\sigma_2 = \frac{s_2}{\sin\beta_2} = \frac{6}{\sin22°30'} = 17.48\text{mm}$$

회전차 입구폭과 출구폭 b_1, b_2는 다음과 같이 계산할 수 있다.

$$b_1 = \frac{Q_{th}/60}{\pi D_1 v_{m1}}\cdot\frac{t_1}{t_1-\sigma_1}$$

$$= \frac{2.1/60}{\pi\times0.123\times3.088}\times\frac{0.0297}{0.0297-0.0154} = 0.0609\,\text{m}$$

$$b_2 = \frac{Q_{th}/60}{\pi D_2 v_{m2}} \cdot \frac{t_2}{t_2 - \sigma_2}$$

$$= \frac{2.1/60}{\pi \times 0.233 \times 2.561} \times \frac{0.0563}{0.0563 - 0.01748} = 0.0271\,\mathrm{m}$$

7. 와류실

(1) 케이싱내의 평균유속 v_3

그림 3.21에서 $N_s = 283$일 때 $K_3 = 0.365$로 하면

$$v_3 = K_3\sqrt{2gH} = 0.365 \times \sqrt{2 \times 9.8 \times 20} = 7.23\,\mathrm{m/s}$$

(2) 케이싱 목부분의 최소 단면적 A_v

$$A_v = \frac{Q/60}{v_3} = \frac{8/60}{7.23} = 0.0184\,\mathrm{m}^2$$

(3) 기초원의 직경 D_3

그림 3.22에서 $(D_3 - D_2)/D_2 = 0.37$

$$D_3 = D_2(1 + 0.37) = 0.233(1 + 0.37) = 0.319\,\mathrm{m}$$

(4) 볼류트의 단면폭 b_3

$$b_3 = 1.5b_2 = 1.5 \times 0.0271 = 0.0407\,\mathrm{m}$$

(5) 와류실의 와류곡선이 시작하는 각 α_v

그림 3.22에서 $N_s = 283$일 때 α_v=11°로 한다.

8. 펌프의 크기

(1) 흡입구의 직경 D_s

그림 3.24에서 $N_s = 283$일 때 흡입구의 속도계수 $K_s = 0.12$로 하면, 펌프 흡입구의 유속 v_s는

$$v_s = K_s\sqrt{2gH} = 0.12 \times \sqrt{2 \times 9.8 \times 20} = 2.38\,\mathrm{m/s}$$

$Q = \frac{\pi}{4}D_s^2 v_s$ 에서 흡입구의 직경 D_s 는

$$D_s = \sqrt{\frac{4Q}{\pi v_s}} = \sqrt{\frac{4 \times \frac{2}{60}}{\pi \times 2.38}} = 0.134\,\mathrm{m} = 134\,\mathrm{mm}$$

(2) 송출구의 직경 D_d

그림 3.25에서 $N_s = 283$일 때 송출구의 속도계수 $K_d = 0.24$로 하면, 펌프 송출구의 유속 v_d는

$$v_d = K_d\sqrt{2gH} = 0.24 \times \sqrt{2 \times 9.8 \times 20} = 4.75\,\mathrm{m/s}$$

$Q = \frac{\pi}{4}D_d^2 v_d$ 에서 송출구의 직경 D_d는

$$D_d = \sqrt{\frac{4Q}{\pi v_d}} = \sqrt{\frac{4 \times \frac{2}{60}}{\pi \times 4.75}} = 0.0945\,\mathrm{m} = 94.5\,\mathrm{mm}$$

연습문제

3.1 각운동량이론을 원심형 turbo기계의 회전차에 적용하여 회전차를 통과하는 유체가 얻게 되는 torque T를 유도하고, 깃 수 무한인 경우의 이론수두 H_{th} 를 구하기 위한 Euler's turbine equation을 유도하시오.

3.2 물을 양수하고 있는 원심펌프의 흡입측 진공계는 −60mmHg, 송출측 압력계는 3bar일 때, 전양정은 몇 m인가? 단, 진공계와 압력계 사이의 수직거리는 0.5m이다.

3.3 송출유량 3㎥/min인 상온의 물을 수직거리 20m인 물탱크에 양수할 때, 수동력은 몇 kW인가? 단, 흡입수면의 압력은 대기압, 송출수면의 압력은 3bar, 관로의 총손실수두는 5m이다.

3.4 펌프를 이용하여 흡입수면보다 50m높은 곳에 유량 6㎥/min의 물을 양수하기 위한 펌프의 축동력은 몇 kW인가? 단, 관의 전길이는 500m, 관의 내경은 350mm, 관마찰계수는 0.026, 펌프의 효율은 85%로 한다.

3.5 흡입수면과 송출수면 사이의 수직거리는 30m, 흡입수면의 압력은 대기압, 송출수면의 압력은 300kPa(gage), 총손실수두는 10m, 송출유량은 3㎥/min일 때, 물을 수송하기 위한 펌프의 축동력 L은 몇 kW인가? 단, 펌프의 전효율은 85%이며, 흡입관과 송출관의 안지름은 같다.

3.6 회전차의 외경 360mm인 원심펌프가 회전수 1750rpm으로 물을 양수할 때 이론양정 H_{th} 는 몇 m인가? 단, 회전차입구에서 물은 축방향으로 유입하고, 출구에서 상대유속은 반경방향이다.

3.7 회전수 N_1 =600rpm, 전양정 H_1 =20m, 송출유량 Q_1 =60㎥/min으로 물을 양수하기 위한 원심펌프를 설계제작하기 위하여 실형펌프와 상사한 모형펌프를 만들려고 한다. 모형펌프의 유량 Q_2 =10㎥/min, 축동력 L_2 =60ps, 효율 η=80%인 경우 회전수는 몇 rpm이어야 하는가?

3.8 원심펌프에서 회전차 바깥지름은 500mm, 회전수는 1750rpm, 유입각 α1=90°, 출구각 β2=25°, 출구의 상대속도 w2=8m/s일 때, 깃 수 무한인 경우의 이론수두 $H_{th\infty}$ 를 구하시오.

3.9 1단 원심펌프가 회전수 $N_1=1500$rpm, 전양정 $H_1=22$m, 송출유량 $Q_1=1.5$m³/min, 축동력 $L_1=9$kW로 운전한다. 이 펌프와 상사법칙이 성립하며 치수가 2배인 펌프가 회전수 $N_2=750$rpm으로 운전한다면 이 펌프의 전양정 H_2, 송출유량 Q_2, 축동력 L_2를 구하여라.

3.10 원심펌프에서 회전차의 내경은 120mm, 외경은 380mm, 깃의 입구폭은 46m, 출구폭은 38mm, 깃의 입구각은 20°, 출구각은 23°이다. 회전수 700rpm일 때 유량은 5m³/min이라면 이론수두 H_{th} 는 몇 m인가?

3.11 어떤 원심펌프가 회전수 1450rpm일 때 전양정 16m, 송출유량 1m³/min이다. 회전수를 1500rpm으로 할 때 전양정과 유량을 구하여라.

3.12 어떤 양수펌프가 회전수 1750rpm에서 전양정 80m, 송출유량 2m³/min이다. 이 펌프와 상사하고 치수가 2배인 펌프가 회전수 1450rpm으로 운전할 때의 유량은 몇 m³/min인가?

3.13 양정 20m, 유량 2.5m³/min인 원심펌프의 비속도를 결정하여라. 단, 전원은 60Hz이다.

3.14 어떤 펌프에서 회전수 1200rpm, 전양정 100m, 유량 8m³/min일 때 축동력은 220kW이다. 이 펌프와 상사하고 치수가 2배인 펌프가 동일한 전양정과 유량에서 회전수 800rpm으로 운전할 때 축동력은 몇 kW인가?

제4장
축류펌프

4.1 개 요

축류펌프는 배수펌프와 같이 송출유량이 많지만 양정이 작은 경우에 적합한 펌프이다. 축류펌프에서 유체는 회전차의 축방향으로 유입하여 축방향으로 유출하는 동안 회전차 깃과 유체사이에 작용하는 양력에 의하여 운동에너지와 압력에너지를 공급받는다.
축류펌프는 비속도가 크므로 전양정에서도 회전수를 크게 할 수 있으며 원동기와 직결할 수 있고, 송출유량에 비하여 크기가 작으므로 설치면적이 작아도 되는 이점이 있다. 또한 구조가 간단하고 유로 단면적의 변화가 작으므로 수력손실이 작고 넓은 범위의 유량에 대하여 높은 효율을 얻을 수 있다
축류펌프의 일반적인 구조는 그림 4.1과 같이 안내깃과 일체인 케이싱(casing) 및 보스(boss)에 내장된 수중베어링과 외부 스러스트(thrust) 베어링으로 회전차의 주축을 지지한다. 주축을 회전시켜서 흡입구에 유체를 흡입하고 회전차(가동익)와 안내깃(고정익)을 통과하여 외부로 송출된다.
축류펌프의 회전차 깃의 단면은 선박용 프로펠러와 같은 수익형(水翼形, hydrofoil)이고 깃의 수는 2~5매 정도이며 회전축에 방사상으로 설치되어 있다. 축류펌프에는 안내깃이 필요하며 이 안내깃은 주축단 베어링을 내장하는 축과 케이싱을 결합하고 지지하는 역할을 한다. 안내깃의 수는 3~7매이며 회전차의 깃수보다 1개 내지 홀수개가 더 많은 경우가 일반적이다. 유량의 변화에 따라서 회전차에 붙어있는 깃의 각도를 조정할 수 있도록 만들어져 있는 축류펌프를 가동익 축류펌프라 한다.
축류펌프의 흡입양정을 일정한 높이 이상으로 하여 운전하면 캐비테이션(cavitation)을 일으키게 된다. 일반적으로 깃의 입구 부근에서 현저하게 압력이 저하되고 이 영역에서

발생한 기포가 소멸할 때 소음 및 진동이 생기고 펌프의 효율을 저하시키며 깃의 이면 및 동체 내면을 침식(侵蝕)시키게 된다. 캐비테이션 현상은 회전속도가 높고 펌프의 전양정이 클 수록 심화되며 축류펌프에서는 캐비테이션 계수 $\sigma = 1.4$정도로 취하여 허용 흡입실양정을 결정하여야 한다.

펌프의 고속화, 소형화에는 축류펌프가 원심펌프보다 유리하며, 캐비테이션에 대한 문제도 축류펌프가 원심펌프보다 유리하다.

축류펌프의 성능상의 결점으로는 차단점이 가까워지면 전양정과 구동동력이 급증하고 진동, 소음이 발생하여 안정된 운전이 불가능하게 될 때가 있다. 송출량에 따라 최적 가동깃의 설치각을 설정하면 높은 효율로써 안전하게 운전할 수 있다.

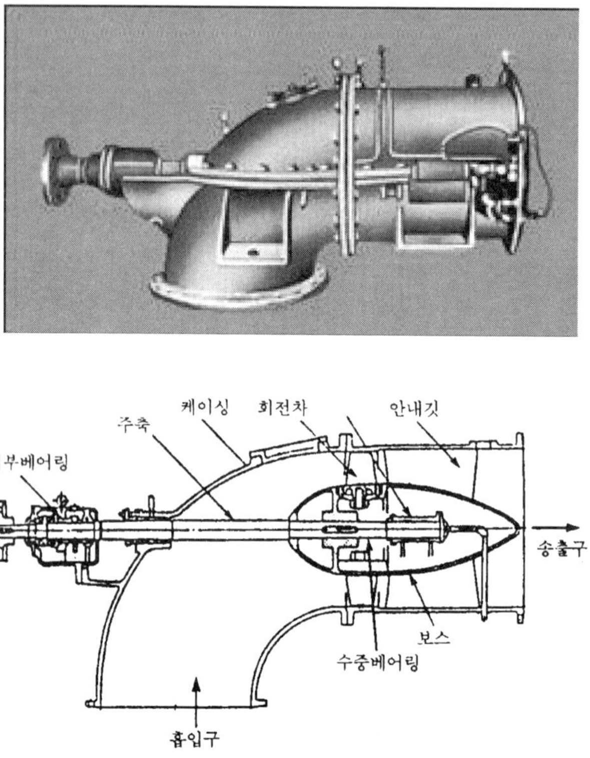

그림 4.1 횡축 축류펌프

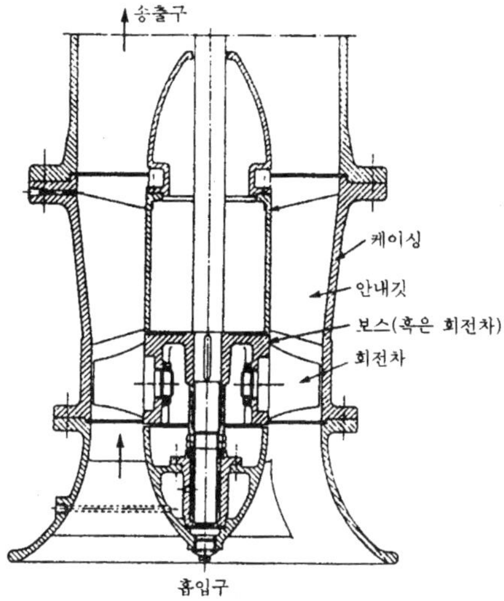

그림 4.2 종축 축류펌프

4.2 축류형 회전차의 기본이론

4.2.1 익형이론

비행기의 날개, 프로펠러 등에서와 같이 각종의 익형(翼型, foil or blade)이 유체중에서 운동하는 경우에는 익형과 유체 사이의 상대운동에 의해서 작용하는 힘, 즉 항력과 양력을 구하는 것이 가장 중요한 문제가 된다.

항력(抗力, drag force)과 양력(揚力, lift force)은 물체표면에 작용하는 압력과 전단응력에 의하여 발생하는 힘이므로, 물체주위의 유동장해석을 통하여 물체표면에 작용하는 압력분포와 전단응력분포를 구할 수 있으면 양력과 항력을 구할 수 있다.

그림 4.3(a)는 전형적인 익형주위의 압력 p의 분포를 나타낸다. 압력은 면에 수직인 방향에 작용하는 단위면적당의 표면력으로서, 기익(氣翼, airfoil)에서는 익의 하면(下面)에는 양(+)의 압력이 작용하고, 익의 상면(上面)에는 음(-)의 압력이 작용한다. 그림 4.3(b)는 익형주위에 작용하는 전단응력 τ_w의 분포를 나타낸다. 전단응력은 유체점성에 의하여 익면에 접선방향으로 작용하는 표면력이다.

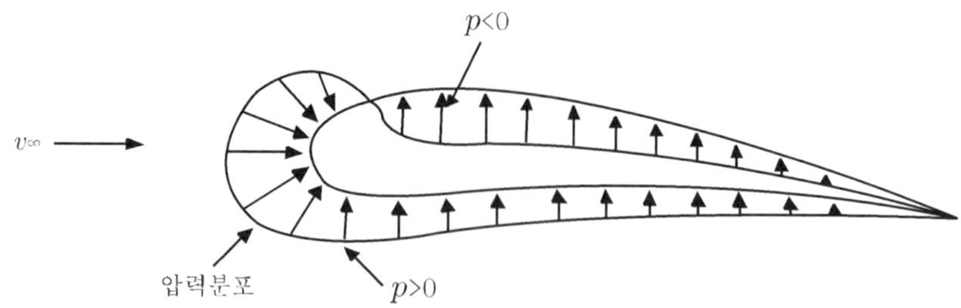

(a) 압력분포

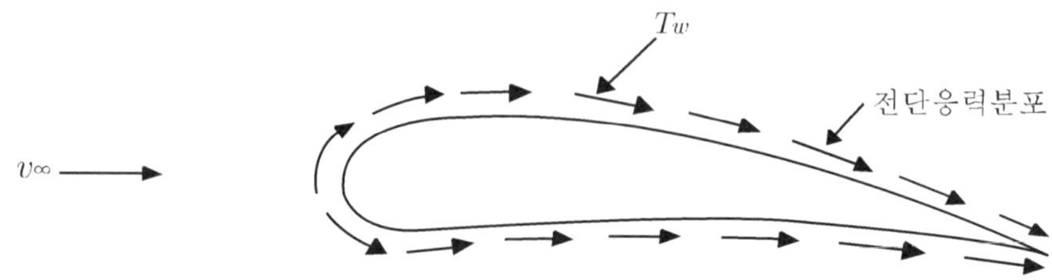

(b)전단응력분포

그림 4.3 압력분포와 전단응력분포

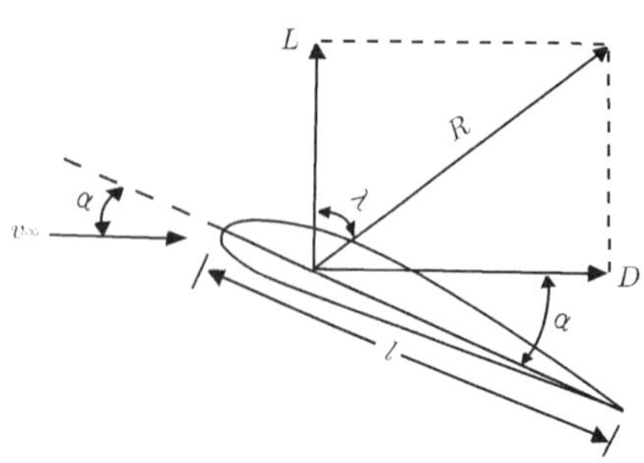

(a) 양력과 항력

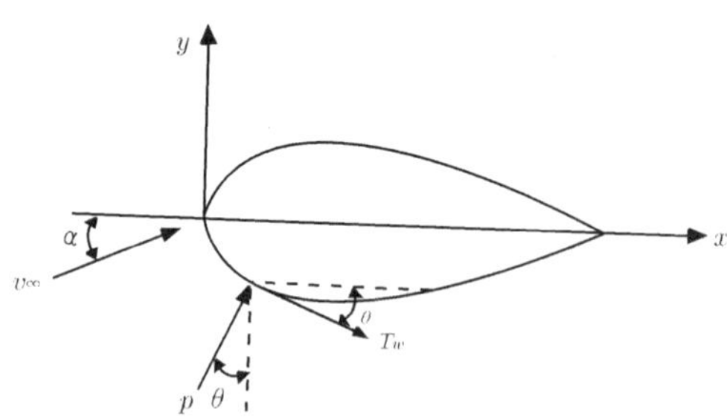

(b) 양력과 항력의계산

그림 4.4 양력과 항력

그림 4.4(a)에서와 같이 익과 유체 사이에 작용하는 힘의 합을 합력 R이라 하면, 이 합력중에서 상류 속도의 방향으로 익과 유체 사이에 작용하여 익의 운동을 방해하는 힘 D

를 항력(抗力, drag force)이라 하며, 항력과 수직의 방향으로 익과 유체 사이에서 작용하는 힘 L을 양력(揚力, lift force)이라 한다.
그림 4.4(b)와 같이 $x-y$좌표계상의 미소면적 dA에 작용하는 압력을 p, 전단응력을 τ_w, 미소면적 dA에 작용하는 힘을 dF라고 하면 양력 L과 항력 D를 다음 식으로 나타낼 수 있다.

$$L=\int dFy=\int (p\cos\theta+\tau_w\sin\theta)\,dA \tag{4.1}$$

$$D=\int dF_x=\int (-p\sin\theta+\tau_w\cos\theta)\,dA \tag{4.2}$$

위의 식에 의하여 양력과 항력을 계산하려면 물체의 형상에 따른 해석적인 방법으로 미소표면에서의 압력과 전단응력분포를 구하여야 한다.
축류펌프의 깃에 대한 이론은 일반적인 익형이론에 의하여 설명할 수 있다. 그림 4.5와 같은 전형적인 익형에서 전단(前端)과 후단(後端)을 연결한 직선을 익현(翼弦, chord)이라 하며, 익현의 길이 l을 익현길이(chord length)라 한다. 익형의 상연(上椽)과 하연(下椽)의 중앙을 지나는 선을 골격선(camber line)이라 하며, 익현과 골격선 사이에서 높이의 최대치 c를 휨(camber), 상연과 하연 사이의 너비의 최대치 δ를 익형의 두께(thickness)라 한다. 깃의 폭을 b라 하면 깃의 면적 A는 $A=l\times b$이며, 익현길이 l과 깃의 폭 b의 비 b/l를 종횡비(縱橫比, aspect ratio)라 한다. 펌프 회전차 등에서와 같이 다수개의 깃이 연속해서 운동하는 경우에는 익열(翼列, cascade)로 해석해야 하며, 익열에서 깃과 깃 사이의 거리, 즉 피치 t와 익현길이 l의 비 l/t을 절현비(節弦比, solidity)라 한다.

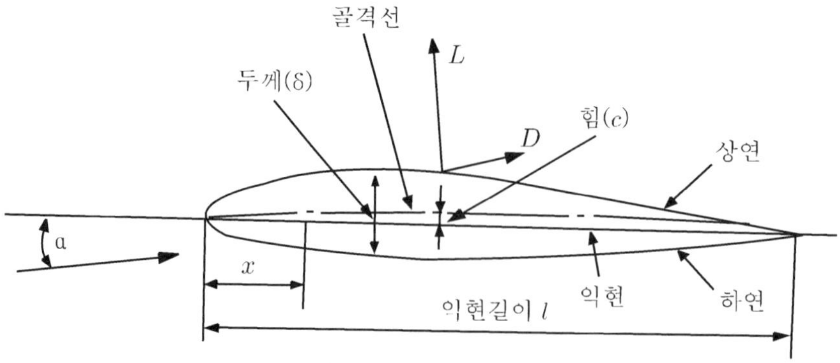

그림 4.5 익형

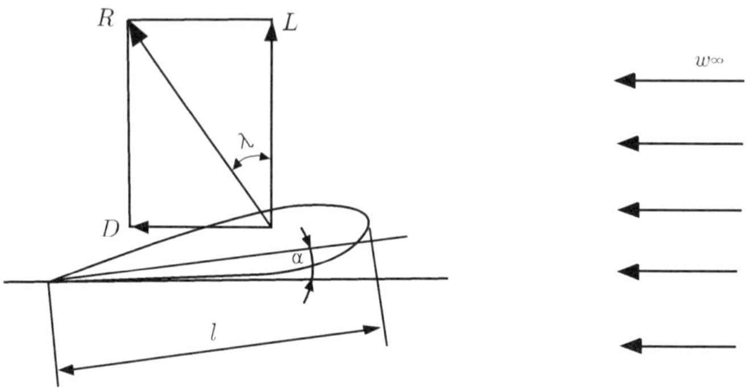

그림 4.6 양력과 항력

그림 4.6과 같은 익형이 익현과 영각(迎角, attack angle) α의 기울기를 유지하면서 상류에서 유체와의 상대속도 w 로 운동할 때 깃의 하연에서 유체의 운동에너지 중의 일부는 압력에너지로 변화되어 깃에 힘을 가한다. 이 때 깃과 유체 사이에 작용하는 힘의 합을 합력 R이라 하면, 이 합력중에서 상대속도의 방향으로 깃과 유체 사이에 작용하여 깃의 운동을 방해하는 힘 D를 항력(抗力, drag force)이라 하며, 항력과 수직의 방향으로 깃과 유체 사이에 작용하는 힘 L을 양력(揚力, lift force)이라 한다. 깃의 성능을 높이기 위해서는 양력이 크고 항력이 작아야 하며, 양력과 항력은 깃의 형상과 크기, 영각, 상대속도 등에 의하여 결정된다.

양력 L과 항력 D는 유체의 동압 $\frac{\rho}{2}w^2$ 과 깃의 투영면적 A에 비례하므로 다음 식으로 나타낼 수 있다.

$$L = C_L \frac{\rho}{2} w_\infty^2 A \tag{4.3}$$

$$D = C_D \frac{\rho}{2} w_\infty^2 A \tag{4.4}$$

여기서 ρ는 유체의 밀도, w_∞는 깃과 유체 사이의 상대속도, A는 깃의 투영단면적으로서 $A = l \times b$이다.
깃의 폭 b =1로 하면 양력 L과 항력 D는 다음과 같다.

$$L = C_L \frac{\rho}{2} w_\infty^2 l \tag{4.5}$$

$$D = C_D \frac{\rho}{2} w_\infty^2 l \tag{4.6}$$

여기서 C_L, C_D는 무차원수로서 각각 양력계수, 항력계수라 한다.
깃의 성능은 양력과 항력의 비 tanλ로 나타낼 수 있으며 다음과 같다.

$$\tan\lambda = \frac{D}{L} = \frac{C_D}{C_L} \tag{4.7}$$

그림 4.7은 양력계수 C_L과 영각 α 및 양력계수 C_L과 $\tan\lambda$의 관계를 나타낸 것이다. 그림 4.7에서와 같이 영각 α가 증가함에 따라서 양력계수 C_L은 증가하다가 최대치에 이르고, 이후 급격하게 감소되는데, 이러한 상태를 실속(stall)이라 한다.

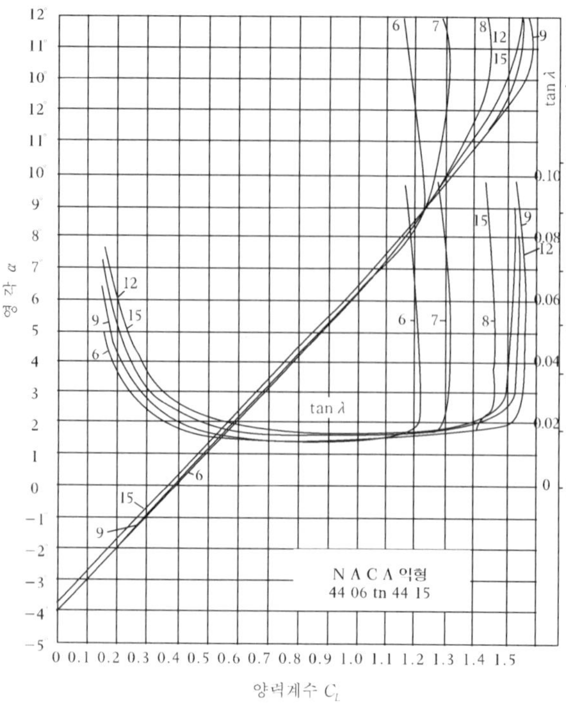

그림 4.7 양력계수와 항력계수

익형은 성능을 조사한 연구기관의 명칭과 익현길이에 대한 휨과 익의 두께 등의 비를 표시하여 호칭한다. 대표적인 익형으로는 NACA(미국, National Advisory Committee for Aeronautics), RAF(영국, Royal Air Force), Göttingen(독일) 등이 있다. NACA익형의 호칭에는 4자리방식과 6자리방식이 있다. 4자리방식에서 첫 번째 숫자는 휨(c)과 익현길이(l)의 비 c/l 의 백분율(%)이며, 두 번째 숫자는 익의 전단에서 휨까지의 거리(x)와 익현길이 (l)의 비 x/l 의 십분율을 의미한다. 세 번째와 네 번째 숫자는 익의 두께(δ)와 익현길이 (l)의 비 δ/l 의 백분율(%)을 의미한다.

즉, $\underset{①}{\underline{NACA}}\ \underset{②}{4}\ \underset{③}{4}\ \underset{④}{12}$ 에서 ① : 연구기관명, ② : $\frac{c}{l}\times 100$, ③ : $\frac{x}{l}\times 10$, ④ : $\frac{\delta}{l}\times 100$ 를 나타낸다.

【예제 4.1】 단면적 2m×3m인 평판이 공기중에서 수평방향과 15°의 각을 유지하면서 12m/s의 속도로 수평운동할 때, 평판에 작용하는 힘의 합과 평판이 운동하는데 필요한 동력을 구하라. 단, 평판이 운동할 때 항력계수는 0.15, 양력계수는 0.68, 공기의 밀도는 1.2kg/m^{3}이다.

【풀이】 평판에 작용하는 항력 D와 양력 L은

$$D = C_D A \frac{\rho v^2}{2} = 0.15 \times 6 \times \frac{1.2 \times 12^2}{2} = 77.76\text{N}$$

$$L = C_L A \frac{\rho v^2}{2} = 0.68 \times 6 \times \frac{1.2 \times 12^2}{2} = 352.5\text{N}$$

평판에 작용하는 합력 R는

$$R = \sqrt{352.5^2 + 77.76^2} = 361\text{N}$$

평판이 운동하는데 필요한 동력 P은

$$P = Fv = Dv = 77.76 \times 12 = 933\text{W} = 0.933\text{kW}$$

【예제 4.2】 직경 0.6m인 구(球)가 수평방향의 속도 2m/s로 흐르는 공기 중에서 공기의 운동방향으로 속도 20m/s로 운동할 때 항력은 몇 N인가? 딘, 구의 항력계수는 1.12, 공기의 밀도는 1.2kg/m^{3}이다.

【풀이】 항력 D는

$$D = C_D \frac{\rho v^2}{2} A = 1.12 \times \frac{1.2 \times (20-2)^2}{2} \times \frac{\pi (0.6)^2}{4} = 61.5\text{N}$$

【예제 4.3】 단면적 10m×3m인 직사각형 날개가 공기 중에서 60m/s의 속도로 운동하기 위한 동력은 몇 kW인가? 단, 평판이 운동할 때 항력계수는 0.06, 공기의 밀도는 0.9kg/m^{3}이다.

【풀이】 평판에 작용하는 항력 D 는

$$D = C_D A \frac{\rho v^2}{2} = 0.06 \times 30 \times \frac{0.9 \times 60^2}{2} = 2916\text{N}$$

평판을 움직이기 위한 동력 P은

$$P = Fv = Dv = 2916 \times 60 = 174960\text{W} = 175\text{kW}$$

【예제 4.4】 중량 2600kN인 비행기가 900km/h속도로 수평비행할 때, 항력계수는 0.1, 양력계수는 0.6 이라면 비행기의 추진동력은 몇 kW인가?

【풀이】

양력 L = 중량 W = 2600kN

추력 F = 항력 $D = L \times \frac{1}{6} = 2600 \times \frac{1}{6} = 433.33\,\text{kN}$

추진동력

$$P = Fv = D \times v = 433.33(\text{kN}) \times \frac{900 \times 1000}{3600}(\text{m/s}) = 108333\,\text{kW}$$

4.2.2 축류형 회전차의 속도선도와 이론수두

축류형의 펌프, 송풍기, 압축기는 회전축에 부착된 회전차(impeller)와 회전차를 둘러싸고 있는 케이싱(casing)의 두 가지 주요한 요소로 구성된다.

주축에 축토크가 공급되어 회전차가 회전하면 유체는 회전차입구에서 축방향으로 유입되고, 회전하는 익렬에 의하여 에너지를 공급받으면서 축방향으로 유출한다.

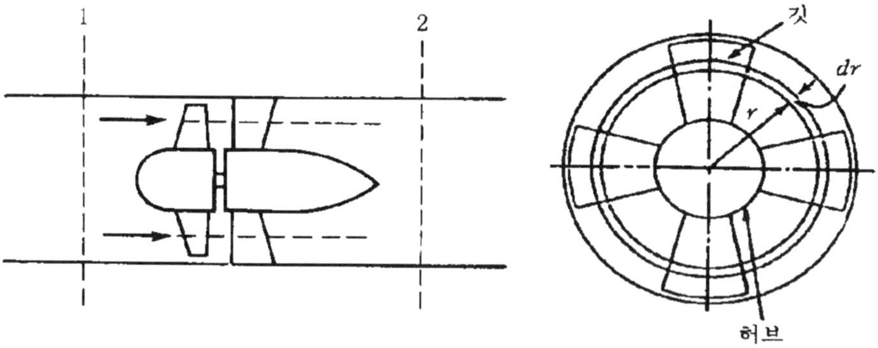

그림 4.8 축류형 회전차의 측면도와 단면도

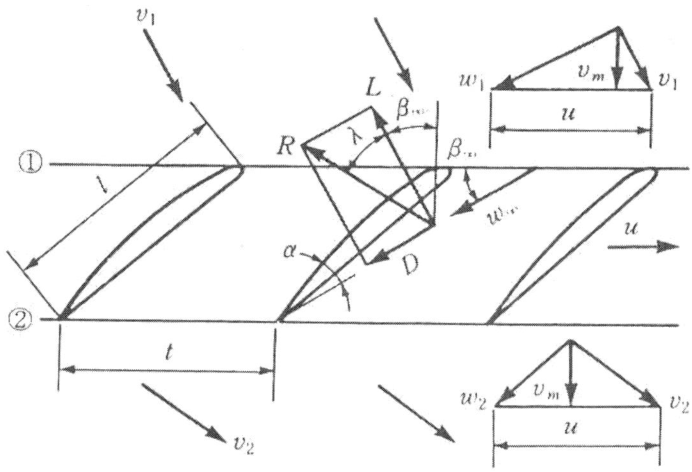

그림 4.9 축류형 회전차 입구와 출구에서의 유동방향

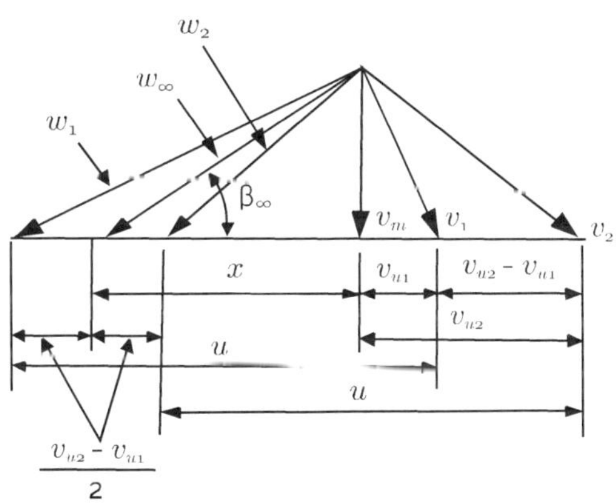

그림 4.10 축류형 회전차의 속도선도

그림 4.8, 그림 4.9에서와 같이 회전차의 중심으로부터 반지름방향으로 거리 r 인 단면에서 회전차가 원주속도 u 로 운동하면서 회전차입구 ①에서 회전차출구 ②로 미소단면적 $dA(=2\pi rdr)$ 를 유동하는 유체에 에너지를 공급한다. 회전차가 반경 r 인 단면에서 원주속도 u 로 운동하는 동안 회전차 입구와 출구에서 유체의 절대속도는 v_1, v_2 이고 상대속도를 w_1, w_2 라 하면 유동하는 유체와 깃 사이에 작용하는 양력 L, 항력 D 및 합력 R

은 그림 4.9와 같이 표시할 수 있으며, 속도선도는 그림 4.10과 같이 나타낼 수 있다.
그림 4.10의 축류형 회전차의 입구와 출구에 대한 속도선도에서

v_1, v_2 : 회전차입구와 출구에서 절대속도(absolute velocity)로서 정지상태에서 관찰한 유체입자의 속도

u : 회전차입구와 출구에서 원주속도(peripheral velocity)로서 정지상태에서 관찰한 회전차의 속도

w_1, w_2 : 회전차입구와 출구에서 상대속도(relative velocity)로서 운동하는 회전차내에서 관찰한 유체입자의 속도

v_m : 회전차입구와 출구에서 자오면속도(meridional velocity)로서 회전차를 통과하는 유체입자의 속도

v_{u1}, v_{u2} : 회전차입구와 출구에서 절대속도의 원주방향성분으로서 $v_{u1} = v_1 \cos\alpha_1$, $v_{u2} = v_2 \cos\alpha_2$ 를 나타낸다.

축류형 회전차의 입구와 출구에서 회전차의 미소단면 $2\pi r dr$을 통과하는 미소유량 dQ에 회전차가 원주방향으로 유체를 미는 힘 dF는 운동량이론을 적용하면 다음과 같다.

$$dF = \frac{\gamma}{g} dQ(v_{u2} - v_{u1}) \tag{4.8}$$

여기서 v_{u1}, v_{u2}은 각각 회전차입구와 출구에서 절대속도의 원주방향성분, 즉 $v_{u1} = v_1 \cos\alpha_1$, $v_{u2} = v_2 \cos\alpha_2$이다.

회전차와 미소유량 dQ인 유체사이에 원주방향으로 작용하는 힘이 dF이고, 이 때 회전차의 원주속도가 u이므로 회전차의 이론동력 dL_{th}는 다음과 같다.

$$dL_{th} = dF \times u = \frac{\gamma}{g} dQ(v_{u2} - v_{u1})u \tag{4.9}$$

또 회전차의 이론동력 dL_{th}를 회전차의 이론전수두 H_{th}로 나타내면

$$dL_{th} = \gamma dQ H_{th} \tag{4.10}$$

이다.

식 (4.9)와 식 (4.10)에서 축류형 회전차의 이론전수두 H_{th}는 다음 식으로 나타낼 수 있다.

$$H_{th} = \frac{u}{g}(v_{u2} - v_{u1}) \tag{4.11}$$

식 (4.11)은 축류형 회전차에 대한 오일러의 터빈방정식(Euler' s turbine equation)이다. 실제의 전수두를 H, 수력손실을 ΔH라 하면

$$\frac{H}{H_{th}} = \frac{H_{th} - \Delta H}{H_{th}} = \eta_h \tag{4.12}$$

이다. 여기서 η_h를 펌프인 경우에는 수력효율(hydraulic efficiency), 송풍기나 압축기인 경우에는 유체효율(aerodynamic efficiency)이라 한다.
그러므로 실제의 유동에서 전수두 H는 다음 식으로 나타낼 수 있다.

$$H = H_{th} \cdot \eta_h = \frac{u}{g}(v_{u2} - v_{u1})\eta_h \tag{4.13}$$

4.2.3 축류펌프 회전차의 이론

1. 양력 L과 항력 D

그림 4.11에서와 같이 축류펌프 회전차의 입구와 출구에서 상대속도를 각각 w_1, w_2라 하고 익면에 작용하는 평균상대속도를 w 로 하면 익렬에 작용하는 양력 L과 항력 D는 다음과 같다.

$$L = C_L \frac{\gamma}{2g} w_\infty^2 l \tag{4.14}$$

$$D = C_D \frac{\gamma}{2g} w_\infty^2 l \tag{4.15}$$

여기서 l은 깃의 폭 $b=1$인 깃의 면적이다.

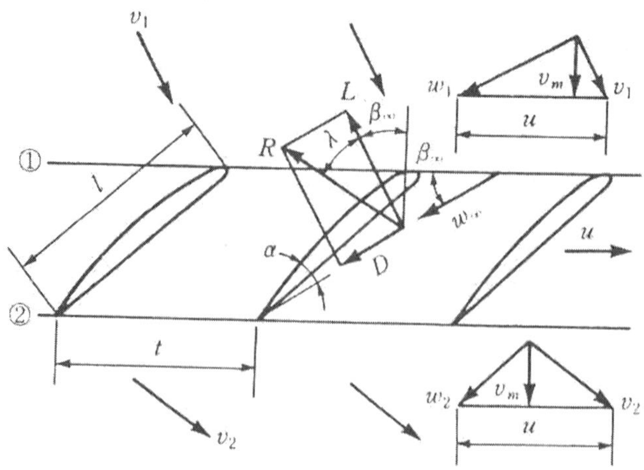

그림 4.11 축류펌프 회전차에서의 양력과 항력

2. **상대속도** w **의 각** β_∞

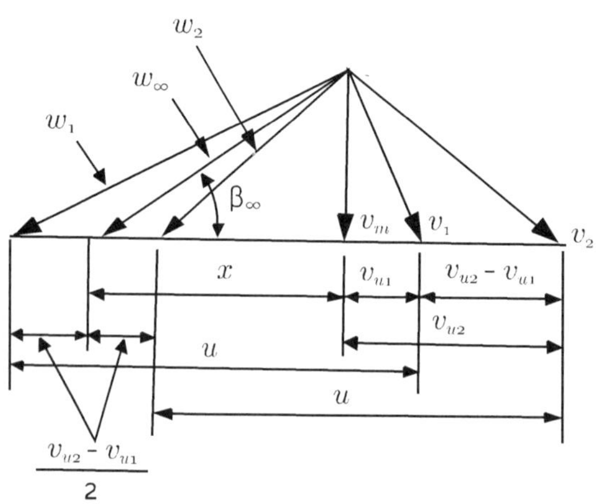

그림 4.12 축류펌프 회전차의 속도선도

그림 4.12의 축류펌프 회전차의 속도선도에서 입구와 출구의 원주속도는 같으므로 $u_1 = u_2 = u$ 이고, 입구와 출구의 자오면속도도 같으므로 $v_{m1} = v_{m2} = v_m$ 이다. 그리고 회전차 입구와 출구에서 절대속도의 원주방향성분의 차$(v_{u2} - v_{u1})$와 상대속도의 원주방향

성분의 차($w_{u1}-w_{u2}$)는 같으므로 $v_{u2}-v_{u1}=w_{u1}-w_{u2}$이 성립한다. 그림 4.12에서 $x\tan\beta=v_m$이고, $x=u-(v_{u2}-v_{u1})/2-v_{u1}$이므로 상대속도 w_∞가 원주방향과 이루는 각 β_∞는 다음과 같이 나타낼 수 있다.

$$\tan\beta_\infty=\frac{v_m}{u-\dfrac{v_{u2}+v_{u1}}{2}} \tag{4.16}$$

3. **익렬에 작용하는 힘**

1개의 깃에 작용하는 힘 R의 원주방향성분 R_u는 다음과 같다.

$$R_u=R\sin(\beta_\infty+\lambda)=\frac{L}{\cos\lambda}sin(\beta_\infty+\lambda) \tag{4.17}$$

식 (4.17)에서 양력 $L=C_L\frac{\gamma}{2g}w_\infty^2 l$이므로

$$R_u=C_L\frac{\gamma}{2g}w_\infty{}^2 l\frac{\sin(\beta_\infty+\lambda)}{\cos\lambda} \tag{4.18}$$

로 된다.

회전차의 미소단면적 $dA(=2\pi rdr)$를 축 방향으로 통과하는 미소유량 $dQ(=2\pi rdrv_m)$에 z매의 깃이 원주방향(회전방향)으로 작용하는 힘 dF는 다음과 같다.

$$dF=zdrR_u=C_Lzdr\frac{\gamma}{2g}w_\infty^2 l\frac{\sin(\beta_\infty+\lambda)}{\cos\lambda} \tag{4.19}$$

4. **이론수두** H_{th}

미소유량 dQ에 이론수두 H_{th}를 주기 위한 회전차의 동력 dFu는 이론수동력 $\gamma H_{th}dQ$와 같으므로 다음 식이 성립한다.

$$\gamma H_{th} dQ = dFu \tag{4.20}$$

식 (4.20)에 식 (4.19)를 대입하면 이론수두 H_{th} 는

$$H_{th} = \frac{dFu}{\gamma dQ} = \frac{dFu}{\gamma 2\pi r dr v_m} = C_L \frac{z}{2\pi r} l \frac{u}{v_m} \frac{w^2}{2} \frac{\sin(\beta_\infty + \lambda)}{\cos\lambda} \tag{4.21}$$

로 된다.

회전차의 피치를 t라 하면 $t = \frac{2\pi r}{z}$ 이며, $w_\infty = v_m / \sin\beta_\infty$ 이므로 위 식은 다음과 같이 된다.

$$H_{th} = C_L \frac{l}{t} u \frac{v_m}{2} \frac{\sin(\beta_\infty + \lambda)}{\sin^2\beta_\infty \cos\lambda} \tag{4.22}$$

5. **양력계수 C_L과 항력계수 C_D**

또 이론수두 H_{th}는 $H_{th} = \frac{1}{g} u (v_{u2} - v_{u1})$ 이므로

$$C_L \frac{l}{t} u \frac{v_m}{2} \frac{\sin(\beta_\infty + \lambda)}{\sin^2\beta_\infty \cos\lambda} = \frac{1}{g} u (v_{u2} - v_{u1}) \tag{4.23}$$

로 된다. 식 (4.23)에서 양력계수 C_L을 구하기 위한 식은 다음과 같이 나타낼 수 있다.

$$C_L \frac{l}{t} = \frac{2(v_{2u} - v_{1u})}{v_m} \frac{\cos\lambda \sin^2\beta_\infty}{\sin(\beta_\infty + \lambda)} \tag{4.24}$$

항력계수 C_D는 $C_D/C_L = \tan\lambda$ 이므로 다음과 같다.

$$C_D = C_L \tan\lambda \tag{4.25}$$

【예제 4.5】 축류펌프에서 회전차의 직경은 850mm, 회전속도는 800rpm일 때 회전차입구에서 물은 3m/s로 축방향으로 유입하여 회전차출구에서 4m/s로 유출한다. 펌프의 전양정이 8.5m라면 수력효율은 몇 %인가?

【풀이】 펌프의 이론양정 H_{th}는 $H_{th} = \dfrac{1}{g}(u_2 v_{u2} - u_1 v_{u1})$이다. 회전차입구에서 물은 축방향으로 유입하므로 입구의 속도삼각형에서 $v_{u1} = 0$, $v_m = v_1$ 이다. 또 회전차출구의 속도삼각형에서 $v_2^2 = v_{u2}^2 + v_m^2$ 이므로 v_{u2} 는

$$v_{u2} = \sqrt{v_2^2 - v_m^2} = \sqrt{4^2 - 3^2} = 2.6\,\text{m/s}$$

펌프의 이론양정 H_{th} 는

$$H_{th} = \frac{1}{g}(u_2 v_{u2} - u_1 v_{u1}) = \frac{1}{g} u_2 v_{u2} = \frac{1}{g}\left(\frac{\pi D_2 N}{60}\right) v_{u2}$$

$$= \frac{1}{9.8}\left(\frac{\pi \times 0.85 \times 800}{60}\right) \times 2.6 = 9.4\,\text{m}$$

수력효율 η_h 는

$$\eta_h = \frac{H}{H_{th}} = \frac{8.5}{9.4} \times 100 = 90.4\,\%$$

【예제 4.6】 축류펌프에서 회전차의 직경은 800mm, 회전속도는 1400rpm일 때 회전차 입구에서 물은 3m/s속도로 축방향으로 유입하여 6m/s의 속도로 회전차 출구로 유출된다. 송출유량 $Q = 24\,\text{m}^3/\text{min}$, 수력효율 $\eta_h = 90\%$, 전효율 $\eta = 85\%$일 때, 전양정 H(m)과 축동력 L(kW)을 구하라.

【풀이】 원주속도 u는

$$u = \pi DN/60 = \pi \times 0.8 \times 1400/60 = 58.6\,\text{m/s}$$

$$v_{u2} = \sqrt{v_2^2 - v_1^2} = \sqrt{6^2 - 3^2} = 5.2\text{m/s}$$

이론수두 H_{th}는

$$H_{th} = \frac{1}{g}u(v_{u2} - v_{u1}) = \frac{58.6 \times (5.2 - 0)}{9.81} = 31.1\text{m}$$

전양정 H는

$$H = H_{th} \times \eta_h = 31.1 \times 0.9 = 28\text{m}$$

수동력 L_w는

$$L_w = \gamma QH = \frac{9810 \times 24/60 \times 28}{1000} = 110\text{kW}$$

축동력 L는

$$L = \frac{L_w}{\eta} = \frac{110}{0.85} = 129\text{kW}$$

【예제 4.7】 전양정 3m인 1단 축류펌프가 회전수 500rpm으로 운전되고 있다. 지름 400mm인 회전차에 물이 4m/s속도로 회전차 입구에서 축 방향으로 유입되고 6m/s의 속도로 회전차 출구로 유출된다. 이 펌프의 $C_L l/t$값과 수력효율을 구하여라. 단, $\lambda = 2°$이다.

【풀이】 원주속도 u는

원주 속도 $u = \frac{\pi DN}{60} = \frac{\pi \times 0.4 \times 500}{60} = 10.5\,\text{m/s}$

회전차 입구에서는 축방향으로 유입하므로 $v_{u1} = 0$ 이며, 출구에서 v_{u2}는

$$v_{u2} = \sqrt{v_2^2 - v_m^2} = \sqrt{6^2 - 4^2} = 4.47\,\text{m/s}$$

상대속도의 각 β 는

$$\beta_\infty = \tan^{-1}\left(\frac{v_m}{u - \frac{v_{u2} + v_{u1}}{2}}\right) = \tan^{-1}\left(\frac{4}{10.5 - \frac{4.47 + 0}{2}}\right) = 25.8°$$

양력계수와 솔리디티의 곱 $C_L l/t$ 는

$$C_L l/t = \frac{2(v_{u2} - v_{u1})}{v_m} \cdot \frac{\cos\lambda \cdot \sin^2\beta_\infty}{\sin(\beta_\infty + \lambda)}$$

$$= \frac{2 \times 4.47}{4} \times \frac{\cos 2 \times \sin^2 25.8}{\sin(25.8 + 2)} = 0.907$$

이론양정 H_{th} 는

$$H_{th} = \frac{u}{g}(v_{u2} - v_{u1}) = \frac{10.5}{9.8} \times 4.47 = 4.8\,\mathrm{m}$$

수력효율 η_h 는

$$\eta_h = \frac{H}{H_{th}} = \frac{3}{4.8} = 0.625 \fallingdotseq 63\%$$

4.3 축류펌프의 설계

1. 익의 경사각

그림 4.13에서와 같이 원주속도의 방향과 익현이 이루는 각 β를 익의 경사각이라 하며, 식 (4.26)으로 나타낼 수 있다. 축류펌프의 성능은 악의 경사각에 따라 크게 변화한다.

$$\beta = \beta \quad + \alpha \tag{4.26}$$

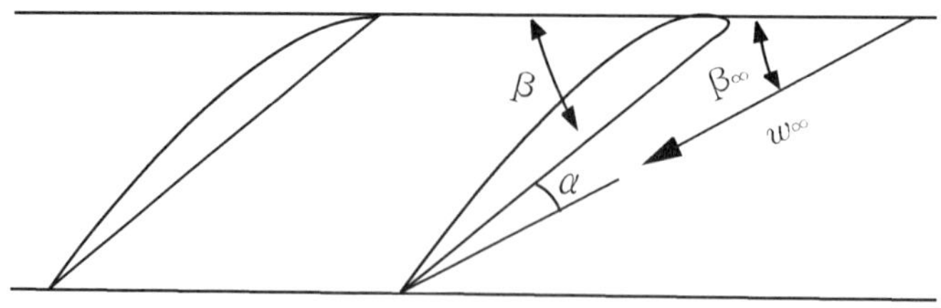

그림 4.13 익의 경사각

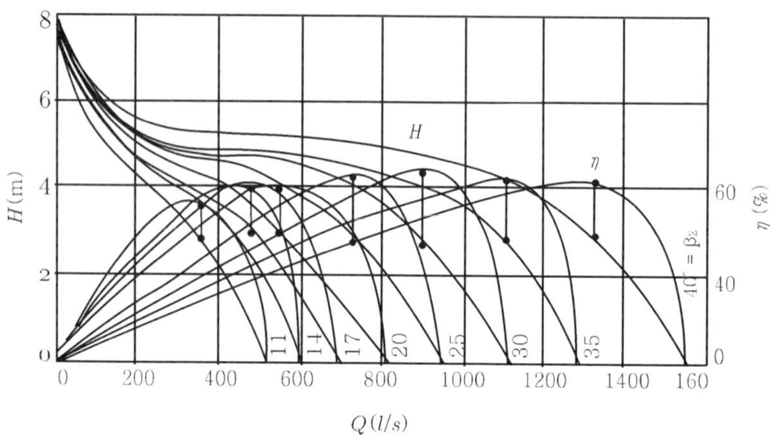

그림 4.14 익의 경사각과 성능의 변화

그림 4.14는 익의 경사각 β의 변화에 대한 송출유량 Q, 전양정 H, 효율 η의 변화를 나타낸 성능곡선이다. 유량은 경사각에 비례하여 증가하지만 양정은 거의 일정한 경향을 나타낸다.

2. 익의 수

그림 4.15는 깃의 수 z를 2~5매로 변화시켰을 경우의 성능곡선을 나타낸다. 깃의 수 z가 증가하면 양정 H와 축동력 L은 증가하지만 유량 Q는 거의 변화하지 않는 것을 알 수 있다.

3. 익열의 피치

회전차에서 익 사이의 간격을 나타내는 값이 솔리디티(solitity)이며, 익현길이가 l 이고, 익열의 피치가 t 이면 솔리디티는 l/t 이다. 그림 4.16은 회전차외경에서 솔리디티의 변화에 따른 성능의 변화를 나타낸다. 그림에서 l/t 이 증가하면 양정 H와 축동력 L은 증가하지만 유량은 거의 일정하다.

그림 4.17은 비속도 N_s와 회전차 외경에서 솔리디티 l/t 의 관계를 깃의 수 z 와 허브비 D_1/D_2 의 변화에 대하여 나타낸다.

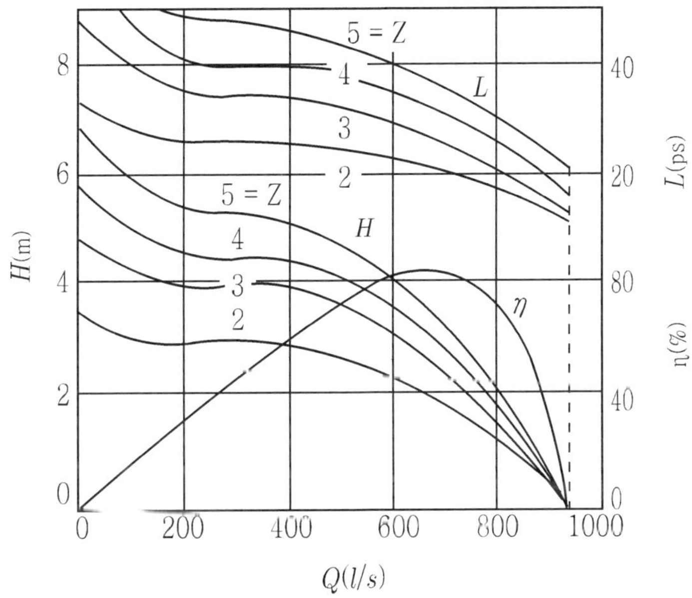

그림 4.15 익의 수와 성능의 변화

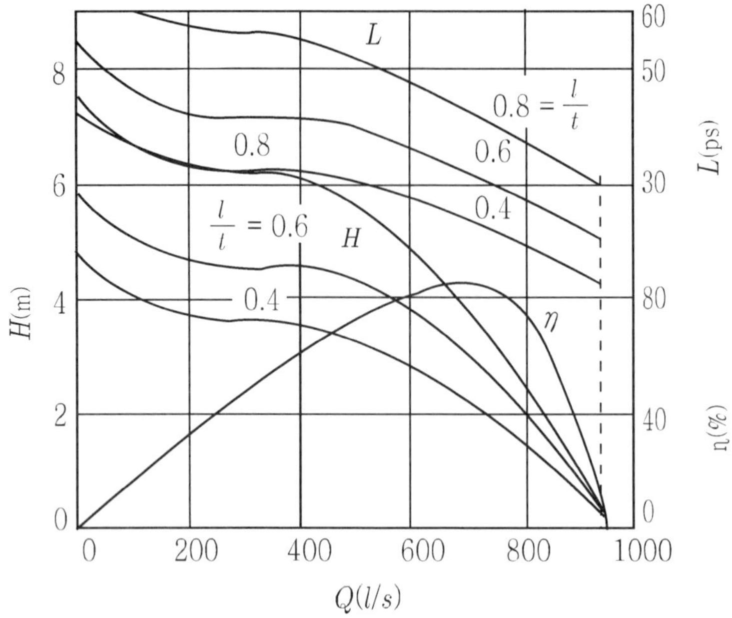

그림 4.16 솔리디티와 성능의 변화

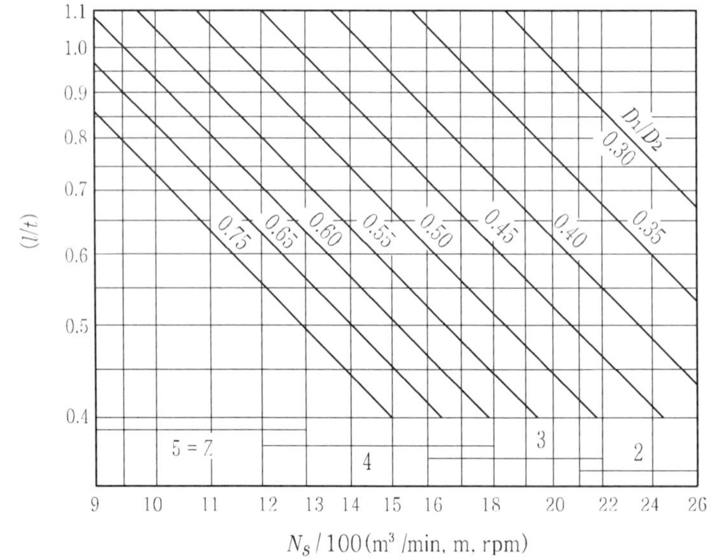

그림 4.17 비속도와 솔리디티

4. **회전차의 외경과 내경**

회전차의 외경 D_2는 다음 식에서 구할 수 있다.

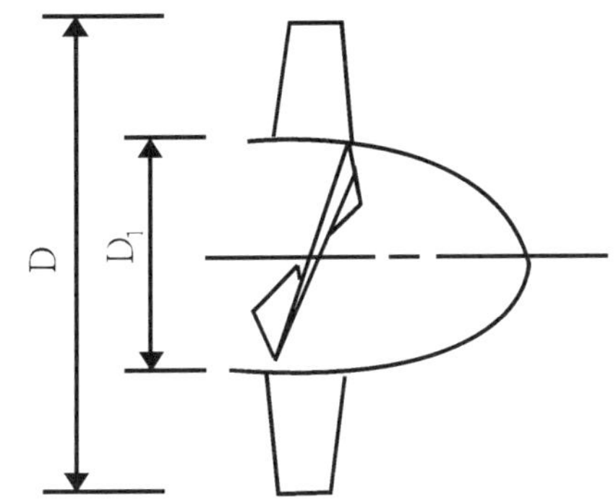

그림 4.18 외경과 내경

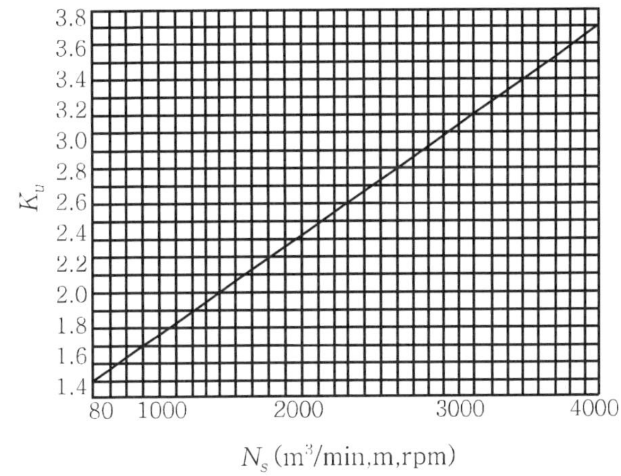

그림 4.19 비속도와 속도계수

$$D_2 = \frac{60K_u\sqrt{2gH}}{\pi N} \tag{4.27}$$

여기서 H : 선양정(m), N : 회전수(rpm), K_u : 속도계수로써 그림 4.19에서 구할 수 있다. 회전차의 내경 D_1은 그림 4.17에서 비속도 N_s와 허브비 D_1/D_2 사이의 관계를 이용하여 구할 수 있다.

【예제 4.8】 전양정 4m, 송출유량 9.74m^3/min인 조건에 적합한 1단 축류펌프 회전차를 설계하여라. 단, 회전차의 회전수는 1450rpm, 수력효율은 76%, $\lambda=1°$로 한다.

【풀이】

1. 비속도

$$N_S = \frac{NQ^{\frac{1}{2}}}{H^{\frac{3}{4}}} = \frac{1450 \times 9.74^{\frac{1}{2}}}{4^{\frac{3}{4}}} = 1600 \ (\mathrm{m^3/min, m, rpm})$$

2. 펌프의 종류와 전효율

그림 3.14의 비속도와 회전차의 형상관계에서 비속도 N_s=1600($\mathrm{m^3}$/min, m, rpm)인 경우에 적합한 펌프는 축류펌프이며 효율 $\eta = 76\%$ 로 한다.

3. 펌프의 동력

수동력 L_w는

$$L_w = \gamma Q H = \frac{9810 \times 9.74 \times 4}{1000 \times 60} = 6.36\,\mathrm{kW}$$

축동력 L은

$$L = \frac{L_w}{\eta} = \frac{6.36}{0.76} = 8.37\,\mathrm{kW}$$

과부하를 고려하여 최대축동력 $L_{max} = 1.5L$로 하면

$$L_{max} = 1.5L = 1.5 \times 8.37 = 12.56\,\mathrm{kW}$$

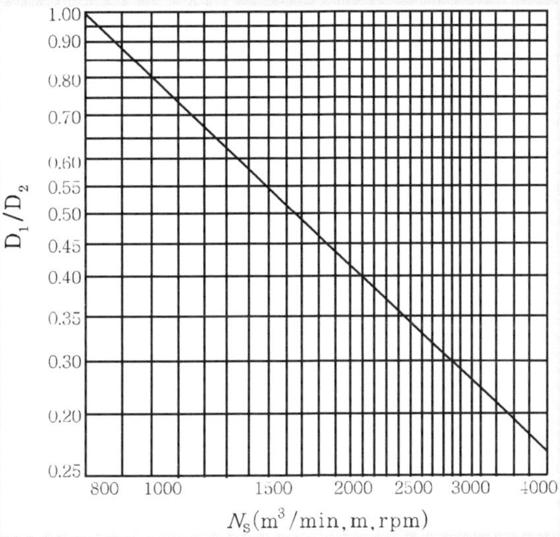

그림 4.20

4. 회전차

(1) 축의 지름 d

회전차의 축에 작용하는 비틀림 모멘트(토크) T는

$L_{\max} = T\frac{2\pi N}{60}$ 에서

$$T = \frac{60 \times L_{\max}}{2\pi N} = \frac{60 \times 12.56 \times 10^3}{2\pi \times 1450} = 82.76\,\mathrm{Nm} = 8276\,\mathrm{Ncm}$$

축재료의 허용비틀림응력을 σ, 극단면계수를 Z_p, 축의 지름을 d라 하면

$T = Z_p \sigma = \frac{\pi d^3}{16}\sigma$ 이므로

$$d = \zeta^3\sqrt{\frac{16T}{\pi\sigma}} = 1.5 \times \sqrt[3]{\frac{16 \times 8276}{\pi \times 1200}} = 4.9\,\mathrm{cm}$$

여기서 안전율 $\zeta = 1.5$, 허용비틀림응력 $\sigma = 1200\,\mathrm{N/cm^2}$로 하였다.

(2) 회전차의 외경 D_2과 내경 D_1

회전차의 외경 D_2는 그림 4.19에서 $N_s = 1600$ 일 때 $K_u = 2.1$로 하면

$$D_2 = \frac{60K_u\sqrt{2gH}}{\pi N} = \frac{60\times 2.1\times\sqrt{2\times 9.8\times 4}}{\pi\times 1450} = 0.245\,\mathrm{m}$$

회전차의 내경 D_1은 그림 4.20에서 $N_s = 1600$ 일 때 $D_1/D_2 = 0.51$로 하면

$$D_1 = 0.51D_2 = 0.51\times 0.245 = 0.125\,\mathrm{m}$$

(3) 축방향의 유속 v_m

축방향의 유속 v_m은

$$v_m = \frac{\dfrac{Q}{\dfrac{\pi(D_2^2 - D_1^2)}{4}}}{} = \frac{\dfrac{9.74}{60}}{\dfrac{\pi(0.245^2 - 0.125^2)}{4}} = 4.66\,\mathrm{m/s}$$

(4) 깃의 수 z와 솔리디티 l/t

비속도 $N_s = 1600$일 때 그림 4.15에서 깃의 수 $z = 4$매, 솔리디티 $l/t = 0.62$ 로 한다.

(5) 상대속도의 각β

원주속도 u는

$$u = \frac{\pi D_2 N}{60} = \frac{\pi\times 0.245\times 1450}{60} = 18.6\,\mathrm{m/s}$$

수력효율 η_h는 $\eta_h = \dfrac{H}{H_{th}} = \dfrac{u}{g}(v_{u2} - v_{u1})$ 에서 $\eta_h = 0.92, v_{u1} = 0$로 하면 원주방향의 유속 증가 v_{u2}는

$$v_{u2} = \frac{gH}{\eta_h u} = \frac{9.8\times 4}{0.92\times 18.6} = 2.29\,\mathrm{m/s}$$

상대속도 w_∞의 각 β_∞는

$$\beta_\infty = \tan^{-1}\left(\frac{v_m}{u - \dfrac{v_{2u} + v_{1u}}{2}}\right) = \tan^{-1}\left(\frac{4.66}{18.6 - \dfrac{2.29 + 0}{2}}\right) = 14^\circ\ 95'$$

(6) 양력계수 C_L과 항력계수 C_D

양력계수와 솔리디티의 곱 $C_L \frac{l}{t}$는

$$C_L \frac{l}{t} = \frac{2(v_{2u} - v_{1u})}{v_m} \cdot \frac{\cos\lambda \cdot \sin^2\beta_\infty}{\sin(\beta \ \ + \lambda)}$$

$$= \frac{2 \times 2.29}{4.66} \times \frac{\cos 1° \times \sin^2 14°95'}{\sin(14.95° + 1°)} = 0.234$$

$\frac{l}{t} = 0.62$이므로 양력계수 $C_L = 0.377$

항력계수 C_D는 $C_D / C_L = \tan\lambda$ 에서

$$C_D / C_L = \tan 1° = 0.377 \times \tan 1° = 0.00658$$

(7) 익형과 피치 t

그림 4.7에서 양력계수 $C_L = 0.377$인 경우 익형은 NACA 4406으로 하면 영각 $\alpha = 2°$로 한다.

가동익의 경사각 β는

$$\beta = \beta_\infty + \alpha = 14° 95' + 2° = 16° 95'$$

피치 t는

$$t = \frac{\pi D_2}{z} = \frac{\pi \times 0.245}{4} = 0.192\,\text{m}$$

$\frac{l}{t} = 0.62$ 에서 익현길이 l은

$$l = 0.192 \times 0.62 = 0.12\,\text{m}$$

연습문제

4. 1 익의 폭은 12m, 익현길이는 1.5m인 날개를 갖는 비행기가 100m/s의 속도로 비행하고 있다. 이 때 양력계수는 0.05, 항력계수는 0.01이면 양력과 항력은 각각 몇 N이 작용하는가?

4. 2 회전수가 1700rpm이고 전양정은 2m, 유량은 $130\,m^3/min$을 갖는 축류펌프의 회전차 외경, 내경 및 솔리디티를 구하여라.

4. 3 양정 2.5m, 송출량 $230\,m^3/min$, 회전수 200rpm을 갖는 축류펌프를 설계하고자 한다. 가동익의 깃 수 및 축방향 유속을 구하여라.

4. 4 중량 20ton의 비행기가 300km/h의 속도로 수평 비행할 때의 추진력과 필요한 동력을 구하여라. 단, 이 때의 $L/D=5/1$이다.

4.5 축류펌프에서 회전차의 직경은 900mm, 회전수는 1700rpm일 때 회전차입구에서 물은 3m/s속도로 축방향으로 유입하여 7m/s의 속도로 회전차 출구로 유출된다. 송출유량 $Q=20\,m^3/min$, 수력효율 $\eta_h=91\%$, 전효율 $\eta=88\%$일 때, (1)전양정 H(m)과 (2)축동력 L(kW)을 구하라.

4. 6 1200rpm으로 회전하고 있는 1단 축류펌프에서 외경 550mm인 익렬을 관찰한 결과 물이 4.1 m/s의 속도로 축방향으로 회전차 입구로 흡입되어 회전차 출구에서는 회전 방향으로 3.9 m/s의 분속도를 얻어서 나오고 있다. $C_L\dfrac{l}{t}$의 값을 구하여라. 단, $\lambda=1°$이다.

4. 7 회전수 N=750rpm인 1단축류 펌프에서 회전차의 직경 D=800mm, 물의 축방향속도 v_m=15m/s, 회전차 입구와 출구에서 절대속도의 원주방향성분 v_{u1}=1.5m/s, v_{u2}= 12.5m/s, 익현길이 l=300mm, 피치 t=450mm, C_D/C_L=0.0524 일 경우에 익에 작용

하는 양력계수 C_L의 값을 구하여라.

4.8 회전수 N=1600rpm인 1단축류 펌프에서 회전차의 직경 D=500mm, 물의 축방향 속도 v_m =4m/s, 회전차 입구와 출구에서 절대속도의 원주방향성분 v_{u1} =0.5m/s, v_{u2} = 3.5m/s, l/t=1.0, λ=2° 일 경우에 양력계수 C_L과 항력계수 C_D를 구하여라.

제5장

사류펌프와 특수펌프

5.1 사류펌프

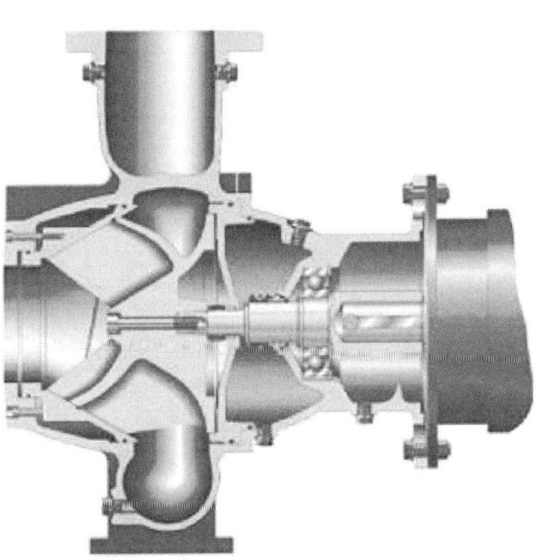

그림 5.1 원심형 사류펌프

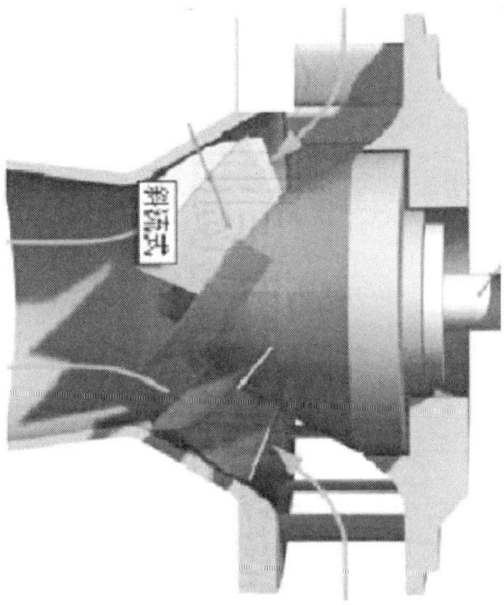

그림 5.2 축류형 사류펌프

사류펌프(diagonal flow pump)는 전양정과 송출유량이 원심펌프와 축류펌프의 중간범위에서 작동하는 펌프이므로 유체는 회전차의 축방향과 축의 반지름방향의 중간방향으로 회전차를 통과하는 구조의 펌프이다. 송출유량이 원심펌프보다 많아야 하거나 전양정이 축류펌프보다 커야하는 경우에 적합하고, 비속도 N_s (m³/min, m, rpm) = 700 ~ 1100인 펌프이다.

일반적으로 사류펌프는 원심형 사류펌프와 축류형 사류펌프로 분류할 수 있다. 원심형 사류펌프는 그림 5.1과 같이 원심펌프와 유사한 구조를 가진다. 회전차는 전면 슈라우드(front shroud)와 후면슈라우드(back shroud)가 있으며, 원심펌프에 비하여 깃의 폭은 넓고 회전차의 외경은 작다. 축류형 사류펌프는 원심형 사류펌프에 비하여 비속도 N_s가 큰 값을 가진다. 그림 5.2와 같이 전면 슈라우드(front shroud)가 없으며, 안내깃이 설치되어 있어서 회전차를 통과한 유체는 안내깃을 지나면서 유동의 방향을 축방향으로 변화시킨다.

사류펌프는 대개 단단(single stage)펌프로 사용되지만 설치장소 등에 따라서 다단(multistage)펌프로도 사용된다.

5.2 와류펌프(vortex pump, Westco pump)

구조나 원리에 있어서 터보형 펌프나 용적형 펌프의 어느 쪽에도 속하지 않는 펌프를 특수펌프라 한다. 특수펌프에는 와류펌프, 분사펌프, 기포펌프, 수격펌프 등이 있다.

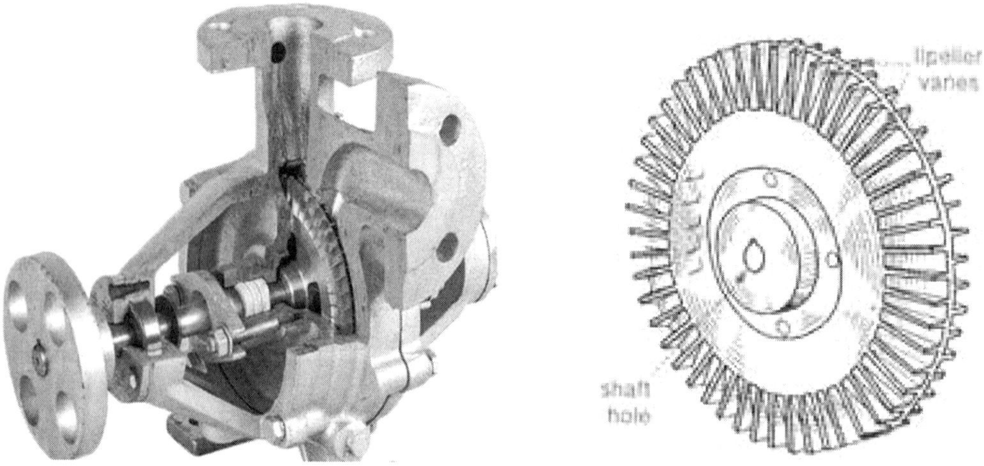

그림 5.3 Wesco 펌프

와류펌프(vortex pump)는 개발한 회사명을 따서 웨스코펌프(westco pump)라고도 불린다. 이 펌프는 그림 5.3과 같이 케이싱 내에 유입된 유체가 임펠러의 내측에서 마찰을 일으키며 회전하면서 임펠러외측의 토출구쪽으로 유동하고, 임펠러 외측에서는 이중 날개(vane)에 의하여 유체가 회전하면서 높은 에너지를 가지고 토출구로 토출된다. 유체는 원주방향으로 유동하면서 나사선 모양의 유동성을 가지게 되고 유체가 흡입구에서 토출구까지 이동하면서 임펠러 날개에 의하여 고압을 얻게 되는 원리이다. .

재생펌프의 특징은 원심펌프와 용적형 회전펌프의 중간적인 구조를 이루고 있으며, 소용량·고양정의 목적하에서 석유, 화학 약품의 수송에 사용된다. 또한 구조가 간단하고 제작하기 쉬우며, 소형에 적합하다. 원심펌프에 비하면 고양정을 얻을 수 있으나 최고효율은 뒤떨어진다.

5.3 분사펌프(jet pump)

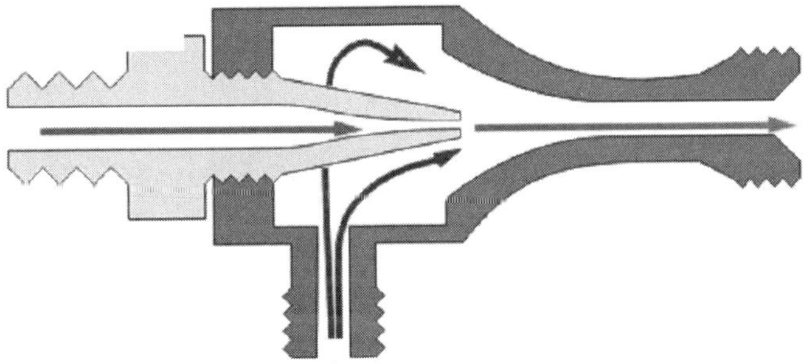

그림 5.4 분사펌프

분사펌프(jet pump)는 분류펌프라고도 한다. 그림 5.4에 나타낸 바와 같이 고압의 구동유체(제 1 유체)를 노즐로 압송하고, 목(throat)을 향하여 고속으로 분사시키면, 분류의 압력은 저압이 된다. 여기서 분류 주위의 보조유체(제 2 유체)는 분류에 흡입되고, 이들 제 1 유체, 제 2 유체는 혼합 충돌하면서 흡입작용을 높이고, 목부분을 통과해 나간다. 다시 디퓨저(diffuser)에 들어가면 운동에너지는 압력에너지로 변환되면서 송출구로 나간다.

분사펌프를 유체의 조합에 따라서 분류하면 액체분류로서 액체를 수송하는 물분사펌프

(water jet pump)와 액체분류로서 기체를 수송하는 공기분사펌프(air jet pump), 그리고 증기분류로서 액체를 수송하는 증기분사펌프(steam jet pump)로 나눌 수 있다.

분사펌프는 일반 펌프에 비하여 효율이 10~20% 정도로 낮지만, 구조에 있어서는 기계의 운동부분이 없고 간단하며 취급도 용이하다. 부식성재료의 이송을 위한 구조로도 간단히 되므로 부식성 유체의 처리에도 널리 이용된다. 최근 화력발전소 등에서 재(ash)의 처리장치(ash ejector)로 많이 사용되고 있다.

결점으로는 흡입하는 물의 온도가 50℃ 정도에서도 정상적인 작동이 어려우므로 급수를 예열하는 곳에서는 사용할 수 없고, 또 미세한 먼지가 있어도 고장의 원인이 된다.

5.4 기포펌프(air lift pump)

압축기를 이용하여 압축공기를 공기관을 통해서 양수관 속으로 혼입시키면 양수관 속의 액체내에서 기포가 형성된다. 기포와 액체의 혼합유체는 액체보다 가벼우므로 양수관을 통해서 양수될 수 있다.

기포펌프의 특징은 구조가 간단하며 수리의 염려가 적고 액체 중에 이물질이 포함되어 있어도 문제가 되지 않는다. 기포펌프의 효율은 보통 15~30%이다.

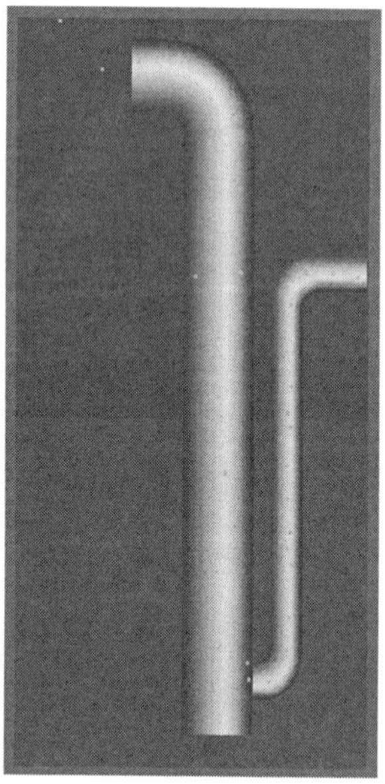

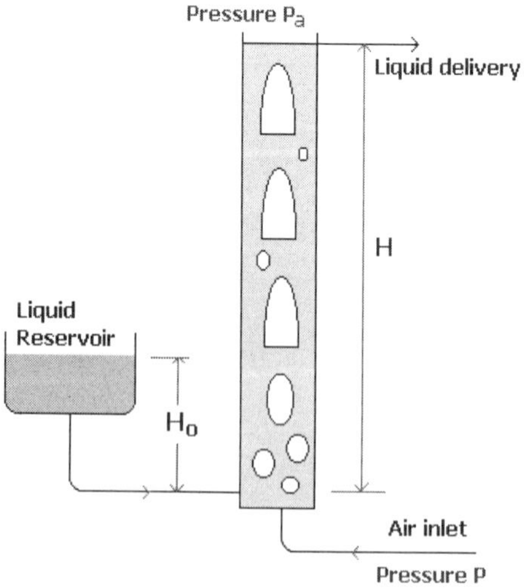

그림 5.5 기포펌프

5.5 수격펌프(hydraulic pump)

수격작용을 이용하여 낮은 곳의 물을 높은 곳으로 양수하는 펌프를 수격펌프(hydraulic pump)라 한다.

그림 5.6에서 탱크 I의 물은 급수관을 거쳐서 밸브 I로 유출된다. 급수관을 지나는 물의 속도가 증가되면 밸브 I은 자동적으로 닫히고 압력은 급히 상승한다. 급수관내의 압력이 높아지면 밸브 II가 열리고 물은 양수관을 통하여 탱크 II로 양수된다. 즉 수격작용에 의하여 물은 송출밸브를 압상하고 공기실, 양수관을 거쳐서 양수될 수 있다.

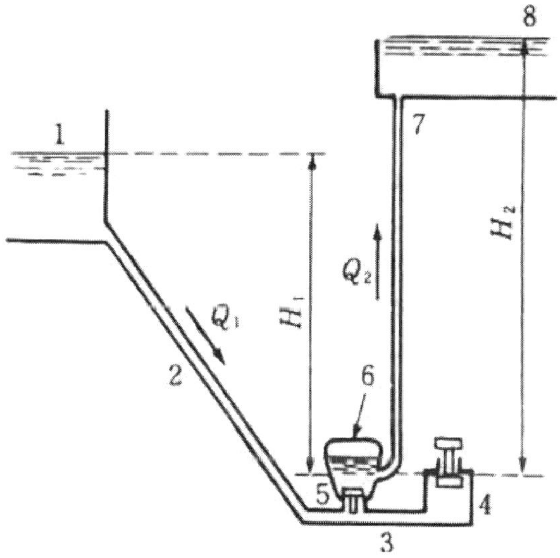

그림 5.6 수격펌프

제6장

캐비테이션과 수격현상

6.1 캐비테이션

6.1.1 캐비테이션의 이론

1. 캐비테이션의 정의

액체, 기체와 같은 유체는 온도와 압력의 변화에 따라서 상태가 변화할 수 있다. 대기압 하에서 물은 온도 100℃가 되면 증발하기 시작하며, 압력이 대기압 이하로 내려가면 물의 비등점은 100℃보다 낮아지게 된다. 즉 유체는 온도의 변화에 따라서 상태가 변할 수 있지만, 압력의 변화에 따라서도 상태가 변화할 수 있다. 그러므로 유체의 유동장에서 속도가 빨라지고 국부(局部)적으로 압력이 낮아지면 기포가 발생하고 기포가 성장하여 캐비티(cavity)가 형성된다. 그림 1과 같이 액체를 작동유체로 하는 펌프, 수차 등의 유체기계의 익면(翼面)부근에서 국부적으로 유속이 빨라지면 압력이 낮아져서 기포가 성장하여 캐비티(cavity)가 발생한다. 역으로 유동의 정압이 액체의 포화증기압보다 높아지면 캐비티가 급격히 축소하여 소멸되며 익면에 형성되어 있던 기포가 소멸하는 순간 액체가 익면에 충돌하게 된다. 이와 같이 유동중에 정압의 변동에 따른 반복적인 캐비티의 생성과 소멸은 유체기계와 관로내에서 여러 가지 부정적인 영향을 미치게 되는데 이 현상을 캐비테이션(cavitation, 空洞現象)이라 한다.

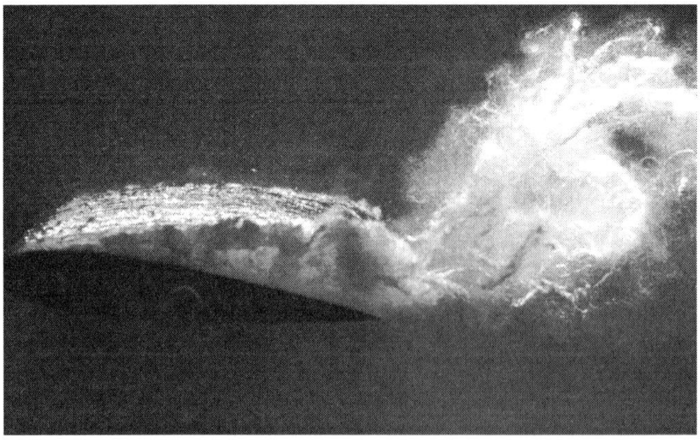

그림 6.1 익면에 발생한 캐비테이션

캐비테이션이 발생하면 익면부근에 형성된 캐비티가 액체의 유동을 방해하여 유체기계의 성능을 저하시키며, 캐비티의 반복적인 생성과 소멸에 의하여 심한 소음과 진동이 발생하고, 캐비티의 소멸에 의한 반복적인 충격에 의하여 익면재료의 침식(浸蝕, erosion)을 일으켜서 유체기계의 수명을 단축시킨다.

캐비테이션의 발생으로 인한 이러한 영향들은 유체기계의 성능향상을 방해하는 중대한 문제가 되고 있지만 유체기계에서 더 높은 출력을 얻기 위해서는 유속이 빨라져야 하므로 캐비테이션의 발생을 피할 수 없게 된다.

2. 캐비테이션의 발생원인

어떤 측면에서 캐비테이션은 비등(沸騰) 상태와 유사하지만 비등은 압력강하보다 온도증가의 결과로 발생하는 것이 일반적이며, 이 경우 온도의 변화는 고체의 경계를 통한 열의 전달을 통해서 발생한다.

한편 액체의 유동에서 정압의 급격한 변화는 속도의 변화에 따라서 보통 발생하는 현상이며 캐비테이션은 유동의 국소적인 정압이 액체의 포화증기압이하로 낮아지면 액체 중에 존재하는 미세한 기포가 캐비티로 성장하고, 압력이 높아지면 캐비티가 소멸되는 과정을 반복하는 현상이다.

캐비테이션을 지배하는 정적인 인자로서는 익형의 형상과 표면의 조도, 유동의 압력과 속도, 난류의 세기, 액체의 증기압, 점성, 압축성, 액체에 포함되는 기체, 고체 등의 불순물 등을 고려할 수 있다. 또 캐비테이션에 영향을 미치는 동적인 인자로서는 기포가 성장할 수 있는 시간이 가장 중요한 인자가 되는데, 압력이 충분히 낮으면 시간은 짧아도 캐비테이션이 발생하기 쉬우며 압력이 증기압보다 크게 낮지 않으면 성장에 필요한 시간은 길어진다. 다음으로 유동이 정상유동인 경우에도 와류 혹은 난류변동이 발생하거나 박리가 일어나면 국소적으로 비정상적인 압력의 저하를 일으켜서 캐비테이션의 발생원인이 될 수 있다. 그리고 고온에서는 열적인 조건이 중요하며, 이 경우에는 액체의 비열, 열전도율, 증발잠열 등도 캐비테이션에 영향을 미칠 수 있다.

3. 캐비테이션이 유체기계에 미치는 영향

캐비테이션은 어떠한 작동유체에 대해서도 발생할 수 있으며 펌프, 수차, 선박용 프로펠라 등의 모든 유체기계에서 발생할 수 있다.

캐비테이션이 유체기계에 미치는 부정적인 영향은 크게 세 가지 형태로 분류할 수 있다.

(1) 펌프를 포함하는 수력기계들의 성능이 심각하게 저하된다는 사실이다. 유체기계에 캐비테이션이 발생하면 익면부근에 형성된 캐비티가 액체의 유동을 방해하여 유체기계의 성능을 급격하게 저하시킨다.

(2) 캐비티가 보다 높은 고압의 영역으로 전달될 때 기포가 붕괴되는 부근의 물체표면에 손상을 주는 원인이 된다. 즉 그림 2와 같이 캐비티의 생성과 소멸에 의한 반복적인 충격이 익면 재료의 피로파괴를 일으켜서 익의 표면을 침식(侵蝕, errosion)시킴으로 인하여 유체기계의 수명을 단축시킨다. 캐비테이션에 의한 익면의 손상은 대단히 치명적인 것이며 근본적으로 제거하기가 어려운 것이다. 수력기계의 설계시에는 이와 같은 현상을 고려하여 침식에 의한 손상을 최소화하는 방향으로 설계하여야 한다.

(3) 캐비테이션은 정상상태의 유동에만 영향을 미치는 것이 아니고 비정상유동이나 유동의 동적반응에도 영향을 미친다는 사실이다. 이와 같은 영향은 불필요한 유동의 불안정을 유발하게 되며, 캐비티의 반복적인 소멸에 따른 심한 소음과 진동을 발생시킨다.

이와 같은 영향으로 인하여 유체기계의 성능저하와 손상이 최소화되도록 설계시에 고려되어야 한다. 그렇지 않으면 캐비테이션이 존재한 상태에서 그 성능을 최적화하도록 설계를 변경하여야 한다.

그림 6.2 캐비테이션에 의한 날개의 손상

4. 캐비테이션의 매개변수와 발생조건

캐비테이션은 유동의 낮은 압력영역에서 기포가 형성되는 과정이다. 그 액체내의 압력이 작동온도에서 액체의 증기압 p_v에 이르렀을 때 증기기포가 형성된다고 생각할 수 있다. 어떤 유동에서 p를 임의의 한 점에서의 압력이라 하고, 이 점에서의 압력을 무차원화하여 압력계수라 하면 압력계수 C_p는 다음과 같이 정의된다.

$$C_p = \frac{p - p_\infty}{\frac{1}{2}\rho V_\infty^2} \tag{6.1}$$

여기서 p_∞는 익의 상류에서의 정압, V_∞는 익의 상류에서의 속도, ρ는 액체의 밀도를 의미하며 비압축성 유동에 대해서 압력계수 C_p는 익면의 기하학적 형상과 레이놀즈수 만의 함수이다.

지정된 유체의 속도, 경계의 기하학적 형상 그리고 레이놀즈수를 가진 유동에서 임의의 점에서의 압력 p가 최소가 되는 특정위치가 있을 수 있으며 이 최소압력 p_{min}과 상류의 압력 p_∞의 관계는 다음과 같이 주어진다.

$$C_{p\min} = \frac{p_{\min} - p_{\infty}}{\frac{1}{2}\rho V_{\infty}^{2}} \tag{6.2}$$

여기서 $C_{p\min}$는 익면의 형상과 레이놀즈수만의 함수이며 부(−)의 값이 된다. 만일 $C_{p\min}$의 값을 실험이나 이론적으로 구할 수 있다면 상류의 압력 p_{∞}의 값을 설정할 수 있다. p_{∞}가 감소하게 되면 익면상의 임의의 위치에서의 최소압력 $p_{\min}$은 더욱 낮아져서 $p_{\min}$이 액체의 포화증기압 p_v이하로 낮아지는 위치에서 캐비테이션이 처음으로 나타나게 된다.

캐비테이션을 평가하기 위해서 몇 가지의 매개변수들이 이용되고 있으나 가장 기본적인 것은 캐비테이션수 σ 로서 다음과 같이 정의된다.

$$\sigma = \frac{p_{\infty} - p_v}{\frac{1}{2}\rho V_{\infty}^{2}} \tag{6.3}$$

모든 유동은 캐비테이션의 발생과 관계없이 캐비테이션수 σ 의 값을 가지고 있다. 그러나 압력이 감소하면서 캐비테이션이 처음 발생하는 특정한 상류의 압력 p_c에 대응하는 특성한 σ 의 값이 존재한다. 이 값을 캐비테이션발단수라 하며 σ_i로 표시하고 다음과 같이 정의한다.

$$\sigma_i = \frac{p_c - p_v}{\frac{1}{2}\rho V_{\infty}^{2}} \tag{6.4}$$

미세한 기포핵이 액체 중에 존재할 때 액체의 증기압을 p_v, 기포핵 주위의 액체의 압력을 p라 하면 비점성유체에서 기포가 성장하기 위한 정적인 조건은 다음과 같다.

$$p_v - p > 0 \tag{6.5}$$

캐비테이션은 액체의 압력 p가 액체의 증기압 p_v보다 작으면 발생하므로 캐비테이션이 발생하기 위한 정적인 조건은 식(6.1)과 식(6.4)로부터 다음과 같이 표시할 수 있다.

$$\sigma + C_p < 0 \tag{6.6}$$

동적인 영향으로는 기포핵이 저압으로 되는 시간이 가장 중요한 인자가 되는데, 유동의 정압이 충분히 낮으면 시간은 짧아도 캐비테이션이 발생하기 쉬우며 유동의 정압이 액체의 증기압보다 크게 낮지 않으면 성장에 필요한 시간은 길어진다. 그리고 정상유동에서도 와류나 난류변동이 있는 경우에는 국소적으로 비정상적인 압력의 변동이 생겨서 이것들이 캐비테이션의 발생조건을 지배한다.

6.1.2 펌프의 캐비테이션

1. 펌프에서 캐비테이션의 발생원인

펌프관로계에서 흡입관의 압력은 대기압 이하의 압력(진공압력)으로 내려갈 수 있다. 흡입수면에서 펌프의 설치 높이가 높을수록 액체를 흡상(吸上)하기 위해서는 흡입관내의 압력은 낮아야 한다. 이 때 흡입관내의 압력이 액체의 포화증기압보다 낮아지면 기포가 발생하고 캐비테이션이 발생할 수 있다. 또한 펌프내에서 송출량과 송출압력을 크게 하기 위해서는 회전차의 회전속도를 빠르게 하여야 한다. 즉 회전차를 통과하는 유체의 유속은 빨라지고 그만큼 압력은 낮아지므로 회전차내에서 캐비테이션이 발생할 수 있다.

2. 캐비테이션이 펌프에 미치는 영향

펌프에서 캐비테이션이 발생하면 기포가 성장하여 캐비티(cavity)가 되고 압력이 높아지면 생성된 캐비티가 액체의 흐름에 따라 이동하여 고압부에 이르러 급격히 붕괴하는 현상이 되풀이 됨에 따라서 진동과 소음을 발생시키고, 캐비티가 유체의 유동을 방해하여 펌프의 성능을 급격하게 저하시킨다. 또한 캐비테이션이 오랜 시간동안 계속되면 캐비티가 붕괴될 때 생기는 반복적인 피로하중이 익면에 작용하여 익면을 침식(侵蝕, erosion)시켜서 펌프의 수명이 단축된다.

3. 펌프의 설치높이

펌프관로계에서 흡입액면에 작용하는 압력은 국소대기압 p_a, 흡입관내의 압력은 p_s(진공), 흡입관내에서 액체의 상승높이는 h, 액체의 비중량은 γ라 하면 다음 식이 성립한다.

$$p_a = p_s + \gamma h \tag{6.7}$$

식 (6.7)에서 액체의 상승높이 h는 흡입관내의 압력 $p_s=0$, 즉 완전진공일 때 최대가 되므로 흡입관내에서 액체의 최대흡상높이 h_{max}는 다음과 같다.

$$h_{max} = \frac{p_a}{\gamma} \tag{6.8}$$

액체가 물인 경우 국소대기압을 표준대기압으로 가정하면 $p_a = 10332\,\mathrm{kgf/m^2}$, 물의 비중량 $\gamma = 1000\,\mathrm{kgf/m^3}$이므로 액체의 최대흡상높이, 즉 펌프의 이론적 최대설치높이 h_{max}는

$$h_{max} = \frac{p_a}{\gamma} = \frac{10332}{1000} = 10.332\,\mathrm{mAq}$$

이다. 그러나 흡입관내에서 손실수두를 고려해야 하고, 표고(標高)에 따라서 국소대기압은 표준대기압보다 낮으며, 흡입관내에서 압력이 완전진공이 되기전에 물의 포화증기압에 이르면 증발하게 된다. 따라서 액체가 물인 경우 실제 펌프의 최대설치높이는 약 7m 정도이다.

표 6.1 표고와 국소대기압 수두

(m)	0	100	200	300	400	500	1000	1500
대기압수두 (mAq)	10.33	10.20	10.08	9.97	9.83	9.7	9.0	8.6

표 6.2 물의 온도와 증기압

온도(℃)	0	10	20	30	40	50	60	80	100
증기압수두 (mAq)	0.062	0.125	0.238	0.433	0.752	1.258	2.032	4.830	10.332

4. 유효흡입수두

펌프에서 캐비테이션의 발생을 막기 위해서는 펌프내에서 포화증기압이하의 부분이 생기지 않도록 하면 된다. 즉 펌프의 흡입구에서 압력이 액체의 포화증기압 보다 높으면 높을수록 펌프내에서 캐비테이션은 발생하기 어렵다. 이를 위해서는 펌프의 흡입관내에서

손실수두와 펌프의 설치높이, 액체의 포화증기압, 흡입액면의 압력과 함께 캐비테이션을 방지하기 위한 흡입관내의 수두, 즉 유효흡입수두(NPSH, Net Positive Suction Head) Δh를 고려하여야 한다.

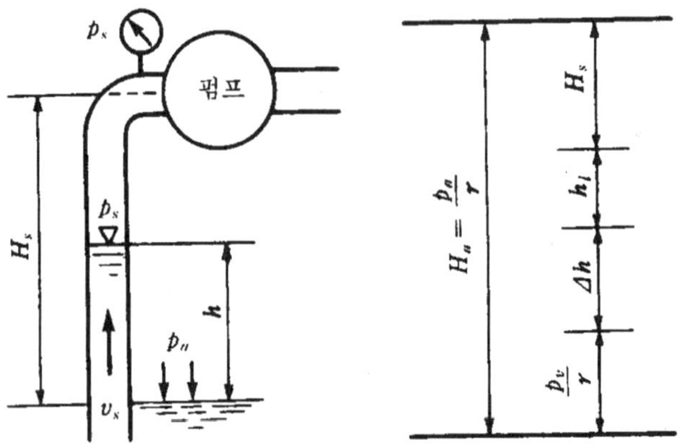

그림 6.3 펌프의 수두와 유효흡입수두

유효흡입수두는 흡입관내에서 압력이 액체의 포화증기압보다 얼마나 높은지를 나타내는 값이며, 펌프가 캐비테이션을 발생하지 않으면서 운전하기 위한 흡입관내의 수두를 나타내는 값이다.

그림 6.3에서 펌프의 이론적 최대설치높이는 대기압수두 $\frac{p_a}{\gamma}$와 같으므로 유효흡입수두 Δh를 고려하면 다음의 관계가 성립한다.

$$\frac{p_a}{\gamma} = H_s + \frac{p_v}{\gamma} + h_l + \Delta h \tag{6.9}$$

여기서 H_s : 펌프의 설치높이, $\frac{p_v}{\gamma}$: 포화증기압수두, h_l : 흡입관내에서 손실수두를 나타낸다.

식 (6.9)에서 유효흡입수두 Δh는 다음 식으로 주어진다.

$$\Delta h = \frac{p_a}{\gamma} - \left(H_s + \frac{p_v}{\gamma} + h_l\right) \tag{6.10}$$

Thoma의 캐비테이션계수 σ_T와 유효흡입수두 Δh의 관계는 다음과 같다.

$$\sigma_T = \frac{\Delta h}{H} \tag{6.11}$$

미국의 Hydraulic Institute에 의하면 원심펌프에서 σ_T는

$$\text{단흡입인 경우}: \ \sigma_T = 7.88 \times 10^{-5} N_s^{4/3} \tag{6.12}$$

$$(\text{양흡입인 경우}: \ \sigma_T = 5.0 \times 10^{-5} N_s^{4/3})$$

이다. 그러므로 식 (6.11)에서 유효흡입수두 Δh를 구할 수 있다.

또 흡입비속도(suction specific speed) S와 유효흡입수두 Δh의 관계는

$$S = \frac{NQ^{1/2}}{\Delta h^{3/4}} \tag{6.13}$$

이다.

식 (6.13)에서 흡입비속도 S와 Thoma의 캐비테이션계수 σ_T의 관계는 다음과 같다.

$$S = \frac{NQ^{1/2}}{H^{3/4}} \left(\frac{H}{\Delta h}\right)^{3/4} = N_s \frac{1}{\sigma_T{}^{3/4}} \tag{6.14}$$

식 (6.14)에서

$$S^{4/3} = \frac{N_s^{4/3}}{\sigma_T} \tag{6.15}$$

이다.

식 (6.12)를 식 (6.15)에 대입하면

$$\text{단흡입인 경우}: \ S^{4/3} = \frac{1}{7.88} \times 10^5 \tag{6.16}$$

$$(\text{양흡입인 경우}: \ S^{4/3} = \frac{1}{5.0} \times 10^5)$$

로 된다.

식 (6.13)에서

$$\Delta h = \frac{1}{S^{4/3}} N^{4/3} Q^{2/3} \tag{6.17}$$

로 된다.

식 (6.16)을 식 (6.17)에 대입하면 유효흡입수두 Δh는 다음 식으로 표시할 수 있다.

$$\text{단흡입인 경우} : \Delta h = 7.88 \times 10^{-5} N^{4/3} Q^{2/3} \tag{6.18}$$

$$(\text{양흡입인 경우} : \Delta h = 5.0 \times 10^{-5} N^{4/3} Q^{2/3})$$

펌프의 회전수와 유량이 주어지면 식 (6.18)에 의하여 유효흡입수두를 구할 수 있으며, 캐비테이션이 발생하지 않기 위한 펌프의 설치높이는 식 (6.9)에 의하여 구할 수 있다.

5. 펌프에서 캐비테이션의 방지책

펌프의 설비계획 및 사용시 캐비테이션을 방지하기 위해서는 다음과 같은 점들을 고려할 필요가 있다.

(1) 펌프의 설치위치를 가능한 한 낮게 하여 유효흡입수두를 크게 한다. 흡입손실수두를 최소로 하기 위하여 흡입관을 가능한 한 짧게 하고, 대용량펌프 또는 흡상이 불가능한 경우에는 펌프를 흡입수면보다 낮게 설치하거나, 입축펌프로 하여 회전차의 위치를 낮게 한다.

(2) 펌프회전차의 회전수를 적게 한다. 회전수를 적게 하면 회전차내에서 유속이 작고 압력은 커지므로 캐비테이션이 발생하기 어렵다.

(3) 액체의 온도는 가능한 낮추고 기포나 이물질이 포함되지 않도록 한다. 액체의 온도가 높으면 그만큼 포화증기압은 높아져서 캐비테이션이 발생하기 쉬우며, 기포나 이물질이 포함되면 이것을 핵으로 하여 기포가 성장하고 캐비테이션이 발생하기 쉬워진다.

【예제 6. 1】 편흡입 원심펌프가 표준대기압하에서 물을 흡상할 때 Thoma의 캐비테이션 계수 $\sigma_T = 0.15$, 전양정 $H = 20$m, 회전수 $N = 1770$rpm, 포화증기압 $p_v = 0.2\,\text{kgf/cm}^2$ (abs), 흡입관내의 손실수두 $h_l = 1.5$ m인 경우 캐비테이션을 발생시키지 않고 펌프가 물을 흡상할 수 있는 펌프의 설치높이는 몇 m인가?

【풀이】 $\sigma = \dfrac{\Delta h}{H}$ 에서 유효흡입수두 Δh는

$$\Delta h = \sigma H = 0.15\times 20 = 3\,\mathrm{m}$$

포화증기압수두 p_v/γ 는

$$\frac{p_v}{\gamma} = \frac{0.2\times 10^4}{1000} = 2\,\mathrm{m}$$

물의 흡상높이(펌프의 설치높이) H_s는

$$H_s = \frac{p_a}{\gamma} - \left(\frac{p_v}{\gamma} + h_l + \Delta h\right) = 10.332 - (0.2 + 1.5 + 3) = 5.632\,\mathrm{m}$$

【예제 6.2】 전양정 28m, 송출량 $1.08\,\mathrm{m^3/min}$, 회전수 1700rpm인 단흡입 원심펌프를 이용하여 상온의 물을 양수하려고 한다. 캐비테이션을 발생시키지 않으면서 운전하기 위한 펌프의 최대설치높이는 흡입수면으로부터 몇 m인가? 단, 흡입수면에는 표준대기압이 작용하고 흡입관내의 손실수두를 2m, 물의 포화증기압수두는 0.028m로 한다.

【풀이】 유효흡입수두 Δh는

$$\Delta h = 7.88\times 10^{-5} N^{4/3} Q^{2/3} = 7.88\times 10^{-5}\times 1700^{4/3}\times 1.08^{2/3} = 1.68\,\mathrm{m}$$

펌프의 설치높이 H_s는 $\frac{p_a}{\gamma} = H_s + \frac{p_v}{\gamma} + h_l + \Delta h$ 에서

$$H_s = \frac{p_a}{\gamma} - \left(\frac{p_v}{\gamma} + h_l + \Delta h\right)$$
$$= 10.332 - (0.238 + 2 + 1.68) = 6.414\,\mathrm{m}$$

【예제 6.3】 유압펌프의 운전에서 펌프를 기름 탱크의 유면으로부터 1m높이에 설치하고 흡입관로에서 손실수두 $h_l = $ 2mAq일 때 캐비테이션이 발생되지 않고 운전하기 위한 유효흡입수두 Δh는 몇 mAq인가? 단, 대기압수두 $H_a = $10mAq, 공기분리압수두 $H_g = $ 5.8mAq, 기름의 비중은 0.85이다.

【풀이】 유효흡입수두 Δh는

$$\Delta h = H_a - H_s - H_g - h_l = 10 - (1\times 0.85) - 5.8 - 2 = 1.35\,\mathrm{mAq}$$

6.2 수격현상

6.2.1 수격현상의 개요

관로내에서 유동하는 유체의 속도가 급격하게 변화하면 관내 압력이 과도적으로 급상승과 급강하를 반복하면서 여러가지 부정적인 영향을 미치게 되는데, 이 현상을 수격현상(水擊現象, water hammer)이라 한다.

그림 6.4와 같이 유체가 관내를 빠른 속도로 유동하고 있을 때 밸브를 갑자기 닫으면 유체의 유동은 순간적으로 정지하여 유체의 속도에너지는 압력에너지로 변화되므로 관내의 압력은 급상승하게 된다. 이 때 발생한 압력파는 펌프쪽으로 전파되며 압력파가 펌프에 이르면 관내의 압력이 펌프출구의 압력보다 낮으므로 압력파는 다시 밸브를 향하여 전파되고 압력파가 밸브에 도달하면 다시 위와 같은 현상을 반복한다.

이러한 현상은 물, 기름과 같은 액체의 유동에서뿐만 아니라 증기와 같은 기체의 유동에서도 발생할 수 있다. 이와 같이 펌프가 설치된 관로계에서 펌프의 기동 및 정지시, 회전수 제어시 또는 유량조정밸브의 개폐시에 관내에서 유체의 압력이 급상승과 급강하를 반복하는 수격현상(水擊現象, water hammer)이 발생할 수 있다.

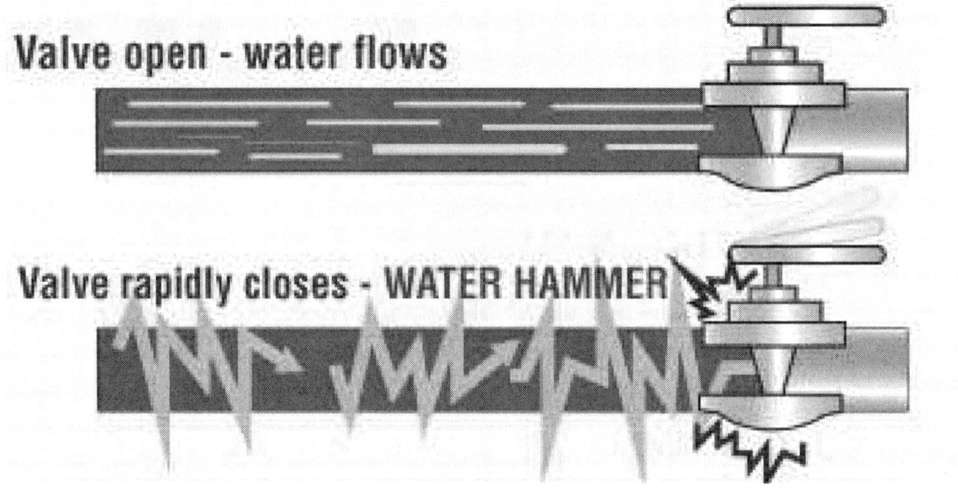

그림 6.4 수격현상

6.2.2 수격현상의 영향

수격현상이 펌프 관로계에 미치는 영향으로는 압력상승에 의해 펌프, 밸브, 플랜지, 관로 등의 기기가 파손될 수 있으며, 압력강하에 의하여 관로가 압괴하거나 캐비티(cavity)가 발생하여 재결합시에 발생하는 극심한 충격파에 의해 관로가 파손될 수도 있다. 이 외에 진동, 소음의 원인이 되며, 주기적인 압력변동 때문에 자동제어계 등의 기기들이 난조를 일으키기도 한다.

이러한 펌프관로계에서 압력변동을 완화시키기 위한 수격제어장치로서는 밸브류, 서지탱크(one way surge tank), 에어챔버(air chamber) 등이 있다.

그림 6.5 수격현상에 의한 관로의 파손

6.2.3 수격현상에 의한 상승압력

관내에서 수격현상에 의한 상승압력(surge pressure)은 밸브가 닫히는 시간 Δt가 길이 L인 관을 압력파가 왕복하는데 요하는 시간 Δt가 $2L/c$보다 짧은가 긴가에 따라서 다르다.

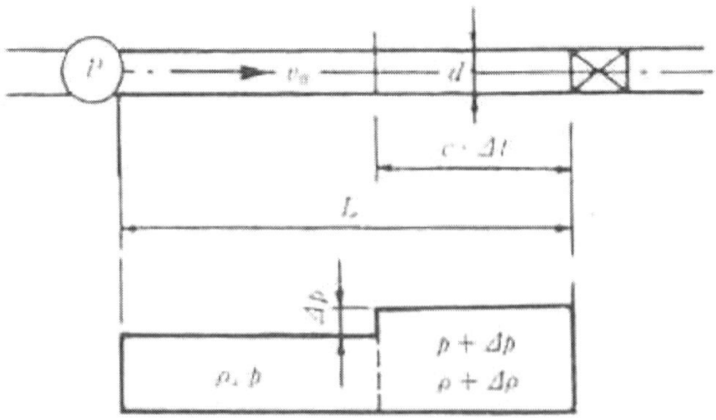

그림 6.6 수격현상에 의한 관사승압력

1. 밸브를 급히 닫을 경우($\Delta t < 2L/c$인 경우)

밸브를 짧은 시간 Δt동안에 급히 닫을 경우의 수격현상에 의한 최고압력 p_{max}과 정상유동인 경우의 압력 p의 차, 즉 상승압력 Δp는 다음과 같이 구할 수 있다. Δt시간 동안에 압력파의 전파거리를 Δs, 최초유속을 v_o, 관의 단면적을 A라 하고 관내를 유동하는 유체의 미소체적 $A\Delta s$에 운동량법칙을 적용하면 다음과 같이 표시할 수 있다.

$$A\Delta p = \rho A \Delta s\left(\frac{v_o - 0}{\Delta t}\right) \qquad (6.19)$$

윗 식에서 수격현상에 의한 상승압력 Δp는 다음 식으로 구할 수 있다.

$$\Delta p = p_{max} - p = \rho c v_o \qquad (6.20)$$

2. 밸브를 서서히 닫을 경우($\Delta t > 2L/c$인 경우)

밸브가 서서히 닫히는 경우에는 Allievi에 의하면 다음과 같은 근사식으로 상승압력을 구할 수 있다.

$$\Delta p = \frac{1}{2} p(n^2 + n\sqrt{n^2 + 4}) \qquad (6.21)$$

여기서 $n = \frac{\rho L v_o}{p \Delta t}$이다.

【예제 6.4】 Young률 E=2.5×1010 kgf/m2인 철관의 내경 d= 1m, 두께 δ=10mm인 관내의 물 속에서 압력파의 전파속도 c'는 몇 m/s 인가? 또 관의 길이 L=1000m, 관내에서 물이 v_0=3m/s로 유동할 때 관 출구의 밸브를 1초 동안에 닫는 다면 상승압력 Δp는 몇 kgf/cm2 인가? 단, 물의 체적탄성계수 K=2.07×108kgf/m2, 밀도 ρ=102kgf s2/m4 이다.

【풀이】 (1) 압력파의 전파속도 c'는

$$c' = \sqrt{\frac{K'}{\rho}} = \sqrt{\frac{\frac{K}{\rho}}{1+\frac{K}{E}\cdot\frac{d}{\delta}}} = \sqrt{\frac{\frac{2.07\times10^8}{102}}{1+\frac{2.07\times10^8\times1}{2.5\times10^{10}\times0.01}}}$$

$$= 937.5 \text{ m/s}$$

(2) 상승압력 Δp는

$$\frac{2L}{c} = \frac{2\times1000}{937.5} = 2.13 < 1\text{이므로}$$

$$\Delta p = \rho c v_0 = 102\times937.5\times3 = 286875 \text{ kgf/m}^2$$

$$= 28.7 \text{ kgf/cm}^2$$

연습문제

6.1 캐비테이션(cavitation)이란 무엇인가?

6.2 캐비테이션이 펌프관로계에 미치는 영향은 무엇인가?

6.3 캐비테이션 방지책에 대하여 설명하여라.

6.4. 수격현상이란 무엇인가?

6.5 펌프관로계에서 수격현상의 원인은 무엇인가?

6.6 비속도 $N_s = 150(\mathrm{m,m^3/min,}rpm)$인 편흡입 원심펌프가 표준대기압에서 물을 흡상할 때 전양정은 35m, 물의 포화증기압은 0.196kgf/cm²(abs), 흡입관내의 손실수두는 1.0m인 경우 cavitation을 발생시키지 않고 물을 흡상할 수 있는 펌프의 최대 설치높이 H_s는 몇 m인가?

6.7 편흡입 원심펌프가 대기압하에서 물을 흡상할 때 Thoma의 캐비테이션계수 $\sigma = 0.2$, 전양정 $H = 25\mathrm{m}$, 회전수 $N = 1450\mathrm{rpm}$, 포화증기압 $p_v = 0.196\,\mathrm{kgf/cm^2}$ (abs), 흡입관내의 손실수두 $h_l = 1.5\mathrm{m}$, 물의 비중량 $\gamma = 9810\,\mathrm{N/m^3}$인 경우 캐비테이션을 발생시키지 않고 물을 흡입할 수 있는 흡입수면으로부터 펌프의 최대 설치높이 H_s는 몇 m인가?

6.8 원심펌프가 대기압하에서 물을 흡상할 때 Thoma의 캐비테이션계수는 0.15, 전양정은 20m, 포화증기압수두는 0.5m, 흡입관내의 손실수두는 2.5m인 경우 흡입수면으로부터 펌프의 최대 설치높이는 몇 m인가?

6.9 비중 0.85, 체적탄성계수 $K = 1.95 \times 109\,Pa$인 유압유가 내경 5cm, 두께 0.4cm, 종탄성계수 $E = 2.1 \times 109\,Pa$인 관내를 유속 3m/s로 흐르고 있다. 밸브를 급격히 폐쇄할 경우 유격현상에 의한 관내에서의 압력파의 전파속도 c (m/s)와 상승압력 Δp (Pa)를 구하여라.

제7장
수차

7.1 수차와 수력발전

7.1.1 수력발전의 분류

물이 가지고 있는 유체에너지를 기계적 에너지로 변환시키는 기계를 수차(hydraulic turbine, water turbine)라 하며, 수차는 에너지 변환의 관점에서는 펌프의 원리와 반대이다. 최초에 물의 위치에너지는 수차에 유입될 때 압력에너지와 운동에너지로 변환되며 수차는 물의 압력에너지와 운동에너지를 기계적 에너지로 변환시킨다. 수차는 일반적으로 발전기와 연결되어 있으므로 수차에서 발생한 기계적 에너지는 다시 전기에너지로 변환되는데, 이와 같은 시설이 수력발전소(hydroelectric power plant)이다. 물의 위치에너지를 이용하기 위하여서는 표고가 높은 곳에 있는 하천이나 저수지의 물을 필요한 양만큼 수차로 유도하여야 한다. 수차에서 물의 위치에너지의 크기를 낙차(落差, head)라 한다. 수력발전소는 낙차, 유량 등에 따라서 여러 형식이 있으며, 일반적으로 낙차 50m 이하를 저낙차, 50~200m 사이의 낙차를 중낙차, 200m 이상의 낙차를 고낙차로 분류한다. 낙차를 위해서는 인공적인 설비를 만들어야 하는데, 이 방법에 따라서 수력발전을 분류할 수 있다. 수력발전의 형태에는 수로식(水路式), 댐식(dam式), 댐-수로식, 양수식(揚水式) 및 조력식(潮力式) 등이 있다.

1. 수로식

수로식은 표고가 높은 곳에서 흐르고 있는 물의 에너지를 이용하는 수력발전의 형태이다. 그림 7.1과 같이 자연상태의 물을 흐름의 유로를 변경하여 표고가 높은 곳에 저장하고 인공적으로 수로(channel)를 만들어서 낙차가 일정한 수조(水槽, surge tank, head tank)에 물을 유도한다. 물은 수조에서 수압관(水壓管, penstock)을 거쳐서 수차에 유입되고 수차를 통과하면서 수차를 운전하며 수차의 출력은 발전기(generator)로 공급된다. 수차에서 나온 물은 방수로(tailrace)를 지나서 하천으로 방류된다. 그러므로 수로식 수력발전에서 수차는 고낙차 · 소유량인 물의 에너지를 이용하게 된다.

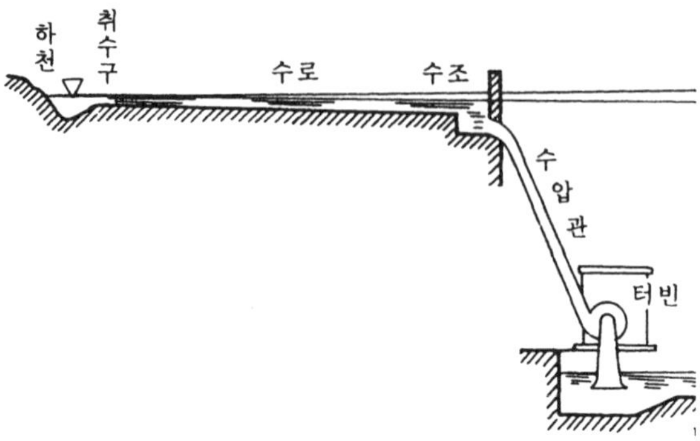

그림 7.1 수로식 수력발전

2. 댐식

댐식은 그림 7.2에서와 같이 표고가 낮은 곳에 댐을 설치하여 많은 양의 물을 저장하고 수압관을 통과하는 물을 수차에 공급하는 방식으로서 대유량이지만 중 · 저낙차에 적합한 수력발전 형태이다.

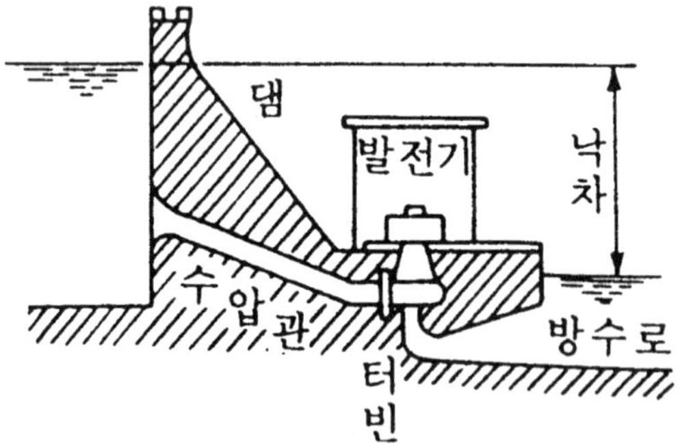

그림 7.2 댐식 수력발전

3. 댐-수로식

댐-수로식은 낙차가 수로식과 댐식의 중간인 경우에 적합한 형태이며 수로식에서 수로와 수압관이 일치하며, 대개 서지탱크(surge tank)를 설치한다.

4. 양수식

양수식(揚水式)은 전력수요가 적은 시간에 펌프를 이용하여 물을 표고 높은 저수지에 공급하여 저장하고 전력수요가 많은 시간에 저수지의 물을 이용하여 수차를 운전하여 전력을 생산하는 수력발전의 형태이다. 그러므로 양수식에서는 고낙차·소유량을 이용하는 발전형태가 되며, 펌프와 수차의 기능을 동시에 할 수 있는 펌프수차(pump turbine)를 이용하면 경제적이다.

5. 조력식

조력식(潮力式)은 조석간만의 차가 심한 해안에서 댐을 설치하여 해수가 고조(밀물)일 때 수문을 열어서 해수를 유입시키고, 저수(썰물)시에 저장된 해수를 이용하여 수차를 구동하여 전력을 생산하는 수력발전형태이다.

7.1.2 수차의 분류

수차는 수차에 작용하는 물의 에너지형태에 따라서 충동(衝動, 衝擊)수차와 반동(反動)수차로 분류할 수 있다. 그림 7.3에서 수차가 받는 전수누 H는 운동에너지, 압력에너지 및 위치에너지의 합으로서 다음과 같이 표시할 수 있다.

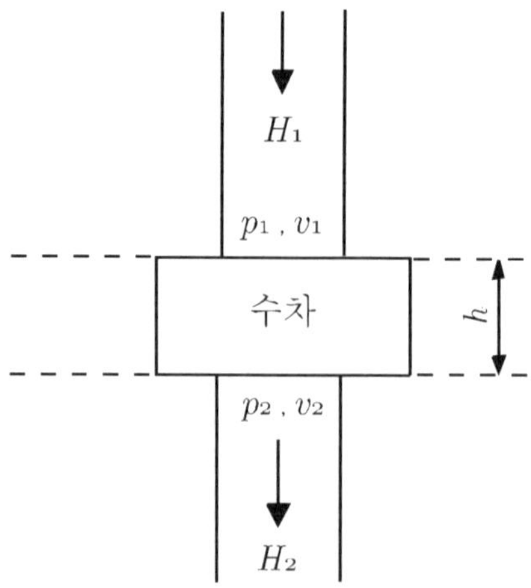

그림 7.3 수차의 에너지

$$H = H_1 - H_2 = \frac{v_1^2 - v_2^2}{2g} + \frac{p_1 - p_2}{\gamma} + z_1 - z_2 \qquad (7.1)$$

1. 충동수차

충동수차(impulse hydraulic turbine)는 식 (7.1)에서 속도수두의 항이 전수두의 대부분을 차지하는 경우로서 출력의 대부분이 물의 운동에너지에 의하여 발생된다. 펠톤(Pelton)수차가 대표적인 충동수차에 속하며, 펠톤수차는 고낙차에서 수량이 비교적 적은 경우에 사용된다. 수차입구의 노즐에서 물의 에너지를 전부 운동에너지로 변환시키며, 물의 분류에 의하여 회전차의 회전력을 발생시킨다. 노즐에는 니들밸브(needle valve)가 설치되어 있어서 노즐로 분출되는 유량을 조절할 수 있다. 이와 같은 노즐이 회전차의 주위에 여러 개 부착되어 있어 수차의 부하에 대하여 노즐의 수를 조절함으로서 유량을 변화시킬 수 있다.

2. 반동수차

반동수차(reaction hydraulic turbine)에서는 식 (7.1)에서 물의 운동에너지와 압력에너지를 동시에 이용하여 회전차(runner)를 구동하면서 출력을 발생시킨다. 프란시스(Francis) 수차와 프로펠러(propeller)수차가 여기에 속한다. 프란시스수차는 중낙차에 사용되며, 물은 안내 깃에 유도되어 회전차를 통과하는 사이에 물의 에너지는 감소되고 회전차를 회전시킨다. 수차의 부하가 변화되면 그에 따라 안내 깃의 각도도 변화되고 유량은 새로운 부하에 따라 변화된다. 프로펠러수차는 저낙차에서 비교적 유량이 많은 경우에 사용된다. 물은 와류실을 통하여 안내 깃으로 유도되어 회전차의 축방향으로 방출되며, 그 사이에 물이 가지고 있는 에너지를 이용하여 회전차를 구동시킨다. 프로펠러수차도 낙차와 부하변화에 유리한 가동익을 많이 사용한다. 가동깃 프로펠러수차를 카플란(Kalpan) 수차라 하며, 수차의 부하가 변화되면 먼저 안내깃의 각도 및 회전차 각도가 변화하여 항상 최고의 효율로서 운전된다.

(a) Pelton 수차 (b)Francis 수차 (c) Kaplan 수차

그림 7.4 수차의 종류

7.1.3 낙차

그림 7.5는 수로식 수력발전소의 설비개략도를 나타낸 것이다. 저수지 또는 하천에서 물은 수로를 통하여 상수조(上水槽, surge tank, head tank)로 유도된다. 상수조는 수차로 송수하는 유량을 조절할 목적으로 수로(水路)끝에 설치된다. 서지탱크를 나온 물은 수압관을 통하여 수차로 유도되고 유도된 물은 수차를 회전시켜서 출력이 발생되며, 수차에서 나온 물은 방수로를 지나 하천으로 유출된다.

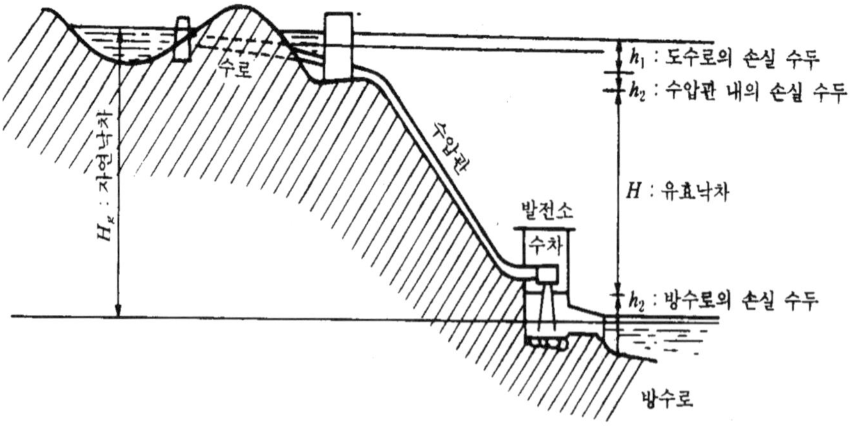

그림 7.5 낙차

방수면에서 취수구의 수면까지 높이 H_g 를 자연낙차(natural head) 또는 전낙차(total head)라 하고, 수로에서의 손실 h_1, 수압관에서의 손실 h_2, 방수로의 손실 h_3 를 전낙차에서 뺀 낙차가 수차에서 실제로 이용되는 낙차이며, 이 낙차 H 를 유효낙차(有效落差)라 한다.

7.1.4 출력과 효율

1. 출력

수차로 유입되는 물의 비중량을 $\gamma \mathrm{N/m^3}$, 유량을 $Q \mathrm{m^3/s}$, 유효낙차를 Hm라 하면 수차의 축에서 발생되는 이론출력(theoretical power) L_{th}는 다음과 같다.

$$L_{th} = \gamma Q H \ \mathrm{N\,m/s} (= \mathrm{W}) = \frac{\gamma Q H}{1000} \mathrm{kW} \tag{7.2}$$

그러나 실제의 경우에는 유체마찰이나 충돌 등에 의한 수력손실, 축베어링등의 마찰에 의한 기계손실, 누설에 의한 누설손실 때문에 수차의 실제 출력, 즉 정미출력(正味出力, net power), 또는 제동출력(制動出力, brake power)은 이론출력보다 작다. 수차의 전효율을 η 라 하면 제동출력 L은 다음과 같다.

$$L = L_{th}\,\eta \tag{7.3}$$

2. 효율

(1) 수력효율

케이싱, 회전차, 흡수관 및 송출관내의 수력손실, 회전차내의 충돌손실 등을 Δh 라 하면 수력효율(hydraulic efficiency) η_h 는 다음과 같이 나타낼 수 있다.

$$\eta_h = \frac{H - \Delta h}{H} \tag{7.4}$$

(2) 체적효율

회전차와 케이싱 사이의 누설유량을 ΔQ 라 하면 체적효율(volumetric efficiency) η_v 는 다음과 같다.

$$\eta_v = \frac{Q - \Delta Q}{Q} \tag{7.5}$$

단, 펠톤수차에서는 회전차입구와 출구에서의 압력은 대기압을 유지하여 누설유량 $\Delta Q = 0$가 되므로 체적효율 $\eta_v = 1$ 이 된다.

(3) 기계효율

기계효율은 기계손실, 즉 베어링과 축 및 패킹 등의 장소에서 기계적 마찰저항, 회전차와 물의 마찰저항에 의한 손실 등의 기계적 손실을 고려한 효율이다. 기계적 손실을 ΔL_m이라 하면 기계효율 η_m은 다음과 같다.

$$\eta_m = \frac{L}{L_{th} - \Delta L_m} = \frac{L}{\gamma(H - \Delta h)(Q - \Delta Q)} \tag{7.6}$$

(4) 전효율

수차의 전효율 η는 다음과 같다.

$$\eta = \eta_h \eta_v \eta_m = \frac{H-\Delta H}{H}\frac{Q-\Delta Q}{Q}\frac{L}{\gamma(Q-Q_{th})(H-\Delta H)} = \frac{L}{L_{th}} \tag{7.7}$$

【예제 7.1】 수차의 유효낙차가 150m일 때, 이론출력 3000kW를 발생시키기 위해서 필요한 유량은 몇 m^3/min 인가?

【풀이】 $L_{th} = \gamma QH$ 에서

$$Q = \frac{L_{th}}{\gamma H} = \frac{3000 \times 10^3}{9800 \times 150} \times 60 = 122.4\,m^3/min$$

【예제 7.2】 유효낙차 70m, 유량 $4500\,m^3/min$ 인 물을 이용하여 30000kW의 제동출력을 발생하는 수차의 효율은 몇 %인가?

【풀이】 이론출력 L_{th} 는

$$L_{th} = \gamma QH = \frac{9800 \times \frac{4500}{60} \times 70}{1000} = 51450\,kW$$

효율 η는

$$\eta = \frac{L}{L_{th}} = \frac{30000}{51450} \times 100 = 58.3\%$$

7.2 상사법칙과 비속도

수차에서도 상사법칙과 비속도의 이론을 이용하면 수차의 해석이나 설계를 매우 효율적으로 할 수 있다.

상사법칙이 성립하는 2대의 수차 회전차의 회전수는 N_1, N_2 이고 회전차의 크기는 D_2, D_1 이며 유체의 비중량은 γ_1, γ_2 라 하면 펌프에서와 같은 방법으로 다음의 유량, 낙차, 동력에 관한 상사법칙을 유도할 수 있다.
2대의 회전차의 유량 Q_1, Q_2 에 관한 다음의 식이 성립한다.

$$\frac{Q_1}{Q_2} = \left(\frac{D_1}{D_2}\right)^3\left(\frac{N_1}{N_2}\right) \text{ 또는 } \frac{Q_1}{D_1^3 N_1} = \frac{Q_2}{D_2^3 N_2} \tag{7.8}$$

2대의 회전차의 유효낙차 H_1, H_2 에 관한 다음의 식이 성립한다.

$$\frac{H_1}{H_2} = \left(\frac{D_1}{D_2}\right)^2\left(\frac{N_1}{N_2}\right)^2 \text{ 또는 } \frac{H_1}{D_1^2 N_1^2} = \frac{H_2}{D_2^2 N_2^2} \tag{7.9}$$

2대의 회전차의 출력 L_1, L_2 에 관한 다음의 관계가 성립한다.

$$\frac{L_1}{L_2} = \left(\frac{D_1}{D_2}\right)^5\left(\frac{N_1}{N_2}\right)^3 \text{ 또는 } \frac{L_1}{D_1^5 N_1^3} = \frac{L_2}{D_2^5 N_2^3} \tag{7.10}$$

수차의 성능에 관련된 주요한 값은 낙차, 회전수, 출력이므로 식 (7.9)와 식 (7.10)에서 회전차의 직경의 비 D_1/D_2항을 소거하여 정리하면 다음의 식을 얻을 수 있다.

$$\frac{N_1 L_1^{\frac{1}{2}}}{H_1^{\frac{5}{4}}} = \frac{N_2 L_2^{\frac{1}{2}}}{H_2^{\frac{5}{4}}} \tag{7.11}$$

여기서 $L_2 = 1, H_2 = 1$ 이라 하면, 이때의 N_2 를 수차의 비속도 또는 비교회전도(specific speed)라 정의하고 N_s 로 표시한다.

$$N_s = \frac{NL^{1/2}}{H^{5/4}} \tag{7.12}$$

비속도는 수차의 형식, 구조 등에 따라서 성능과 밀접한 관계를 가지며 주요 수차의 비속도 N_s (rpm, kW, m)는 펠톤수차의 경우 $N_s = 8$ 30, 프란시스수차는 $N_s = 40 \sim 450$, 프로펠러수차는 $N_s = 400 \sim 800$ 의 값을 갖는다.

그림 7.6은 각종 수차의 비속도 N_s (rpm, kW, m)와 효율 η 의 관계를 나타낸 것이며, 이 그림을 이용하면 비속도의 값에 적합한 형식의 수차를 선정할 수 있다.

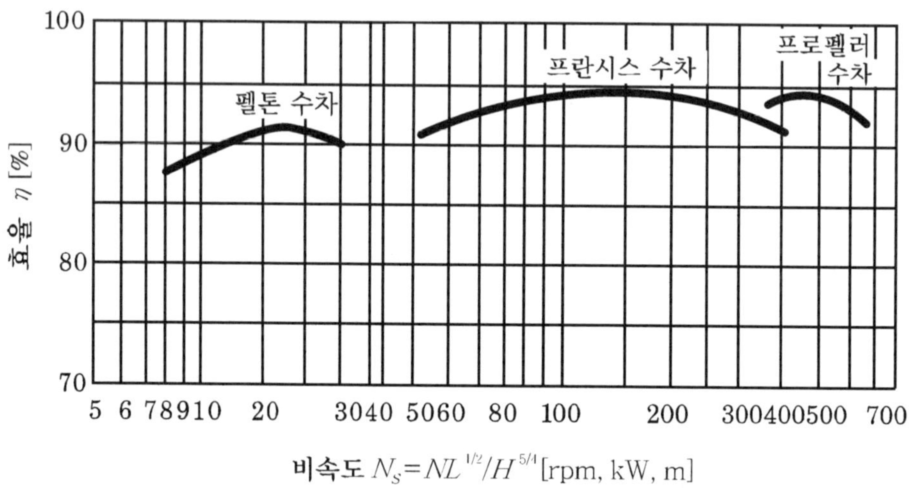

그림 7.6수차의 비속도와 효율

수력발전소를 건설하기 위해서는 이용할 수차의 형식과 용량, 대수를 결정하여야 한다. 유량, 낙차 등을 예측하고 비속도를 계산한 다음에 적합한 수차의 종류를 결정해야 하지만 수차의 설계시에는 일정한 유량과 낙차에서 요구되는 출력이 발생하도록 설계인자를 결정한다. 그러나 실제로는 수차가 항상 일정한 상태에서만 운전되는 것은 아니므로 경우에 따라서는 출력을 변경시켜야 하고 낙차, 유량 등이 변하더라도 회전속도나 출력을 일정하게 해야 할 경우도 있다. 따라서 수차의 종류에 따라 수차의 특성이 변화하는 형태를 파악할 필요가 있다.

그림 7.7은 일정한 낙차와 회전속도에서 부하변동과 수차 효율의 관계를 나타내고 있다. 프란시스수차나 프로펠러수차는 부하 변동에 따른 효율 변화가 크지만 펠톤수차는 부하 변동에 의한 효율이 높을 뿐 아니라 구조가 간단하고 취급이 편리하여 많이 이용될 가능성이 있다. 또한 카플란수차는 깃의 각을 조절할 수 있어서 어느 경우나 효율이 높게 가동할 수 있다. 그러므로 카플란수차나 펠톤수차는 매우 넓은 부하 변동에 대하여 높은 효율을 갖는 특징이 있다. 따라서 펠톤수차와 카플란수차는 큰 부하 변동을 요구하는 발전소에 적합하다.

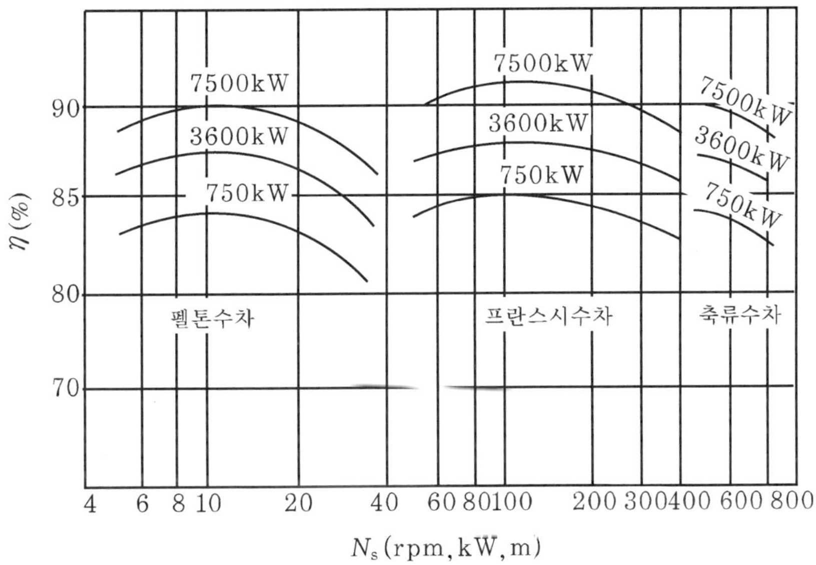

그림 7.7 비속도와 수차의 효율

7.3 수차의 캐비테이션

수차의 선정시에는 캐비테이션(cavitation)의 방지를 고려하여야 하며 수차와 방수면(防水面) 사이에는 홍수 등에 의한 방수면의 수위(水位)변화시에 수차가 침수되지 않도록 적당한 수직거리를 유지하여야 한다. 이 수차와 방수면 사이의 수직거리 H_s를 흡출높이(draft head)라 하는데, 이 흡출높이가 지나치게 크면 흡출관내의 유속이 빠르게 되고 따라서 압력이 낮아지므로 캐비테이션이 발생하기 쉽다. 캐비테이션이 심각하면 흡출관 내의 수주(水柱)가 상하로 진동하여 흡출관을 파손시킬 수도 있으며, 수차의 성능을 저하시키고 소음이 발생하는 등의 부정적인 영향을 미칠 수 있다. 그러므로 캐비테이션의 방지를 위해서는 흡출높이 H_s를 어느 값 이하로 제한하여야 한다. 캐비테이션이 발생하는 한계를 나타내는 무차원수로서 펌프에서와 같이 Thoma의 캐비테이션계수 σ_T를 이용하며, 수차에서 Thoma의 캐비테이션계수 σ_T는 다음과 같다.

$$\sigma_T = \frac{\dfrac{p_a}{\gamma} - \dfrac{p_v}{\gamma} - H_s}{H} \tag{7.13}$$

여기서 p_a는 대기압, p_v는 포화증기압, $\gamma(=\rho g)$는 물의 비중량, H_s는 흡출관의 높이, H는 유효낙차이며, 캐비테이션계수 σ_T의 값을 안다면 흡출높이 H_s를 결정할 수 있다. 실제의 흡출높이는 식 (7.13)에서 구한 H_s보다 작게 하여야 캐비테이션으로부터 수차는 안정적인 운전을 할 수 있다.

그림 7.8에서 비속도 N_s (rpm, kW, m)와 수차의 종류에 따른 캐비테이션계수 σ_T를 결정할 수 있다. 실험에 의하면 일반적으로 비속도 N_s (rpm, kW, m)와 유효낙차 H는 다음의 관계식을 만족하여야 한다.

펠톤수차 $N_s = \dfrac{25000}{H+800}$

프란시스수차 $N_s = \dfrac{20000}{H+20} + 30$

사류수차 $N_s = \dfrac{20000}{H+20} + 40$

프로펠러수차 $N_s = \dfrac{20000}{H+20} + 50$

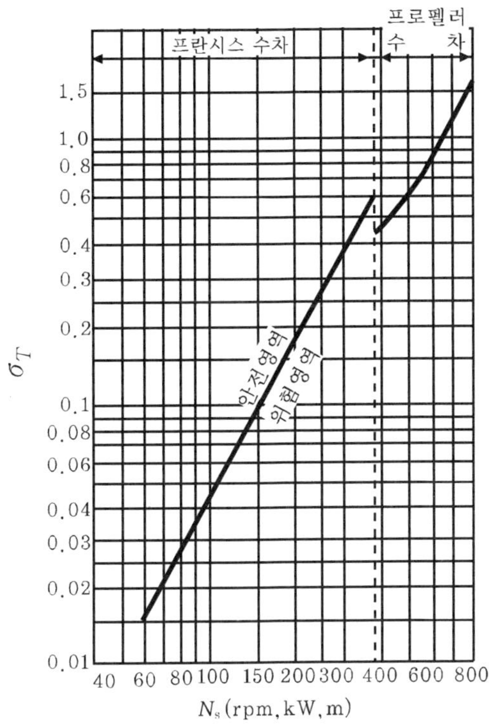

그림 7.8 수차의 비속도와 캐비테이션계수

수차의 회전수 결정은 유효낙차에 의한 비속도의 허용할 수 있는 한계에서 회전수의 최대값이 정해지므로 이것을 발전기의 극수와 관련하여 결정한다. 회전수를 높이면 수차와 발전기를 작게 할 수 있으나 기계적인 특성 등의 문제도 고려하여야 한다.

【예제 7.3】 자연낙차가 115m, 수차 1대에 유입되는 유량이 $43\,m^3/s$ 인 곳에 설치할 적절한 수차를 선정하여라. 단, 수차의 회전수는 280rpm이다.

【풀이】 자연낙차의 96%를 유효낙차로 하면 유효낙차 H는 110.4m이다. 이론출력 L_{th} 는

$$L_{th} = \gamma QH = \frac{9800 \times 43 \times 110.4}{1000} = 46523\,\text{kW}$$

전효율 $\eta = 0.85$로 하면 수차의 제동출력 L은

$$L = L_{th} \times \eta = 46523 \times 0.85 = 39544\,\text{kW}$$

비속도 N_s 는

$$N_s = \frac{NL^{1/2}}{H^{5/4}} = \frac{280 \times 39544^{1/2}}{110.4^{5/4}} = 156 \text{ (rpm, kW, m)}$$

그림 7.6의 $N_s - \eta$ 선도에서 프란시스수차가 적합하다.

【예제 7.4】 바깥지름 6m인 수차가 유효낙차 150m인 곳에서 매분 250rpm으로 회전하여 80000kW의 출력을 발생시킨다. 이것과 상사한 수차를 제작하여 유효낙차 50m인 곳에서 50000kW를 발생하도록 하려한다. 수차의 회전수와 회전차의 바깥지름을 구하여라.

【풀이】 비속도 N_s는

$$N_s = \frac{N_1 L_1^{\frac{1}{2}}}{H_1^{\frac{5}{4}}} = \frac{250 \times 80000^{\frac{1}{2}}}{150^{\frac{5}{4}}} = 135(\text{ rpm, kW, m})$$

$N_s = \dfrac{N_2 L_2^{\frac{1}{2}}}{H_2^{\frac{5}{4}}}$ 에서 수차의 회전수 N_2 는

$$N_2 = \frac{N_s H_2^{\frac{5}{4}}}{L_2^{\frac{1}{2}}} = \frac{135 \times 50^{\frac{5}{4}}}{50000^{\frac{1}{2}}} = 80 \text{ rpm}$$

$\dfrac{H_1}{D_1^2 N_1^2} = \dfrac{H_2}{D_2^2 N_2^2}$에서 회전차의 바깥지름 D_2 는

$$D_2 = \left(\frac{D_1^2 N_1^2}{H_1} \times \frac{H_2}{N_2^2}\right)^{\frac{1}{2}} = \left(\frac{6^2 \times 250^2}{150} \times \frac{50}{80^2}\right)^{\frac{1}{2}} = 10.8 \text{ m}$$

7.4 펠톤 수차

7.4.1 구조와 특징

펠톤수차(Pelton turbine)는 낙차 300~4000m인 고낙차에서 수량이 비교적 적은 곳에 사용되는 충동수차(impulse turbine)이다. 그림 7.9는 일반적인 펠톤수차의 구조를 나타낸다. 높은 위치의 저수지에 있던 물이 수압관을 통과하면서 물이 가지고 있는 위치에너지는 운동에너지로 변화하고 물은 노즐에서 가속되어 고속의 분류(噴流, jet flow)로 분출된다. 이 분류는 회전차(runner)에 설치되어 있는 15~25개의 버킷(bucket)에 충돌되면서 충격에너지를 전달하면, 이 충격력으로 회전차는 고속으로 회전운동하고 축동력을 발생시킨다. 물은 버킷에 충돌한 후 하부의 방수로로 낙하되어 흘러간다. 버킷에서 유출된 물은 그대로 하부 방수면으로 낙하하기 때문에 버킷으로부터 방수면까지의 높이에 해당하는 에너지는 이용되지 않는다. 이 높이를 작게 하면 유효낙차는 증가하지만 이 높이를 너무 작게 하면 방수로의 유량이 많은 경우 회전차가 물에 잠겨 효율이 저하되는 문제점이 있다.

버킷은 주강 또는 특수강으로 만들어지며 그림 7.9(b)에서와 같은 모양으로 된 날개인데 분출되는 물은 중앙에서 양분되어 버킷 내면을 흐르고 주변으로 유출한다. 노즐에서 나오는 분류의 속도는 보통 60~180m/s정도의 고속이기 때문에 버킷 내면에서 마찰손실이 생긴다. 이 마찰손실을 줄이기 위해서는 버킷의 내면을 매끈하게 연마하고 또한 형상도 정밀하게 가공하여야 한다. 수압관의 선단에서는 70~90°로 좁아지는 노즐이 설치되어 있고, 노즐의 중심선을 따라서 니들밸브(needle valve)가 설치되어 있다. 발전용 수차는 일정한 속도로 회전해야 하므로 수차에 걸리는 부하에 따라 버킷에 공급하는 유량을 조절할 필요가 있으며, 이 유량의 조절은 노즐에 설치된 니들밸브에 의하여 이루어진다.

이 니들밸브는 유압기구에 의해 구동되고, 부하에 따라서 유량조절이 가능하다. 이러한 노즐은 여러 개가 설치되어 있고 수차의 요구되는 부하에 따라서 사용되는 노즐의 수를 가감할 수 있다. 부하가 급격히 감소할 때 니들밸브를 급격히 닫으면 수압관내에 수격현상을 발생시킬 수 있다. 이것을 방지하기 위하여 노즐과 버킷 사이에 전향기(轉向機, deflector)를 설치하여 일시적으로 여분의 물이 버킷에 분출되지 않도록 분류의 방향을 옆으로 빗나가게 하고 그 동안에 니들밸브를 서서히 닫음으로서 수격작용에 의한 압력상승을 방지한다. 그리고 니들밸브가 새로운 위치에 왔을 때 전향기는 본래의 위치로 되돌아가도록 되어있다. 펠톤수차에서는 노즐을 줄여 유량을 감소시켜도 버킷에서의 속도 삼각형에는 변화가 거의 없으며 효율의 변화도 적다. 따라서 펠톤수차는 설계점에서 다른 수차에 비하여 효율이 다소 낮으나 넓은 유량의 범위에서 높은 효율을 나타낸다. 특히 노즐의 수가 많은 펠톤수차에서는 사용하는 노즐의 수를 줄여도 최대 출력의 10% 이내로 효율의 저하가 적으며, 이러한 점은 다른 수차에서 볼 수 없는 특징이다.

(a) 펠톤수차

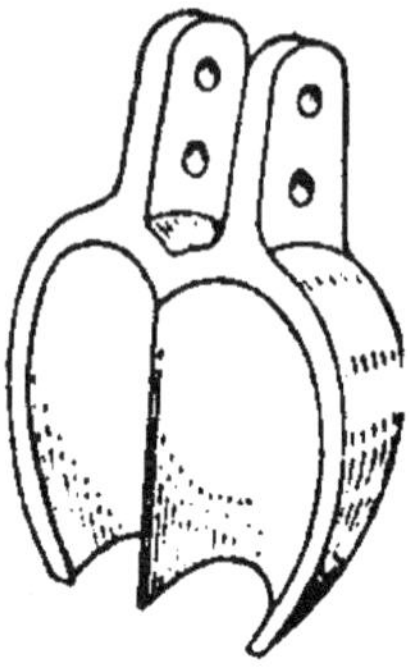

(b) 버킷

그림 7.9 펠톤수차와 버킷의 구조

7.4.2 펠톤수차의 동력 및 효율

1. 이론출력 L_{th}

물의 비중량을 γ, 유량을 Q, 유효낙차를 H라 하면 펠톤수차에서 발생되는 이론출력(theoretical power) L_{th}는 다음과 같다.

$$L_{th} = \gamma QH \tag{7.14}$$

2. 회전차(버킷)의 출력 L_h

그림 7.10은 분출되는 물이 버킷에 부딪친 후 외부로 유출되는 것을 나타낸 것으로써 분류의 속도를 v_1 , 회전차의 원주속도를 u 라 하면 분류의 상대속도 w_1은 $w_1 = (v_1 - u)$ 로 표현할 수 있으며 버킷에 부딪치고 난 후 상대속도 w_2로 버킷에서 흘러나온다.

유입된 물은 버킷내를 흐르는 사이에 마찰손실이 발생하므로 버킷에서 유출할 때의 상대속도 w_2 는 w_1 보다 매우 적다. 분류가 버킷내를 흐르는 동안 발생하는 손실, 즉 분류가 버킷에 준 운동에너지의 크기를 나타내는 계수를 분류의 손실계수 ζ 로 나타내면 다음과 같다.

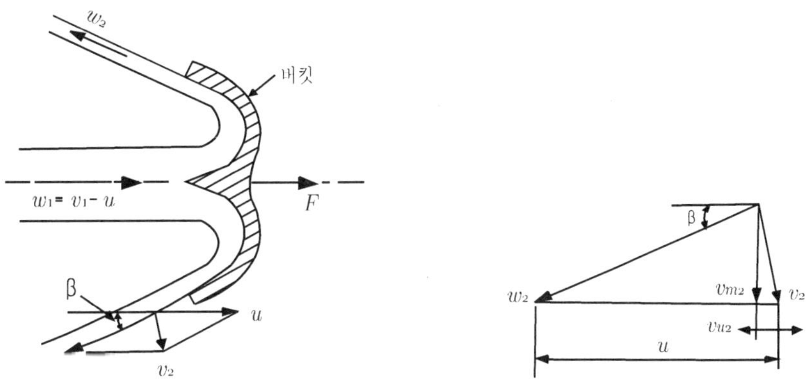

그림 7.10 분류와 속도삼각형

$$\frac{w_1^2}{2g} = \frac{w_2^2}{2g} + \zeta \frac{w_2^2}{2g} \tag{7.15}$$

윗 식을 정리하여 버킷에서 유출 후의 상대속도 w_2 로 표시하면

$$w_2 = \frac{w_1}{\sqrt{1+\zeta}} = \frac{v_1 - u}{\sqrt{1+\zeta}} \tag{7.16}$$

가 된다. 버킷으로 유입되는 물의 양을 Q, 분류가 버킷에서 흘러나오는 각(버킷의 경사

각)을 β라 하면 분류가 버킷에 원주방향으로 작용하는 힘 F는 다음과 같다.

$$F=\rho Q(w_1+w_2\cos\beta)=\rho Qw_1\left(1+\frac{\cos\beta}{\sqrt{1+\zeta}}\right)=\rho Q(v_1-u)\left(1+\frac{\cos\beta}{\sqrt{1+\zeta}}\right) \tag{7.17}$$

따라서 물이 단위 시간에 회전차(runner)에 주는 에너지 즉, 회전차의 이론출력 L_h은 다음과 같다.

$$L_h=Fu=\rho Quw_1\left(1+\frac{\cos\beta}{\sqrt{1+\zeta}}\right)=\rho Qu(v_1-u)\left(1+\frac{\cos\beta}{\sqrt{1+\zeta}}\right) \tag{7.18}$$

유량 Q와 버킷에서 외부로 분출되는 각 β가 일정하다면 회전차의 이론출력 L_h의 u에 대한 미분식으로부터 $v_1=2u$에서 최대출력 $(L_h)_{\max}$은 다음과 같다.

$$(L_h)_{\max}=\frac{1}{4}\rho Qv_1^2\left\{1+\frac{\cos\beta}{\sqrt{1+\zeta}}\right\}=\rho Qu^2\left\{1+\frac{\cos\beta}{\sqrt{1+\zeta}}\right\} \tag{7.19}$$

이론적으로 $\beta=0$에서 출력은 최대가 되지만 β가 지나치게 작으면 버킷에서 흘러나온 물이 버킷의 뒷면에 충돌하여 수차의 회전에 대한 저항력으로 작용하므로 일반적으로 $\beta=$ 4~15° 정도로 한다.

펠톤수차에서 체적효율 $\eta_v=1$이므로 전효율 η는 수력효율 η_h와 기계효율 η_m의 곱이 된다.

$$\eta=\eta_h\,\eta_m=\frac{L_h}{L_{th}}\frac{L_h-\Delta L_m}{L_h} \tag{7.20}$$

여기서 ΔL_m은 회전차의 축에 작용하는 기계적 마찰손실동력이며, 수력효율 η_h는 다음 식으로 나타낼 수 있다.

$$\eta_h=\frac{L_h}{L_{th}}=\frac{L_h}{\gamma QH}=\frac{v_1^2/2g}{H}\frac{L_h}{\gamma Qv_1^2/2g} \tag{7.21}$$

여기서 $\dfrac{v_1^2/2g}{H} = \eta_n$: 노즐효율, $\dfrac{L_h}{\gamma Q v_1^2/2g} = \eta_b$: 버킷효율이다.

버킷효율 η_b 는 다음과 같이 나타낼 수 있다.

$$\eta_b = \frac{1}{\gamma Q v_1^2/2g} L_h = \frac{1}{\gamma Q v_1/2g} \frac{\gamma}{g} Qu(v_1 - u)\left(1 + \frac{\cos\beta}{\sqrt{1+\zeta}}\right)$$

$$= 2\frac{u}{v_1}\left(1 - \frac{u}{v_1}\right)\left(1 + \frac{\cos\beta}{\sqrt{(1+\zeta)}}\right) \tag{7.22}$$

따라서 펠톤수차의 전효율 η 는 다음과 같다.

$$\eta = \eta_h \eta_m = \eta_n \eta_b \eta_m \tag{7.23}$$

일반적으로 노즐효율 η_n =0.96~0.98, 버킷효율 η_b =0.80~0.90, 기계효율 η_m =0.95~ 0.98 정도이므로 전효율 η=0.80~0.88 정도이다.

3. 정미출력 L

펠톤수차의 실제의 출력, 즉 정미출력 L은 다음과 같다.

$$L = L_{th}\eta = L_{th}\eta_h \eta_m = L_h \eta_m \tag{7.24}$$

7.4.3 펠톤수차의 성능곡선

그림 7.11은 펠톤수차의 낙차와 니들밸브(needle valve)의 개도를 일정하게 유지한 상태에서 회전차의 축에 작용하는 토크(torque) T, 회전수 N, 정미출력 L, 효율 η 를 회전수 N의 변화에 따라 나타낸 성능곡선이다. 회전차의 축에 작용하는 토크, 즉 회전차를 구동하기 위한 토크 T는 회전수 N이 0일 때 최대가 되며, 회전수가 증가함에 따라서 점

점 감소하게 된다. 토크 T가 0이 되는 회전수 N_r 을 무구속속도(無拘束速度, runaway speed)라하며, N_r 은 최고효율점에서의 회전수 N_m 의 약 1.8배이다.

그림 7.12는 유량의 변화에 대한 효율의 변화를 나타낸 그림이다. 횡축에서 Q/Q_{max} 는 최고효율점에서의 유량 Q_{max}와 유량 Q의 비이다. 그림에서와 같이 일정한 유량이상의 범위에서는 유량이 변하더라도 효율은 거의 일정한 값을 유지한다. 이러한 특징은 펠톤 수차만의 장점이다.

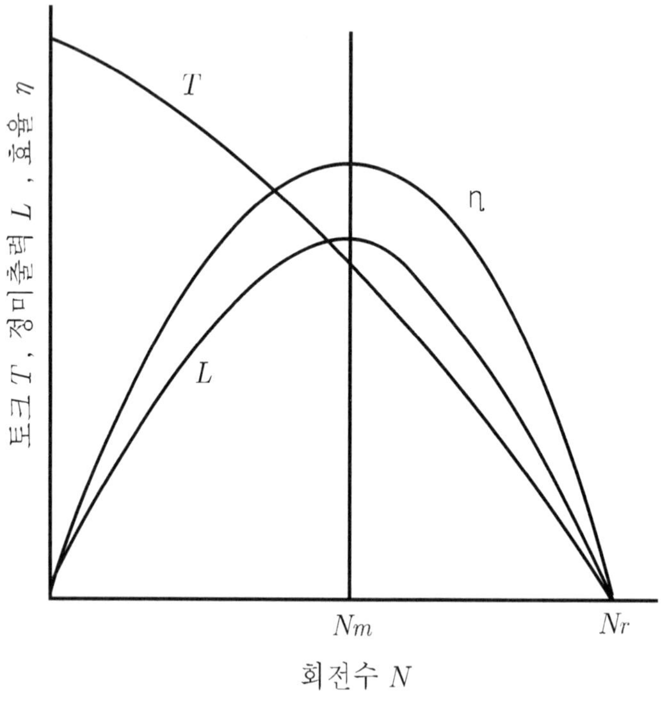

그림 7.11 펠톤수차의 성능곡선

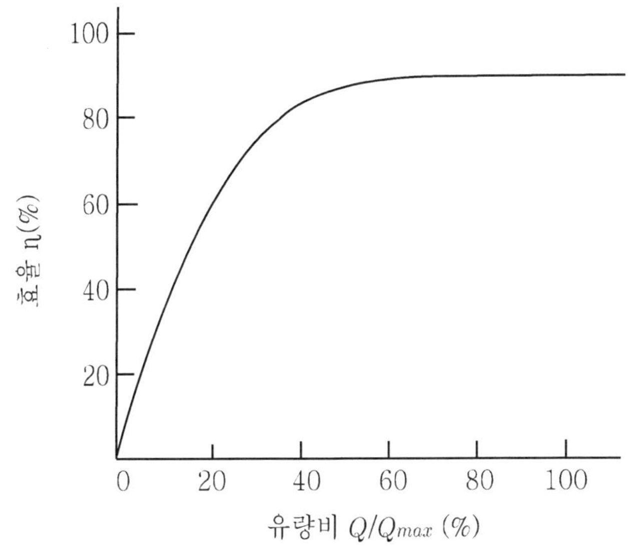

그림 7.12 펠톤수차의 유량과 효율

7.4.4 펠톤수차의 설계

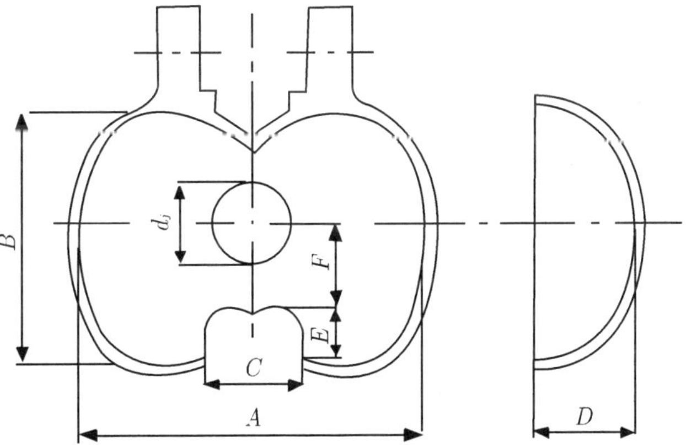

$A \fallingdotseq 2.8 \sim 4.0d_j$ $\quad D \fallingdotseq 0.95d_j$

$B \fallingdotseq 2.5 \sim 2.8d_j$ $\quad E \fallingdotseq 0.3 \sim 0.5d_j$

$C \fallingdotseq 1.5 \sim 2.0d_j$ $\quad D \fallingdotseq 0.75 \sim 1.25d_j$

(a) 버킷의 형상

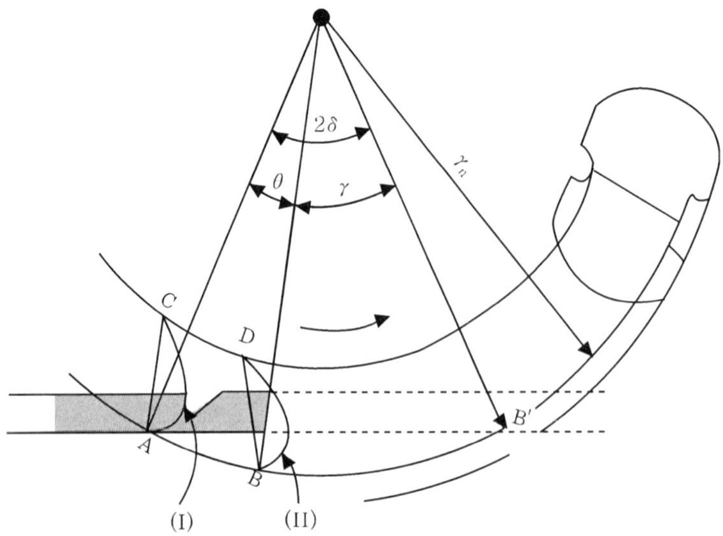

(b) 버킷의 피치

그림 7.13 버킷의 형상과 피치

1. 버킷(bucket)

펠톤수차에서는 노즐에서 분출되는 분류의 전량이 버킷에 작용하도록 회전차의 원주에 버킷을 등간격으로 배치해야 한다. 그러기 위해서는 분류가 버킷에 충돌하여 효과적으로 일을 주도록 버킷의 피치각, 즉 중심으로 부터의 각 θ 를 결정하여야 한다.

그림 7.13(b)의 A 위치에서 버킷(I)이 분류를 완전히 차단해야 한다. 그리고 버킷 뒷면에 있는 물이 가지고 있는 모든 에너지를 회전차에 주기 위해서는 분류를 받은 버킷(II)의 선단이 B'에 도착할 때까지 물이 버킷(II)를 따라가야 한다. 그림에서 A에 있던 물이 B'에서 버킷(II)와 합류하기 위해서는 다음 식의 조건을 만족하여야 한다.

$$\theta = 2\left(\delta - \frac{u}{v} sin\delta\right) \tag{7.25}$$

여기서 θ는 분류가 모든 버킷에 분출하기 위하여 허용할 수 있는 최대 피치각이다. 그러나 실제로는 식 (7.25)의 각 θ보다 다소 적게 한다. 그리고 버킷의 수가 너무 많으면 앞의 버킷에서 나온 물이 다음에 따라오는 버킷의 뒷면에 부딪쳐서 회전차의 회전운동을 방해하므로, 적절한 버킷의 수 z 는 D/d_j 의 비에 대한 실험치로서 표 7.1을 이용한다.

표 7.1 D/d_j 와 버킷의 수 z

D/d_j	6	8	10	15	20	25
z	17~21	18~22	19~24	22~27	24~30	26~33

버킷의 재질은 저낙차에서는 주철, 고낙차에서는 주강제품으로 만들며 청동으로 주조하기도 한다.

2. **노즐(nozzle)**

노즐입구의 유효낙차를 H, 분류의 속도를 v_1 이라 하면

$$v_1 = C_v \sqrt{2gH} \tag{7.26}$$

로 나타낼 수 있다. 여기서 C_v 는 속도계수로써 점성, 마찰, 표면장력 등의 영향을 고려한 계수이며 0.95~0.98 정도이다.

노즐효율 η_n 과 속도계수 C_v 의 관계는 다음 식으로 표시된다.

$$\eta_n = \frac{v_1^2/2g}{H} = C_v^2 \tag{7.27}$$

분류의 직경을 d 라 하면 노즐 1개당 유량 q 는

$$q = \frac{\pi}{4} d^2 v \tag{7.28}$$

이다.

노즐 출구의 직경 d_o와 분류의 직경 d 사이의 관계식은 다음과 같다.

$$d_o = (1.1 \quad 1.2)d \tag{7.29}$$

회전차의 출력을 크게 하기 위해서는 가능하면 많은 분류를 분출시켜야 하므로 노즐의 수가 많아야 한다. 그러나 노즐의 수가 너무 많으면 분류의 간섭이 생기므로 노즐의 수를 적당하게 제한해야 한다.

3. 속도비

회전차의 원주속도 u와 분류의 이론속도 v_{th}의 비를 속도비라 하며, 속도비 K_u는 다음 식으로 표시된다.

$$K_u = \frac{u}{v_{th}} = \frac{u}{\sqrt{2gH}} \tag{7.30}$$

효율을 최대로 하기 위한 속도비의 이론치는 0.5이지만, 실제로는 다음의 실험치를 이용한다.

표 7.2 비속도 N_s와 속도비 K_u

N_s	8	11	15	19	23	26
K_u	0.47	0.46	0.45	0.44	0.43	0.42

4. 비속도와 회전차의 유효직경

1개의 노즐을 가지는 펠톤수차에서 분류의 직경 d, 회전차의 유효직경 D, 회전수 N, 유효낙차 H, 효율 η라 하면 유량 Q는 다음과 같다.

$$Q = \frac{\pi}{4} d^2 v = \frac{\pi}{4} d^2 C_v \sqrt{2gH} = \frac{\pi}{4} D^2 \left(\frac{d}{D}\right)^2 C_v \sqrt{2gH} \tag{7.31}$$

회전차의 원주속도 u는

$$u = \frac{\pi DN}{60} = K\sqrt{2gH} \tag{7.32}$$

이다. 여기서 K는 회전차의 원주속도와 이론분류속도의 비로써 회전수에 비례한다.
식 (7.31)과 식 (7.32)에서 유량 Q는 다음 식으로 표시된다.

$$Q = \frac{\pi}{4}\left(\frac{60K\sqrt{2gH}}{\pi N}\right)^2\left(\frac{d}{D}\right)^2 C_v\sqrt{2gH} \tag{7.33}$$

그러므로 정미출력 L은 다음 식으로 나타낼 수 있다.

$$L = \gamma QH\eta = \gamma\sqrt{2g}\,\frac{\pi}{4}\left(\frac{60\sqrt{2g}}{\pi}\right)^2 K^2 C_v \eta \left(\frac{d}{D}\right)^2 \frac{H^{5/2}}{N^2} \tag{7.34}$$

여기서 $d/D, K, C_v, \eta$는 무차원수이므로 상사한 수차에서는 일정하므로 $L=1$, $H=1$이면 이 때의 회전수 N이 비속도 N_s가 된다.
식 (7.34)를 이용하여 회전차의 유효지름 D를 구할 수 있다. 또 펠톤수차의 비속도 $N_s = 8$ 24로 하고, $C_v = 0.98$, $\eta = 0.9$라 하면 d/D의 값은 대략 아래와 같다.

$$d/D \fallingdotseq 0.03 \sim 0.09 \tag{7.35}$$

7.5 프란시스 수차

7.5.1 구조와 특징

프란시스 수차(francis turbine)는 낙차 30~600m정도의 중낙차에 사용되는 반동수차(reaction turbine)이다. 프란시스 수차는 수력발전소에서 가장 많이 사용하는 낙차 범위에서 적용되므로 전체 수차의 70%를 점유하고 있으며, 현재 가동중인 10만 kW급 이상인 수차의 대부분은 프란시스 수차이다.
그림 7.14는 프란시스 수차의 회전차를 나타내며, 그림 7.15에 나타낸 것과 같이 물의

흐름방향 및 회전차의 회전방향이 원심펌프와 반대인 것을 제외하면 구조는 원심펌프와 거의 유사하며 주축에 직결된 발전기로부터 전기에너지의 출력이 나온다. 수압관으로 유입되어 들어온 고압의 물은 원심형 케이싱(centrifugal casing)으로 들어가서 고정깃(stationary vane) 사이를 통하여 안내깃(guide vane)으로 유도된다. 안내깃은 회전차(runner) 바깥쪽에 배치되어 유입되는 물을 가속시키면서 선회하도록 하는 역할을 하며, 부하변동에 따라서 개도(開度)가 변화하여 유량을 조절한다. 안내깃을 통과한 물은 회전차에 유입되고 유입된 물은 회전차를 통과하는 사이에 압력의 감소와 함께 원주속도성분이 감소되면서 축방향으로 송출된다. 즉 물이 회전차 중에서 잃은 각운동량이 회전차를 구동하는 토크(torque)가 된다.

프란시스수차는 광범위한 낙차 및 유량에 적용할 수 있기 때문에 여러가지 형태가 개발되었다. 현재 널리 사용되고 있는 것은 스파이럴형(spiral casing type)으로써 회전차의 축방향, 축에 설치된 회전차의 깃수, 회전차로부터 유출되는 방향, 케이싱의 유무에 따라 여러 가지 형식으로 나누어진다.

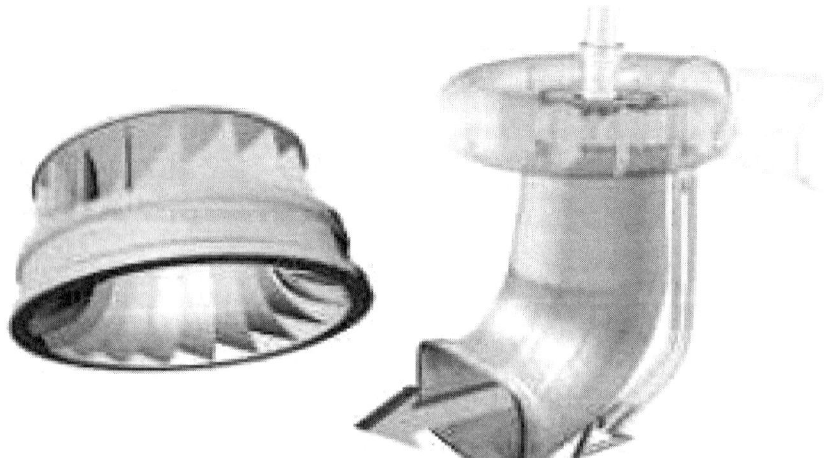

그림 7.14 프란시스수차의 회전차

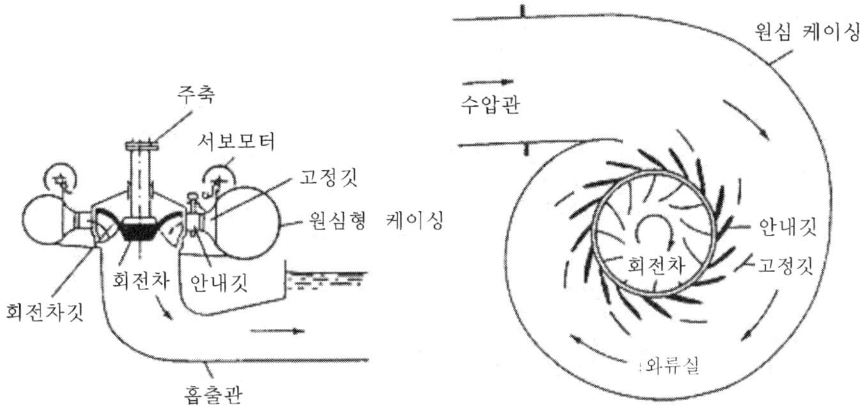

그림 7.15 프란시스 수차의 구조와 원리

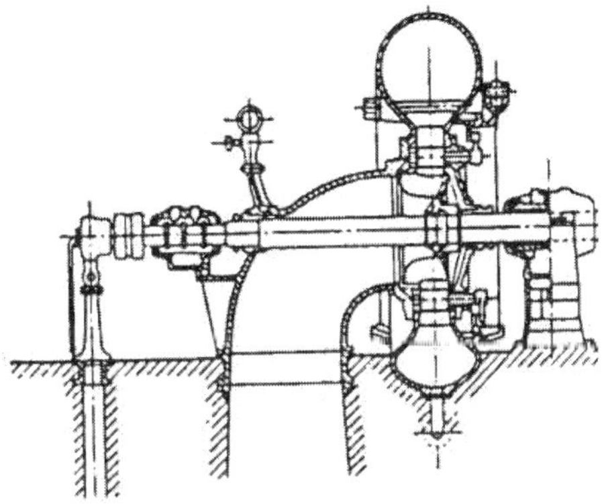

(a) 횡축형

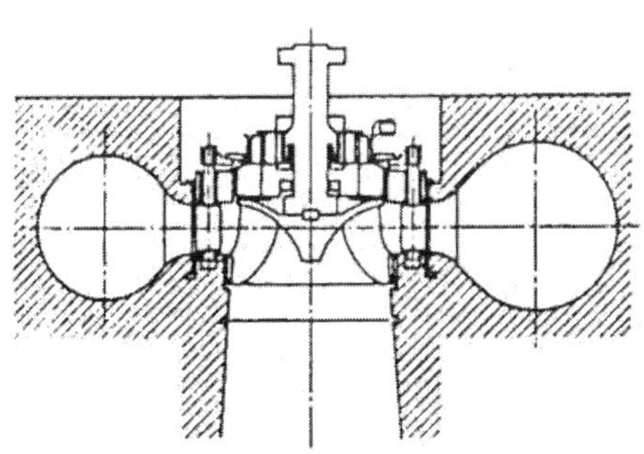

(b) 입축형

그림 7.16 프란시스 수차

그림 7.16에서 (a)는 횡축형 프란시스수차이며 출력 10MW정도의 곳에 사용되고, (b)는 입축형 프란시스수차이고 대출력(최고 500~600MW)에 가장 많이 사용되는 형식이며 홍수시 방수면이 상승하여도 침수염려가 없고 설치면적이 작아도 되는 이점이 있다.

회전차의 형상은 비속도에 따라서 달라지지만, 물은 케이싱으로 들어와서 안내깃에서 가속된 다음 회전차로 유입하며 회전차내를 흐르는 사이에 동력을 전달하고 축방향으로 유출한 후 흡출관을 지나 방수로로 배출된다.

7.5.2 프란시스수차의 동력 및 효율

1. 이론출력 L_{th}

이론출력 L_{th} 는 유량 Q, 유효낙차 H 인 경우 다음과 같다.

$$L_{th} = \gamma QH \tag{7.36}$$

2. 회전차의 출력 L_h

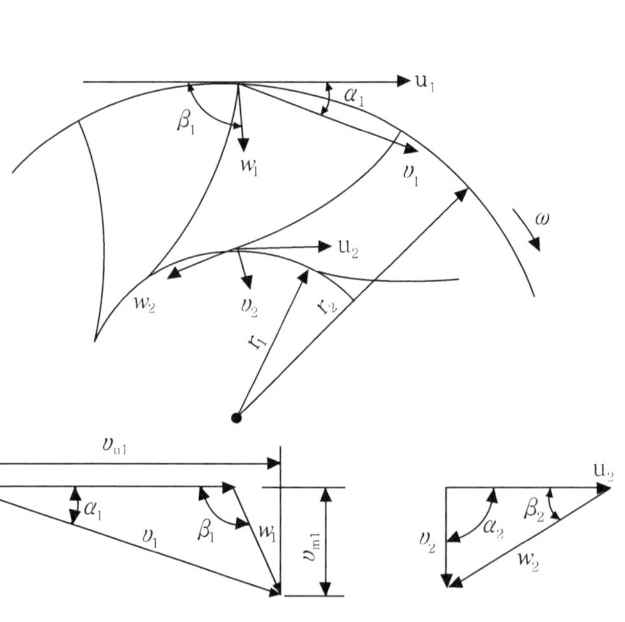

그림 7.17 프란시스수차 회전차의 속도선도

그림 7.17은 프란시스수차의 회전차 입구와 출구에서의 속도선도를 나타낸다. 회전차의 입구와 출구의 반지름이 각각 r_1, r_2이고 회전차의 각속도가 $\boldsymbol{\omega}$이면 원주속도는 각각 $u_1 = r_1\omega$, $u_2 = r_2\omega$가 된다. 물의 절대속도는 상대속도 w와 원주속도 u의 합이며 입구에서의 절대속도 v_1과 원주속도 u_1이 이루는 각도 α_1은 유입각이다. 출구에서의 절대속도 v_2와 원주속도 u_2가 이루는 각도 α_2는 유출각이다. 물이 회전차에 주는 토크 T는 운동량 방정식을 적용하여 다음과 같이 구할 수 있다.

$$T = \rho Q(r_1 v_1 \cos\alpha_1 - r_2 v_2 \cos\alpha_2) \tag{7.37}$$

따라서 회전차에서 나오는 동력, 즉 회전차의 출력 L_h는 다음과 같다.

$$L_h = T\omega = \rho Q(u_1 v_1 \cos\alpha_1 - u_2 v_2 \cos\alpha_2) \tag{7.38}$$

회전차의 출력 L_h는 이론동력 L_{th}와 수력효율의 곱이므로 유량 Q, 유효낙차 H로 표시하면 다음과 같다.

$$L_h = L_{th}\,\eta_h = \gamma Q H \eta_h \tag{7.39}$$

식 (7.38)과 식 (7.39)에서 수력효율 η_h를 다음과 같이 표현할 수 있다.

$$\eta_h = \frac{1}{gH}(u_1 v_1 \cos\alpha_1 - u_2 v_2 \cos\alpha_2) \tag{7.40}$$

식 (7.40)에서 유출각 $\alpha_2 = 90°$로 하면 수력효율 η_h는 다음과 같다.

$$\eta_h = \frac{1}{gH} u_1 v_1 \cos\alpha_1 \tag{7.41}$$

3. 정미출력 L

프란시스수차의 정미출력 L은 체적효율 η_v, 기계효율 η_m 일 때 다음과 같다.

$$L = L_{th}\eta = L_{th}\eta_h\eta_v\eta_m = L_h\eta_v\eta_m \tag{7.42}$$

7.5.3 흡출관

수차의 회전차에서 유출된 후에도 물이 가지는 수두는 펠톤수차에서는 유효낙차의 1~4%, 프란시스수차에서는 4~25%, 프로펠러수차에서는 20~25%정도나 된다.
그러므로 프란시스수차와 프로펠러수차에서는 회전차에서 나온 물이 가지는 속도수도와 회전차와 방수면 사이의 낙차를 유효하게 이용하기 위하여 회전차 출구와 방수면 사이에 흡출관(draft tube)을 설치한다.

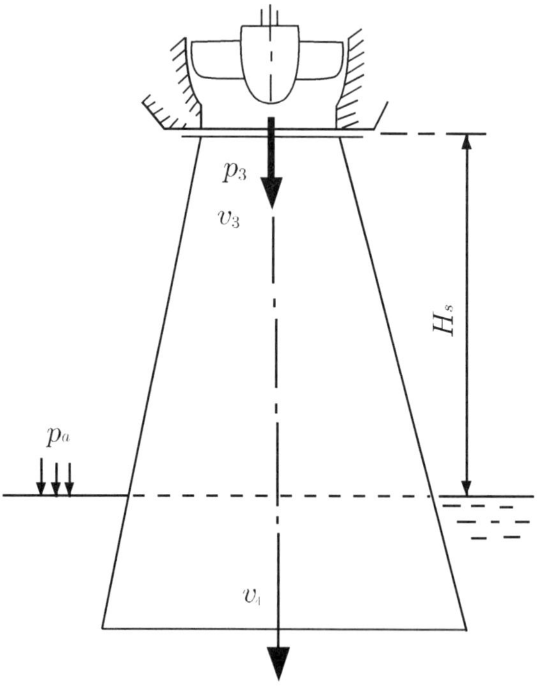

그림 7.18 흡출관

그림 7.18에서 회전차 출구와 방수면 사이에 에너지방정식을 적용하면 다음과 같다.

$$\frac{p_3}{\gamma}+\frac{v_3^2}{2g}+H_s=\frac{p_a}{\gamma}+\frac{v_4^2}{2g}+h_l \tag{7.43}$$

여기서 H_s는 흡출관의 높이, h_l은 흡출관에서의 손실수두, $v_4^2/2g$는 흡출관 출구로 폐기되는 에너지이다.

윗 식은 다음과 같이 나타낼 수 있다.

$$\frac{p_3}{\gamma}=\frac{p_a}{\gamma}-H_s-\frac{1}{2g}(v_3^2-v_4^2)+h_l \tag{7.44}$$

식 (7.44)에서 회전차출구의 압력수두 p_3/γ는 대기압수두 p_a/γ보다 $H_s+(v_3^2-v_4^2)/2g$ 만큼 낮아진다. 즉 흡출높이 H_s는 방수면의 수위변화를 고려하여 가능하면 크게 하는 것이 좋지만 지나치게 크게하면 유효낙차가 작아지며, 또한 회전차출구의 압력 p_3가 낮아져서 캐비테이션이 발생할 위험이 있으므로 흡출관높이 H_s는 대개 7m이하로 한다.

흡출관에서의 손실수두 h_l은 가능한 작아야 하며, 흡출관 효율(draft tube efficiency) η_d는 다음 식으로 나타낸다.

$$\eta_d=\frac{(v_3^2-v_4^2)/2g-h_l}{(v_3^2-v_4^2)/2g}=1-\frac{h_l}{(v_3^2-v_4^2)/2g} \tag{7.45}$$

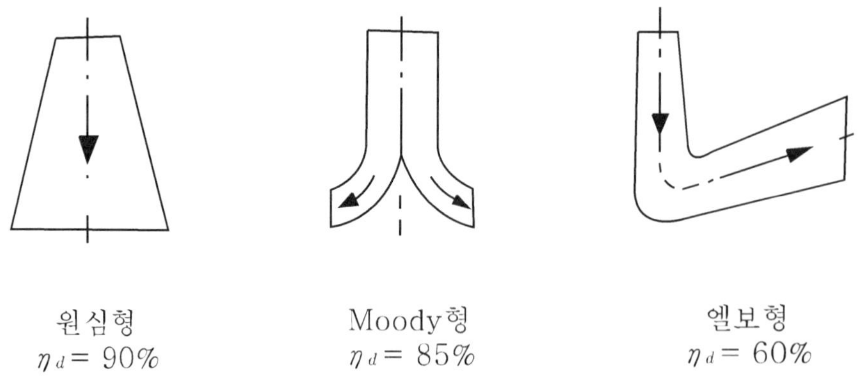

그림 7.19 흡출관의 모양과 효율

흡출관 효율은 관의 형상에 따라 다르며 그림 7.19는 현재 사용되고 있는 흡출관의 모양과 효율을 나타낸다.

7.5.4 프란시스 수차의 설계

1. 회전차의 직경과 폭

회전차입구의 원주속도 u_1은 $u_1 = \frac{\pi D_1 N}{60} = K_u \sqrt{2gH}$에서 회전차의 입구직경 D_1은 다음 식으로 나타낼 수 있다.

$$D_1 = \frac{60 K_u \sqrt{2gH}}{\pi N} \tag{7.46}$$

회전차의 입구폭 B_1과 출구직경 D_2는 다음 식에서 구할 수 있다.

$$B_1 = \frac{Q}{\pi D_1 K_{m1} \sqrt{2gH}} \tag{7.47}$$

$$D_2 = \left(\frac{4Q}{\pi K_2 \sqrt{2gH}} \right)^{\frac{1}{2}} \tag{7.48}$$

여기서 계수 K_u, K_{m1}, K_2의 값은 그림 7.20에서 구한다.

또 유량 Q와 회전차의 출력 L_h는 다음과 같이 표현된다.

$$Q = \pi D_1 B_1 v_{m1} = \pi D_1 B_1 K_{m1} \sqrt{2gH} \tag{7.49}$$

$$L_h = \gamma Q H \eta = \gamma \pi D_1 B_1 K_{m1} \sqrt{2gH}\ H\eta \tag{7.50}$$

따라서 비속도 N_s (rpm, kW, m)와 회전차의 형상 D_1, B_1의 관계를 다음과 같이 표현할 수 있다.

$$\begin{aligned} N_s = \frac{NL_h^{1/2}}{H^{5/4}} &= \frac{1}{H^{5/4}} \frac{60K_u \sqrt{2gH}}{\pi D_1} (9.8\pi D_1 B_1 K_{m1} \sqrt{2gH}\ H\eta)^{1/2} \\ &= 987 K_u \sqrt{(B_1/D_1) K_1 \eta} \end{aligned} \tag{7.51}$$

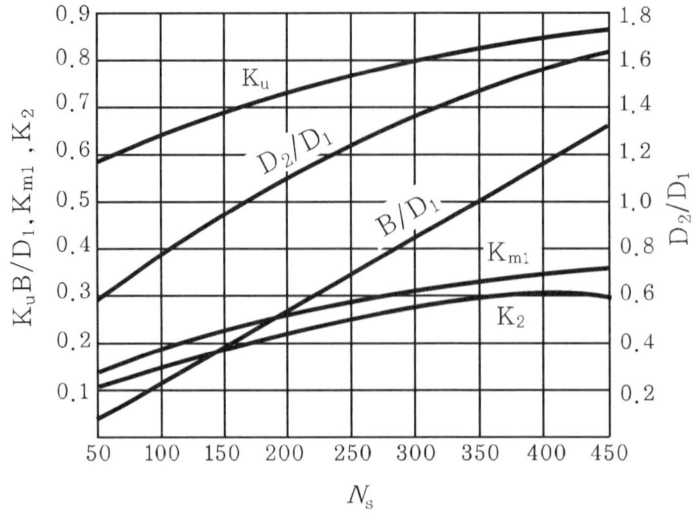

그림 7.20

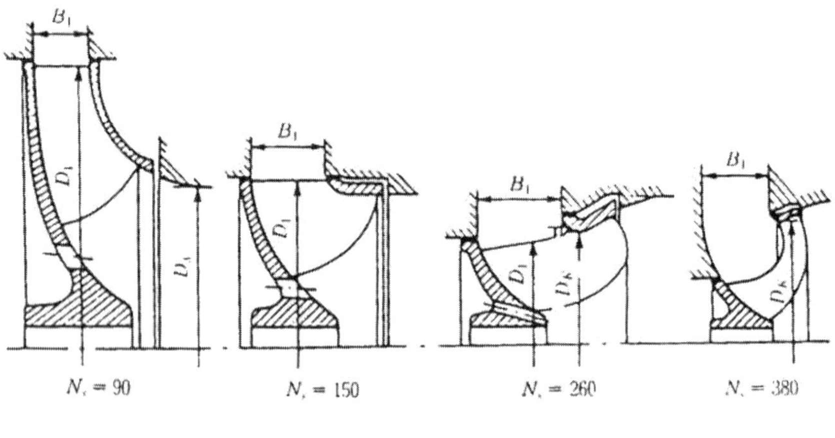

그림 7.21 회전차의 형상과 비속도

그림 7.21은 비속도 N_s(rpm, kW, m)와 회전차의 형상 D_1, B_1의 관계를 그림으로 나타낸 것이다.

2. 깃의 경사각

그림 7.17의 속도삼각형에서 깃의 입구각 β_1 은 $\beta_1 = u_1 - v_{m1}\cot\beta_1$ 이므로 다음과 같이 표시된다.

$$\cot\beta_1 = \frac{u_1^2 - \eta_h g H}{v_{m1} u_1} \tag{7.52}$$

깃의 출구각 깃의 입구각 β_2 는 속도삼각형에서 $\alpha_2 = 90°$ 로 가정하면 다음과 같다.

$$\tan\beta_2 = \frac{v_2}{u_2} \tag{7.53}$$

3. 깃의 수

안내 깃의 수 z_g는 다음 식에 의해 구할 수 있다.

$$z_g = K_g \sqrt{D_g} \tag{7.54}$$

여기서 D_g는 안내 깃의 내경이고 K_g는 실험적으로 결정되는 계수이며, 대체로 12~20 정도이고, 고속일수록 큰 값을 갖는다. 그리고 회전차의 깃의 수 z 는 같은 방법으로

$$z = K_r \sqrt{D_1} \tag{7.55}$$

에 의하여 계산되며 K_r의 값은 일반적으로 15~17정도의 값을 갖는다.

【예제 7.7】 정미출력 50000kW, 낙차 150m, 회전속도 300rpm의 프란시스수차가 최고 효율을 내면서 운전되고 있다. 만일 낙차가 75m로 되었을 때 최고 효율을 발생시키는 회전속도 N'(rpm)와 정미출력 L'(kW)를 구하여라.

【풀이】 $\left(\frac{H'}{H}\right)^{1/2} = \frac{N'}{N}$ 에서 N'(rpm)는

$$N' = N\left(\frac{H'}{H}\right)^{1/2} = 300\left(\frac{75}{150}\right)^{1/2} = 212\text{rpm}$$

비속도 N_s(rpm, kW, m)는

$$N_s = \frac{NL^{1/2}}{H^{5/4}} = \frac{300 \times 50000^{1/2}}{150^{5/4}} = 85(\text{rpm,kW,m})$$

이고, $N_s = \frac{N' L'^{1/2}}{H'^{5/4}} = \frac{212 \times L'^{1/2}}{75^{5/4}} = 85(\text{rpm,kW,m})$ 에서 정미출력 L'는

$$L' = \left(85 \times \frac{75^{5/4}}{212}\right)^2 = 7381\text{kW}$$

7.6 프로펠러 수차

7.6.1 구조와 특징

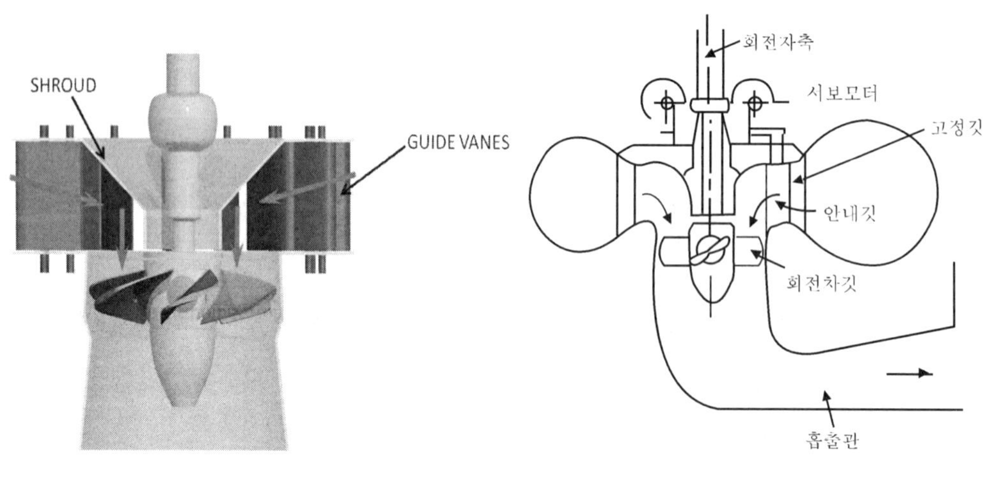

그림 7.22 프로펠러 수차

프로펠러 수차는 비교적 수량이 많으면서도 80m 이하의 저낙차에 적용되는 수차이다. 물이 회전차의 축방향으로 흐르는 사이에 동력을 전달하며, 원리는 축류펌프와 같으나 에너지의 변환이 반대 방향이다. 회전차가 축류형인 점 외에는 구조와 원리가 프란시스 수차와 유사한 점이 많으나, 반동도는 보통 70~80%로서 반동수차 중에서 가장 높다. 프로펠러 수차중에서 낙차나 부하가 변동함에 따라서 안내깃(guide vane)과 회전차깃(runner vane)의 열림각이 변화되는 가동형깃의 구조로 되어있는 수차를 카플란수차(Kaplan turbine)라 하며, 고정깃을 사용하는 프로펠러 수차와 구별된다.

그림 7.22에서와 같이 케이싱을 통과하여 안내깃으로 유입된 물은 흐름방향을 바꾸어서 회전차의 축방향으로 유입되어 동력을 전달한 후에 축방향으로 유출된다. 회전차는 4~10개의 깃을 갖는 프로펠러형으로써 회전차를 통과한 물은 흡출관을 경유하여 방수로로 방출된다. 20m 이하의 저낙차에서는 원통형 케이싱을 사용하는 횡축형이 일반적으로 많이 사용되며, 회전차축과 발전기는 직결 또는 기어로 구동되고 이들은 케이싱내에 설치되어 있으며 이것을 튜블러 수차(tubuler turbine)라고 한다.

7.6.2 양력과 항력

축류형 회전차의 깃에 작용하는 양력 L 과 항력 D 는 나음과 같다.

$$L = C_L \frac{\rho w^2}{2} l \tag{7.56}$$

$$D = C_D \frac{\rho w^2}{2} l \tag{7.57}$$

여기서 C_L, C_D 는 각각 양력계수와 항력계수이며, 상대속도 $w = (w_1 + w_2)/2$, l 은 익현(翼弦)길이이다.

그림 7.23과 같이 회전차의 중심으로부터 반지름방향으로 거리 r 인 단면의 회전차의 미소단면적 $dA(=2\pi r dr)$ 를 회전차입구 ①에서 회전차출구 ②로 통과하는 회전차에 에너지를 공급한다. 이 때 회전차가 원주속도 u 로 운동하는 동안 익렬의 입구와 출구에서

유체의 절대속도는 각각 v_1, v_2 이고 상대속도를 각각 w_1, w_2 라 한다. 회전차입구와 출구에서 물의 절대속도를 v_1, v_2, 절대속도 v_1, v_2의 축방향과 원주방향의 성분을 각각 v_{m1}, v_{m2}와 v_{u1}, v_{u2}, 상대속도와 원주방향이 이루는 각(깃의 경사각) β_1, β_2로 표시하고 $v_{m1} = v_{m2} = v_m$, $\beta = (\beta_1 + \beta_2)/2$ 로 한다.

폭 $b = 1$인 깃의 미소단면 dr 에 작용하는 미소의 양력은 dL, 항력은 dD일 때, 회전차의 깃의 수 z 인 익열(회전차)의 미소단면 $dA(=2\pi r dr)$에 작용하는 합력의 원주방향성분 dF_u는 아래와 같다.

$$dF_u = (dL\sin\beta - dD\cos\beta)z = dL(\sin\beta - \tan\lambda\cos\beta)z \qquad (7.58)$$

여기서 $\tan\lambda = dD/dL$ 이다.

회전차(익렬)에서 발생되는 토크 dT는 다음과 같다.

$$dT = dF_u \cdot r = dL(\sin\beta - \tan\lambda\cos\beta)zr \qquad (7.59)$$

윗 식에 $dL = C_L \dfrac{\rho w^2}{2} l\, dr$ 을 대입하면 토크 dT는

$$dT = C_L \frac{\rho w^2}{2} l\, dr\,(\sin\beta - \tan\lambda\cos\beta)zr \qquad (7.60)$$

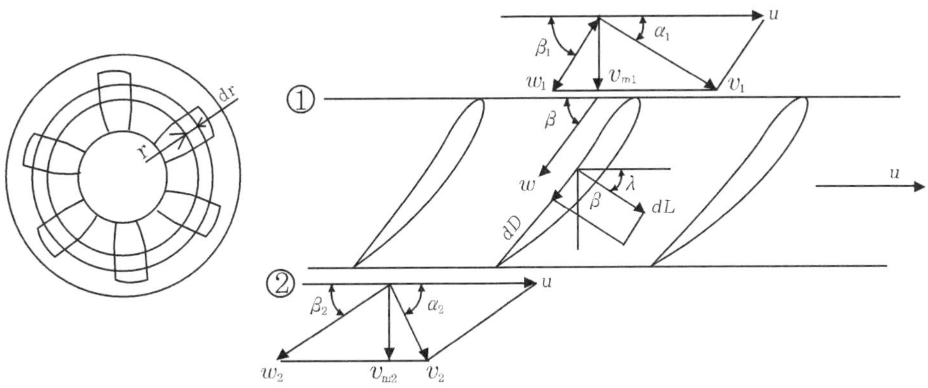

그림 7.23 프로펠러 수차의 속도선도

또 각운동량법칙을 이용하면 토크 dT는 다음과 같이 표현된다.

$$dT = \rho dQ r (v_{u1} - v_{u2}) = \rho 2\pi r dr r (v_{u1} - v_{u2}) \tag{7.61}$$

식 (7.60)과 식 (7.61)에서 $\dfrac{2\pi r}{z} = t$ (피치), $w = \dfrac{v_m}{\sin\beta}$ 로 하고 정리하면 다음과 같이 나타낼 수 있다.

$$C_L \frac{l}{t} = 2 \frac{v_{u1} - v_{u2}}{v_m} \frac{\sin^2\beta}{\sin\beta - \tan\lambda\cos\beta} \tag{7.62}$$

식 (7.62)에서 양력계수 C_L을 구할 수 있으며, 항력계수 C_D는 $C_D / C_L = \tan\lambda$ 이므로 다음과 같다.

$$C_D = C_L \tan\lambda \tag{7.63}$$

7.6.3 프로펠러수차의 동력 및 효율

1. 이론출력 L_{th}

이론출력 L_{th}는 유량 Q, 유효낙차 H인 경우 다음과 같다.

$$L_{th} = \gamma QH \tag{7.64}$$

2. **회전차의 출력** L_h

회전차를 통과하는 유량 Q가 회전차에 작용하는 원주방향의 힘 F_u는 운동량법칙을 적용하면 아래와 같다.

$$F_u = \rho Q(v_{u1} - v_{u2}) \tag{7.65}$$

회전차의 원주속도가 u 일 때 회전차의 출력 L_h는

$$L_h = F_u u = \rho Qu (v_{u1} - v_{u2}) \tag{7.66}$$

이다.

식 (7.58)을 이용하면 회전차에 작용하는 원주방향의 힘 F_u는 다음 식으로도 나타낼 수 있다.

$$F_u = C_L \frac{\rho w^2}{2} l (\sin\beta - \tan\lambda \cos\beta) z \tag{7.67}$$

식 (7.67)을 이용하면 회전차의 출력 L_h는 다음 식으로 표시된다.

$$L_h = F_u u = C_L \frac{\rho w^2}{2} l (\sin\beta - \tan\lambda \cos\beta) z u \tag{7.68}$$

수력효율 η_h는 다음과 같다.

$$\eta_h = \frac{L_h}{L_{th}} = \frac{\rho Q u(v_{u1} - v_{u2})}{\rho g H Q} = \frac{u(v_{u1} - v_{u2})}{gH} \tag{7.69}$$

3. 정미출력 L

프란시스수차의 정미출력 L은 체적효율 η_v, 기계효율 η_m 일 때 다음과 같다.

$$L = L_{th}\eta = L_{th}\eta_h\eta_v\eta_m = L_h\eta_v\eta_m \tag{7.70}$$

7.6.4 프로펠러 수차의 설계

프로펠러수차를 설계할 때에는 출력 L, 유효낙차 H, 유량 Q 및 회전차의 회전수 N이 결정되면 이러한 조건들을 기초로 하여 수차의 각부 치수를 결정한다.

1. 회전차의 바깥지름 D_2

회전차의 바깥지름 D_2는 다음 식으로 결정한다.

$$D_2 = \frac{60}{\pi N}u_2 = \frac{60}{\pi N}K_a\sqrt{2gH} \tag{7.71}$$

여기서 K_a는 비속도 N_s에 따라서 그림 9.24를 이용하여 구한다.

2. 보스(boss)의 지름 D_b

보스(boss)의 지름 D_b는

$$D_b = m\,D_2 \tag{7.72}$$

에 의하여 구한다. 여기서 m은 보스비이며 그림 9.24에서 정한다.

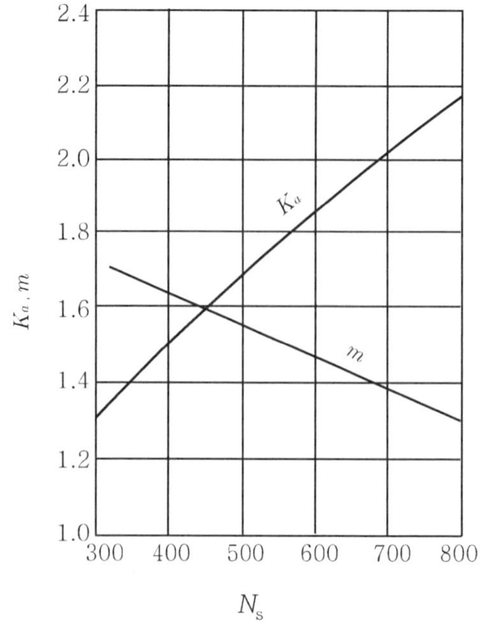

그림 7.24

3. **물의 축방향속도** v_m

회전차를 통과하는 물의 축방향 속도 v_m 은 다음 식을 이용하여 계산한다.

$$v_a = \frac{Q}{\frac{\pi}{4}(D_2^2 - D_b^2)K_m} = \frac{Q}{\frac{\pi}{4}D_2^2(1-m^2)K_m} \tag{7.73}$$

여기서 K_m 은 유출계수이며, 깃의 수, 경사각, 깃의 형상에 따라 정해지고 $K_m = 0.8 \quad 0.9$ 의 범위가 된다.

4. **깃의 경사각** β

그림 7.23의 속도선도에서 회전차 깃의 경사각 β는 다음과 같다.

$$\tan\beta = \frac{v_m}{u - \dfrac{v_{u1} + v_{u2}}{2}} \tag{7.74}$$

식 (7.69)에서 $v_{u2} = 0$ 로 하면

$$v_{u1} = \frac{\eta_h gH}{u} \tag{7.75}$$

이다.

5. 깃의 수 z

프로펠러수차의 안내깃의 수는 표 7.3과 같다. 또한 회전차의 깃의 수는 표 7.4와 같이 유효낙차와 비속도의 값에 따라서 정할 수 있다.

표 7.3 안내깃의 수

입구지름 D_1	안내깃의 수		
	α_1 <20°	20° < α_1 < 30°	α_1 >30°
0.25~0.75 m	10	12	16
0.75~1 m	12	16	20
1~1.5 m	16	20	24
1.5~2 m	20	24	28

표 7.4 회전차 깃의 수

H(m)	회전차 깃의 수	비교회전도
5~15	4	500 이상
15~20	5	400~500
20~30	6	300~400
30~40	7~8	300 이하

6. 축의 지름

프로펠러수차의 축의 외경 d_1, 허용 비틀림응력 τ 에 대하여 운전 중 축이 받는 비틀림 모멘트 T는 다음과 같다.

$$T = \frac{\pi}{16} d_1^3 \tau \tag{7.76}$$

윗 식에서 축의 지름 d_1 을 구할 수 있다.

【예제 7.8】 유효낙차 30m, 유량 80㎥/s인 경우에 카플란 수차의 주요부를 결정하여라. 단, 수차의 전효율은 0.87이고 발생 전력의 주파수는 50Hz, 발전기의 극수는 30으로 한다.

【풀이】 수차의 출력 L은

$$L = \gamma QH = \frac{9810 \times 80 \times 30}{1000} = 20462\,\text{kW}$$

발전기의 회전수 N_g 는

$$N_g = \frac{120f}{P} = \frac{120 \times 50}{30} = 200\,\text{rpm}$$

수차의 비속도 N_s는

$$N_s = \frac{NL^{1/2}}{H^{5/4}} = \frac{200 \times 20462^{1/2}}{30^{5/4}} = 407.5 \text{ (rpm, kW, m)}$$

회전차의 원주속도 u_2는

$$u_2 = K_a \sqrt{2gH} = 1.4 \times \sqrt{2 \times 9.8 \times 30} = 34 \, \text{m/s}$$

회전차의 외경 D_2는

$$D_2 = \frac{60u_2}{\pi N} = \frac{60 \times 34}{\pi \times 200} = 3.25 \, \text{m}$$

연습문제

7.1 저수지의 수면에서 200m아래에 수차를 설치하여 이론출력을 150kW를 얻기 위해서는 방수량을 얼마로 해야 하는가? 단, 수로의 전 손실수두는 50m이다.

7.2 유효낙차 150m, 유량이 200㎥/s의 수력발전소에서 수차의 정미출력은 얼마인가? 단, 수차의 전효율은 80%이다.

7.3 유효낙차 100m인 곳에서 매분 200회전하여 40000kW를 발생시킬 수 있는 수차를 설계하려고 한다. 어느 형식의 수차가 적당한가?

7.4 유효낙차 100m, 유량 4500㎥/min인 물을 이용하여 35000kW의 출력을 발생하는 수차의 효율은 얼마인가?

7.5 유효낙차 70m의 장소에서 150rpm으로 회전하여 20000kW의 출력을 내는 수차가

있다. 이 수차를 유효낙차 100m인 곳에 설치하면 회전수와 출력은 얼마인가?

7.6 유효낙차 300m인 곳에서 수압관내의 평균유속이 20m/s일 때 속도수두는 압력수두의 몇 %가 되는가?

7.7 유효낙차 200m, 유량 15000㎥/min인 물을 이용하여 제동출력 40196 kW를 내는 수차의 전효율은 몇 %인가?

7.8 회전차의 직경 $D_1 = 5$m인 수차 1이 유효낙차 $H_1 = 120$m인 곳에서 회전수 $N_1 = 120$rpm으로 회전하여 $L_1 = 90000$kW의 출력을 발생할 때, 이 수차와 상사한 수차 2가 $H_2 = 100$m, $D_2 = 4$m인 경우에 출력 L_2(kW)를 구하여라.

7.9 바깥지름 8m인 수차가 유효낙차 200m인 곳에서 매분 250rpm으로 회전하여 100000kW의 출력을 발생시킨다. 이것과 상사한 수차를 제작하여 유효 낙차 100m인 곳에서 50000kW를 발생하도록 하려한다. 수차의 회전수와 회전차의 바깥지름을 구하여라.

7.10 유효낙차 100이고 3㎥/s의 유량을 이용하여 1300kW를 발생시키는 수차를 설계하려고 한다. 수차의 회전수가 950rpm일 때 캐비테이션을 일으키기 시작하는 한계 흡출높이를 구하여라. 단 물의 온도는 20℃, 포화증기압은 2337kPa, 밀도는 998kg/㎥이다.

7.11 유효낙차가 80m이고 5㎥/s의 유량을 이용하여 1300kW를 발생시키려는 수차를 설계하려고 한다. 수차의 회전수가 800rpm일 때 캐비테이션을 일으키는 한계흡출높이를 구하여라. 단 물의 온도는 15℃이다.

7.12 펠톤수차의 버킷에서 유출하는 물의 각도가 25°, 분류지름이 35mm, 분류의 속도가 17m/s, 버킷의 원주속도가 7m/s일 때 버킷의 이론출력은 몇 kW인가? 단, 분류의 손실계수는 0.3이다.

7.13 유효낙차 700m에서 펠톤수차를 이용하여 출력 200000kW를 얻으려 한다. 회전수 450rpm, 노즐의 수 4개로 할 경우에 수차의 비속도를 구하여라.

7.14 6개의 분사노즐을 갖는 펠톤수차가 유효낙차 380m, 회전차의 회전수 300rpm으로 운전되고 있다. 회전차의 직경은 2.5m이고, 노즐효율은 0.9, 분류의 지름은 200mm, 버킷의 경사각은 12°, 버킷에서 분류의 손실계수는 0.35, 기계효율은 0.97이라면 수차의 출력은 몇 kW인가?

7.15 회전차지름은 1800mm, 분류의 지름은 180mm, 유효낙차는 670m, 노즐의 속도계수는 0.96, 버킷의 경사각은 13°, 분류의 손실계수는 0.3, 노즐의 수는 3개인 펠톤수차에서 (1) 최고 효율을 얻을 때의 회전수, (2) 이 회전수에서 버킷효율과 수력효율, (3) 수차의 출력을 구하여라.

7.16 유효낙차 650m에서 펠톤수차를 이용하여 출력 70000kW를 얻으려 한다. 회전수 400rpm, 노즐의 수 5개로 할 때 비속도를 구하여라.

7.17 프란시스수차의 회전차에서 물의 유입속도가 15m/s, 유입각 40°, 회전차의 각속도는 7π/s이다. 이 회전차의 입구 반지름이 30cm이고 유량이 1㎥/s일 때 회전차입구에서 물이 회전차에 주는 토크와 동력을 구하여라.

7.18 15㎥/s의 유량이 유입각 25°로 프란시스 수차의 입구로 유입하고 있을 때 최대 출력은 얼마인가? 단, 회전차 입구에서 물의 절대속도는 25m/s, 회전차의 원주속도는 3.2m/s이다.

7.19 유효낙차 120m, 유량이 90㎥/s, 회전수 300rpm, 수력효율은 90%인 프란시스 수차의 회전차의 주요크기를 결정하여라.

7.20 유효낙차 200m, 유량 13㎥/s, 발생전력주파수 60Hz, 수력효율 85%인 프란시스수차의 출력, 회전차의 입구지름, 출구지름 및 입구폭을 구하여라.

7.21 유효낙차 15m, 출력이 200kW, 효율이 85%인 프란시스 수차의 흡출관으로부터 방출하는 속도수두는 유효낙차의 4%이다. 흡출관 출구의 지름을 구하여라.

7.22 모형 수차를 실형 수차의 1/5로 만들었다. 모형수차가 낙차 2m에서 380rpm일 때 5kW의 출력을 나타내었다. 실형 수차가 유효낙차 7m에서 운전할 때 실형 수차와 모형 수차의 효율이 같다면 실형 수차의 회전속도와 출력은 얼마가 되는가?

7.23 유효낙차 17m, 출력 90000kW, 회전수 250rpm인 프로펠러수차가 있다. 회전차의 바깥지름은 3.8m, 회전차의 보스지름은 1.8m이다. 평균지름인 곳에서 깃 입구각 및 출구각을 구하여라. 단, 수차의 전효율은 90%, 수력효율은 92%이다.

7.24 유효낙차 60m, 유량 20㎥/s로 작동하는 수차의 비속도와 캐비테이션이 발생하지 않는 최고의 회전수값를 구하여라. 단, 수차의 설치높이는 방수면으로부터 1.7m, 수차의 효율은 85%, 물의 수온은 25℃이다.

제8장
풍차

8.1 개 요

태양이 지구의 일정한 표면을 가열할 때 시간과 지역에 따라서 온도차가 발생하면 공기의 밀도가 달라져서 대기의 압력차가 발생하고 압력차에 의하여 공기는 압력이 높은 쪽에서 낮은 쪽으로 이동하게 되는데, 이때 공기가 이동하는 현상인 바람(wind)이 발생하게 된다.

바람(wind)의 운동에너지를 기계적 에너지로 변환시키는 유체기계를 풍차(wind turbine)라 한다. 15세기경에 유럽에서 풍차의 회전운동을 이용하여 펌프와 연결하여 배수용으로 사용하였다 본격적인 사용은 약 150년의 역사를 가지며 물을 양수하거나 곡식 등을 적재하고, 전기에너지를 발생하는 장치가 개발되었으며, 농촌지역에 전기가 공급되기 전까지 물펌프의 동력을 얻는 데 상당한 공헌을 하였다. 화석연료는 한정되어 있으나 에너지 소비는 급증하고 있는 현 시점에서 바람을 이용한 풍차는 좋은 대체에너지를 이용하는 기계이다. 1970년대 이후에 풍차에 대한 급속한 연구개발이 활성화되어 현재는 MW급 규모의 풍력발전소도 많이 있으며, 우리나라에서는 현재 3MW급이 가동 중에 있다.

(a) 수평축 풍차

(b) 수직축 풍차

그림 8.1 풍차

풍차는 그림 8.1과 같이 축의 방향에 따라서 수평축 풍차(horizontal axis wind turbine)와 수직축 풍차(vertical axis wind turbine)로 분류할 수 있다. 바람이 회전차(rotor)를 통과하는 동안에 회전차와 축이 동일 방향이면 수평축 풍차이며, 회전차의 방향이 축과 수직이면 수직축 풍차라 한다. 수평축 풍차는 유체가 축방향으로 유동하는 축류형 수차와 유사하고, 수직축 풍차는 반경 방향의 흐름과는 다르지만 회전차를 가로 지르는 방사상의 흐름으로 간주할 수 있다. 현재 가동되고 있는 대부분의 풍력발전기에는 수평축 풍차가 이용되고 있다. 수평축 풍차에서는 회전차가 바람의 방향과 일치하도록 바람의 방향을 추적하는 장치가 필요하며, 풍향추적장치에는 그림 8.2와 같이 주축 끝에 꼬리날개를 이용하는 방법과 보조풍차를 이용하는 방법 등이 있다.

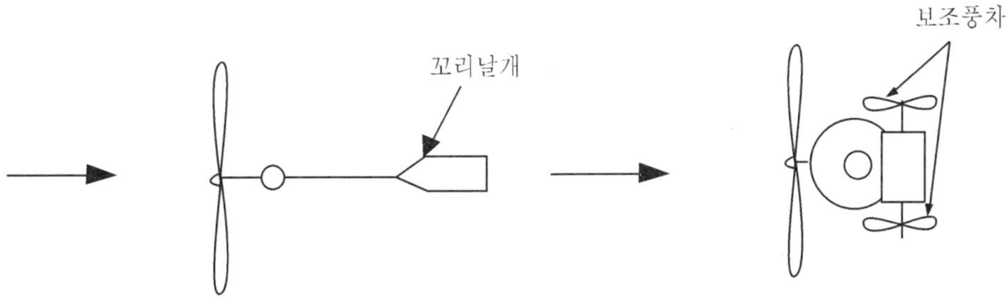

(a) 꼬리날개를 이용

(b) 보조풍차를 이용

그림 8.2 풍차의 풍향추적장치

8.2 풍력에너지와 풍력터빈

8.2.1 풍력발전시스템(wind power system)의 구성

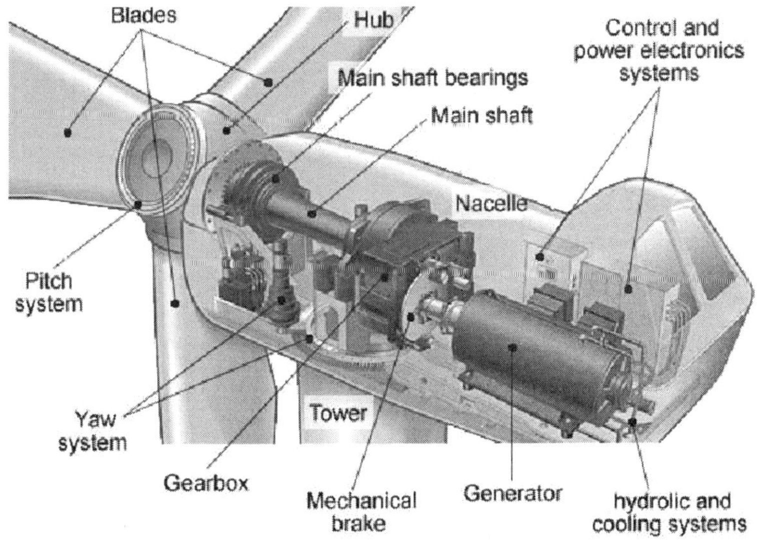

그림 8.3 풍력발전기의 구성

풍력발전기는 바람의 운동에너지를 기계적 에너지로 변화시키고 기계적 에너지를 전기에너지로 변환시키는 장치이다. 바람의 운동에너지를 전기에너지로 변환시키는 풍력발전시스템의 주요 구성요소로는 그림 8.3과 같이 바람에 의하여 회전하는 로터(rotor, blade)가 있고 저속의 로터블레이드의 회전을 고속으로 증속시키는 증속기(gearbox) 그리고 전기를 발생시키는 발전기(generator)가 있다. 이 외에도 사용가능한 고품질의 전기를 생산하기 위해서는 제어장치, 전력변환장치, 연계설비 등이 필요하다.

8.2.2 풍력발전시스템의 성능

1. 풍력터빈(wind turbine)의 출력

풍차가 바람으로부터 받는 단위시간당에너지, 즉 풍차의 이론출력 L_{th}는 다음과 같이 표시된다.

$$L_{th} = p_t Q = \rho\left(\frac{v_1^2 - v_2^2}{2}\right) A v_m = \frac{1}{4}\rho A\left(v_1^2 - v_2^2\right)\left(v_1 + v_2\right) \tag{8.1}$$

여기서 p_t는 풍차가 바람으로부터 받은 동압, Q는 풍차를 통과한 바람의 체적유량, ρ는 공기의 밀도, v_1은 풍차입구에서 바람의 속도, v_2는 풍차출구에서 바람의 속도, A는 로터의 회전단면적, $v_m (= \frac{v_1 + v_2}{2})$은 풍차를 통과하는 바람의 평균속도이다.

이 식에서 풍차의 출력은 풍차의 크기와 풍속에 의하여 결정된다는 것을 알 수 있다. 풍차의 최대출력 $L_{\max}$은 $v_2 = 0$일 때, 즉 풍차의 회전단면적 A를 통과하는 풍속 v_1인 바람의 동압$(\rho v_1^2/2)$을 풍차가 모두 흡수할 때의 동력이므로 다음 식으로 표현된다.

$$L_{\max} = \frac{\rho}{2} A v_1^3 \tag{8.2}$$

위 식에서와 같이 풍력에너지의 출력은 풍속의 세제곱에 비례하기 때문에 풍황(wind resource)이 좋은 곳에 풍력발전기를 설치하는 것이 발전의 성패를 좌우하게 된다. 따라서, 바람의 특성을 정확하게 이해하고, 측정하고, 예측하는 기술이 매우 중요하다. 풍력에너지를 이해하기 위해서는 풍황과 관련된 기본적인 사항인 풍향, 평균풍속, 풍력에너지 밀도, 윈드 시어(wind shear) 등의 개념을 이해하는 것이 필요하다.

2. 풍속의 분포

풍력에너지를 이용하는데 있어서 가장 어려운 점은 풍속과 풍향이 시간에 따라서 계속해서 변화한다는 것이다. 풍력에 의하여 생산가능한 발전량을 산출하기 위해서는 단순히 평균풍속뿐 만 아니라, 일정시간 동안의 풍속의 변화를 분석해야 하는데 이것을 풍속분포(wind distribution)라 한다.

3. 풍력에너지 밀도(WPD, wind power density)

풍력터빈의 최대출력을 구하는 식 (8.2)를 풍력터빈의 로터가 회전할 때 회전단면적 A로 나누어서 풍속과 공기밀도 만으로 표시하여 풍력발전기를 설치하고자하는 지역에서 얻을 수 있는 풍력에너지량을 정량적으로 나타내고자 하는 값이 풍력에너지밀도이며, 풍력에너지밀도의 단위는 W/m^2으로 나타낸다.

4. 공기밀도(air density)

공기의 밀도는 공기의 단위체적당 질량이며, 풍력발전에서 출력은 공기밀도가 매우 중요하므로 풍력에너지의 계산에서 중요한 인자가 된다. 풍력발전량을 정확히 산출하기위해서는 위치, 계절, 온도, 습노에 따라서 변화하는 공기밀도의 측정과 예측은 중요하다. 실제로 풍력터빈의 규모가 커지기 때문에 허브가 있는 200m 높이에서의 공기 밀도와 지표면에서의 밀도는 다르므로 정확한 공기밀도의 예측은 보다 정확한 출력의 계산을 위하여 필수적인 사항이다. 표준 온도와 대기압(20℃, 141.3 kPa)에서 대기의 밀도는 1.2041 kg/m^3이지만, 표고가 높아지면 밀도는 낮아진다.

5. 풍향(wind direction)

풍향은 풍속과 함께 바람의 상태를 표현하는 중요한 인자로써, 가장 빈도수가 높은 풍향을 주풍향이라고 하며 평균풍속도 중요하나 주풍향의 빈도수가 50%이상 되는 곳이 풍력발전단지의 선정에서 유리하다.

8.3 풍력발전시스템의 종류와 특징

풍력발전시스템을 일반적으로 형상과 기능에 따라서 분류하면 표 8.1과 같다.

표 8.1 풍력발전사스템의 분류

	형식(type)
회전축방향	수평축풍력발전시스템(horizontal axis wind turbines)
	수직축풍력발전시스템(vertical axis wind turbines)
공력이용방식	양력방식(lift types)
	항력방식(drag types)
출력제어방식	실속제어방식(stall regulated types)
	피치제어방식(pitch regulated types)
전력사용방식	계통연계(grid connected types)
	독립 및 복합운전(stand-alone hybrid types)
계통연계방식	전용량컨버터(full scale frequency converter)
	부분용량컨버터(partial scale frequency converter)
증속기 사용여부	간접 구동식(geared types)
	직접 구동식(gearless types)
설치 위치	육상풍력터빈(onshore types)
	해상풍력터빈(offshore types)

1. 회전축방향에 의한 분류

풍력발전시스템을 주축(회전축)의 방향에 따라 분류하면 수평축식과 수직축식으로 나눌 수 있다. 즉, 바람이 불어오는 방향과 평행하게 축이 놓이는 것을 수평축식, 수직으로 설치되는 것이 수직축식이다.

(a) 수평축식

(b) 수직축식

그림 8.4 풍력발전기

(1) 수평축발전기

현재 대부분의 풍력발전기는 그림 8.4(a)의 수평축식 풍력발전기가 사용되고 있다. 수평축식 풍력발전기는 2매 또는 3매의 블레이드가 많지만, 1매나 4매 이상의 블레이드를 갖는 것도 있다. 또한 나셀 앞과 뒤에 3매의 날개를 부착하여 설계하는 이중로터 발전기(dual rotor wind turbine)도 개발되었다. 과거에 평원에서 양수 용도로 많이 사용되었던 다익형 풍차도 있으나 이는 높은 토크를 이용하여 펌프를 가동하지만 ,현재에는 발전용으로 사용되지 않는다.

(2) 수직축 풍력발전기

풍력발전기는 그림 8.4(b)와 같이 풍향에 무관하게 회전할 수 있고, 구조가 간단하고 발전시스템의 중량물을 지상 가까이 놓을 수 있는 특징이 있으므로 제작과 설치가 용이하여 과거에 많이 사용되었다. 그러나 에너지효율향상에 한계가 있고 대형으로 제작 및 설치가 어려우므로 현재에는 소형으로만 사용되고 있다.

2. 공력이용방식에 의한 분류

(1)양력식(lift type)

그림 8.4(a)와 수평축식 윈드터빈 블레이드에서 날개 단면 주변의 공기흐름을 보면 곡면부를 통과한 바람은 평면부를 지난 바람보다 속도가 빨라지게 되는데, 이 때 블레이드

양면의 유속 차에 의하여 양력이 발생하게 되고, 블레이드는 양력방향으로 움직이게 된다. 양력식 풍력터빈 블레이드는 양력과 항력을 이상적으로 활용하기 위해 날개 곡면의 형상, 폭, 비틀림, 길이 등은 공기역학적 해석을 토대로 설계하여야 한다.
수평축식 풍력터빈은 바람이 불어오는 방향으로 유선형 블레이드가 정렬되면 일정한 받음각(angle of attack)에서 특정한 유동 조건에 대해서 양력(lift force)이 생성되고 한쪽 끝이 고정되어 있기 때문에 회전운동으로 유도된다.

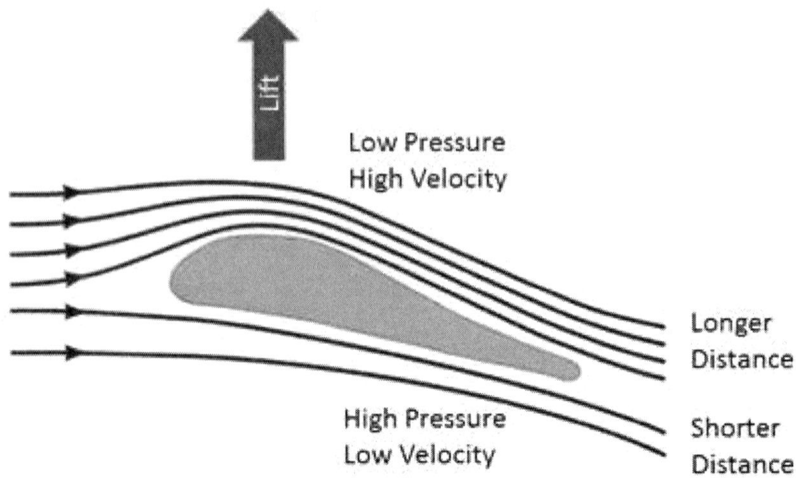

그림 8.5 블레이드에 작용하는 양력과 항력

(2) 항력식(drag type)

그림 8.4(b)와 같이 날개가 바람의 저항을 받아서 풍속의 방향으로 블레이드를 운동하게 하여 로터축을 구동하는 형식을 항력식이라 하며, 항력을 이용할 경우 날개의 회전속도는 풍속을 초과하기 어려우므로 에너지 효율향상에 한계가 있고, 대형으로 제작 및 설치가 어려우므로 현재에는 소형으로만 적용되고 있다.

3. 운전방식에 의한 분류

(1) 정속운전(fixed rotor speed, geared type)

정속운전방식은 풍속의 변화와 관계없이 풍력터빈의 로터속도는 일정한 풍력발전기로써 유도발전기를 장착하고 전력계통에 직접 연결되는데, 시스템이 단순하고, 고장이 별로 없으며 신뢰성이 높다는 장점이 있다. 단점으로는 기계적인 응력을 많이 받게 되고 전력 품질의 제어가 힘들다는 점이다. 1990년대 초기까지 설치된 대개의 풍력터빈은 정속운전 방식을 적용하였다.

(2) 가변속운전(variable rotor speed, gearless type)

가변속 풍력발전기는 로터를 발전기에 직접 연결하여 넓은 범위의 풍속에서 회전속도를 연속적으로 받아들일 수 있어서 최대의 공력 효율을 얻을 수 있다. 가변속 시스템은 발전기의 토크를 일정하게 유지하고 풍속의 변화는 발전기의 회전속도를 변화시켜 대응하며 유도발전기나 동기발전기를 사용하는데 전력변환기를 통하여 계통에 연결된다. 가변속터빈은 변화하는 풍속조건에서도 정속운전보다 출력을 많이 얻을 수 있다는 장점 때문에 증가하는 추세에 있으며, 시스템의 기계적 응력이 작다는 것이 장점이다. 그러나 정속운전의 전기시스템 보다 복잡하여 관련된 전기 부품이 많이 소요되면서 가격의 높아진다는 단점이 있다.

4. 출력제어방식에 의한 분류

풍력터빈의 출력제어는 안정적인 출력과 구조물의 보호를 위하여 로터블레이드의 회전속도를 제어하는 것이다.

(1) 실속제어방식(stall regulated type)

유선형날개를 상하로 흐르는 공기의 속도가 일정이상 되면 블레이드에서 와류가 발생하며 양력이 급격하게 작아져서 출력도 감소하게 되는네, 이러한 현상을 실속(stall)이라 한다. 실속제어는 블레이드가 일정 풍속이상에서 실속이 발생하여 양력이 감소하지 않도록 블레이드의 회전속도를 제어하는 방식이다. 속제어를 채택하는 터빈은 날개의 각도를 일정하게 고정하는 방법을 사용하고 있으며 중대형에서 사용되었으나, 현대의 대형 및 초대형에서는 채택하지 않고 있다. 실속제어방식에서 가장 문제가 되는 사항은 풍속변화에 대한 대응속도가 느려서 토크가 높게 발생하여서 대형 풍력터빈의 안전을 위협하는 부분이다.

(2) 피치제어방식(pitch regulated type)

피치제어방식은 풍속의 변화에 대응하여 전기기계적 장치를 이용하여 블레이드의 각도를 조정하여 회전속도와 토크를 제어하는 방식이다. 피치제어방식은 피치각을 조절할 수 있기 때문에 정격풍속이상에서 출력제어를 효율적으로 할 수 있으므로 현대의 풍력터빈에서는 일반적으로 채택하고 있는 방식이다.

5. 전력사용과 연계방식에 의한 분류

(1) 계통연계형(grid connection type)

풍력터빈을 설치하여 생산된 전력을 기존의 전력계통에 연결하여 전원을 공급하는 형태가 계통연계형이다. 중형이상의 풍력터빈의 경우 대개 기존 전력계통에 연결되어 발전용으로 사용하는 것이 경제성이 있으며 기술적으로도 문제점이 적다.

(2) 독립운전형(independent type)

전력을 소비할 지역 근처에 발전기를 설치하여 독립적으로 전력을 활용하는 방법이며 소형풍력터빈의 경우에는 대개 독립적으로 사용하거나 디젤발전기 등과 혼합하여 복합운전형(hybrid type)으로 사용된다.

6. 증속기 유무에 의한 분류

풍력터빈 로터와 발전기사이에서 회전속도를 증가 시켜주는 장치가 증속기(gearbox)이다. 이 증속기의 유무에 따라서 간접구동식(geared type)과 직접구동방식 (gearless type)으로 분류할 수 있다.

(1) 간접구동식(geared type)

기어구동방식이라고도 하며, 풍력터빈 개발 초기에는 비교적 적용하기 쉬운 간접구동식(geared type)을 채택하였으며, 아직도 시장의 80%이상은 간접구동식이다.

(2) 직접구동식(gearless type)

직접구동식(direct drive type)은 넓은 범위의 풍속조건에서 블레이드의 회전속도를 연속적으로 발전기가 받아들일 수 있어서 최대의 공력 효율을 얻을 수 있다. 단순한 설계와 구성 부품의 수가 적어 기계적인 응력이 높아질 여지가 감소되고, 회전부품의 수도 적으므로 유지와 보수비용이 낮고 가동율이 높다는 장점이 있다. 단점으로는 회전속도가 느리기 때문에 다극발전기를 도입하여야 하므로 발전기의 크기와 무게가 증가하며 가격도 비싸진다는 점이다.

8.4 풍차의 공력이론

1. 풍차의 출력과 효율

속도 v_1 인 바람이 풍차를 통과할 때의 속도는 v_m, 풍차 후방에서의 속도는 v_2, 풍차의 입구와 출구에서 압력은 대기압이므로 공기의 밀도를 ρ로 표시하면 풍차를 통과하는 바람으로부터 풍차가 받는 단위체적당에너지, 즉 동압(動壓) p_t 는 다음과 같다.

$$p_t = \frac{\rho v_1^2}{2} - \frac{\rho {v_2}^2}{2} \tag{8.3}$$

풍차를 통과하는 유량이 Q일 때 풍차가 바람으로부터 받는 단위시간당에너지, 즉 풍차의 이론동력 L_{th}는 다음과 같이 된다.

$$L_{th} = p_t Q = \rho(\frac{v_1^2 - {v_2}^2}{2})A v_m \tag{8.4}$$

여기서 A는 풍차의 회전단면적이고 바람이 풍차를 통과할 때의 속도 $v_m = \dfrac{v_1 + v_2}{2}$ 이므로 위식은 다음과 같다.

$$L_{th} = p_t Q = \rho(\frac{v_1^2 - {v_2}^2}{2}\Big)A v_m = \frac{1}{4}\rho A\left(v_1^2 - v_2^2\right)(v_1 + v_2) \tag{8.5}$$

풍차의 최대출력 $L_{\max}$은 $v_2 = 0$일 때, 즉 풍차의 회전단면적 A를 통과하는 바람의 동압 $(\rho v_1^2/2)$을 풍차가 모두 흡수할 때의 동력이므로 다음 식으로 표현된다.

$$L_{\max} = \frac{\rho}{2} A v_1^3 \tag{8.6}$$

풍력터빈의 최대출력 $L_{\max}$에 대한 이론출력 L_{th}의 비가 풍력터빈의 이론적 효율을 나타내는 출력계수(power coefficient) C_p이다.

$$C_p = \frac{L_{th}}{L_{\max}} = \frac{\frac{1}{4}\rho A(v_1^2 - v_2^2)(v_1 + v_2)}{\frac{1}{2}\rho A v_1^3} \tag{8.7}$$

공기의 밀도 ρ와 로터의 회전단면적 A는 상수이므로 풍력터빈의 출력계수 C_p는 풍차 입구에서 바람의 속도 v_1과 출구에서 바람의 속도 v_2만의 함수로 나타난다. 즉 식(8.7)은 $\frac{v_2}{v_1}$의 함수로 나타낼 수 있고 $\frac{v_2}{v_1}$의 최대치 $((v_2/v_1)_{\max} = 1/3$이며, 이 때 출력계수 C_p는 0.594이다. C_p=0.594를 이론 출력계수라하고 풍력터빈을 이용해서 바람으로부터 얻을 수 있는 최대의 에너지효율을 의미하며 독일의 Betz가 증명하였으므로 베츠계수(Betz factort)라 한다.

풍차의 실제출력을 L이라 하면 풍차의 실제 효율 η는 다음과 같다.

$$\eta = \frac{L}{L_{\max}} \tag{8.8}$$

2. 주속비(TSR, tip speed ratio)

풍력터빈의 블레이드가 회전할 때 블레이드끝에서 회전속도를 선단속도(tip speed)라 하며, 선단속도는 블레이드의 길이가 증가함에 따라 선단속도가 증가하므로 풍력터빈의 성능을 나타내는 중요한 값이다. 풍속에 대한 블레이드의 선단속도의 비를 주속비 또는 선단속도비((TSR, tip speed ratio) λ라 하며, 임의의 풍속에서 로터에 의하여 발생하는 출력은 선단속도비에 의하여 영향을 받는다.

$$\lambda = \frac{\pi DN}{v_1} \tag{8.9}$$

여기서 v_1은 풍속, D은 로터의 반경, N은 로터의 회전수이다.

풍력터빈의 성능을 나타내는 출력계수는 주속비에 따라 달라지는데 최대의 출력이 나타나는 최적의 주속비가 존재한다. 그림 8.4에서와 같이 수평축tlr 풍력터빈의 출력계수는

0.45 ~ 0.49이고, 수직축식은 0.4이하이다. 풍력터빈 중에서 양력형의 경우에는 블레이드 선단이 풍속보다 5 ~ 10배나 빠르므로 그만큼 효율이 높아질 수 있다.

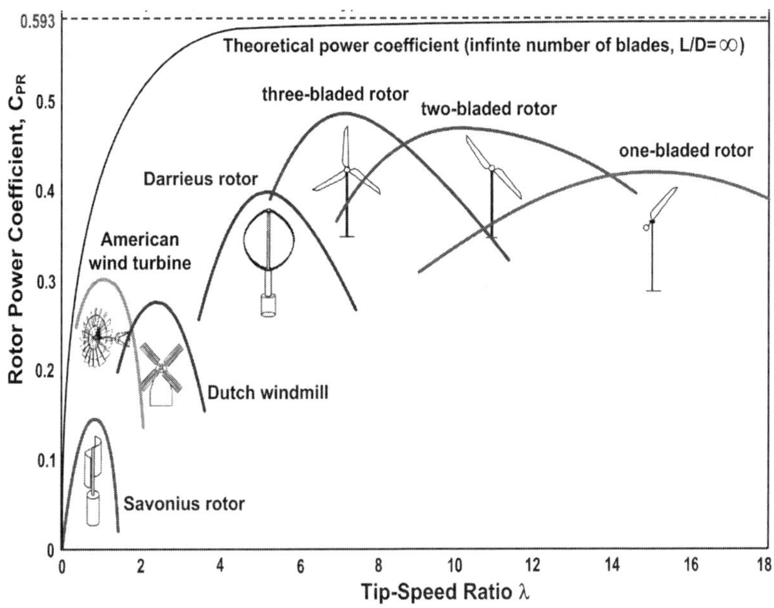

그림 8.6 풍력터빈의 주속비에 대한 출력계수

3. 블레이드 수와 크기

풍력터빈의 성능에 영향을 미치는 중요한 설계인자가 블레이드와 수와 크기이며, 블레이드의 수와 크기를 결정할 때 고려해야 하는 점은 시스템의 안정성, 효율, 경제성 등이다. 풍력터빈의 회전시에 가장 안정된 형상은 디스크(disk)이므로 풍력터빈의 회전시에 디스크형상이 되도록 날개의 수를 결정해야 한다. 공기역학적 이론에 의하면 풍력터빈이 회전시에 디스크형상이 되는 최소날개의 수는 3개이다. 최근까지도 2매의 블레이드를 가진 중형 풍력터빈이 보급되고 있으나 2매형 로터 풍력터빈이 일반적인 추세는 아니지만, 풍력단지의 바람환경에 따라서 풍속이 빠를 경우에는 2매형 블레이드가 경제성 등에서 유리할 수 있다.

풍력터빈의 블레이드에 큰 회전력을 얻기 위해서는 양력(lift force)커져야 하는데, 양력이 커지면 동시에 항력(drag force)도 커진다. 공기역학적인 면에서는 효율이 중요하지만 항력의 증가로 인한 공기하중을 견디는 구조적인 면을 고려하면 넓고 큰 블레이드를 사용하기 어려우며, 매우 큰 풍속에 구조적 안정성을 고려한 유선형의 블레이드를 사용해야 한다.

4. 풍력터빈의 특성곡선

풍차의 특성곡선은 그림 8.7과 같이 일정한 풍속 v_1상태에서 회전하는 풍차의 출력 L과 토크 T를 회전수 N의 변화에 대하여 나타낸다. 그림 8.7에서 출력 $L=0$, 토크 $T=0$일 때, 즉 축에 무부하가 작용할 때 회전수는 최대로 되며 회전수가 증가할수록 토크와 출력은 감소한다. 축에 작용하는 부하를 증가시켜서 토크를 증가시키면 회전수는 감소하며 출력은 증가하다가 어떤 한계에서 갑자기 감소한다. 이 상태에서는 그림 8.8에서와 같이 회전차의 원주속도 u, 바람의 상대속도 w, 영각 α로 운전하다가 회전 수(원주속도)를 감소시키면 깃의 바람에 대한 영각이 증가하여 출력이 커지다가 영각 α'가 어느 한계를 넘으면 깃이 실속상태(stall)로 되므로 풍차의 출력은 급격히 저하되기 때문이다. 그러므로 풍차의 운전시에는 실속상태가 되지 않도록 해야한다.

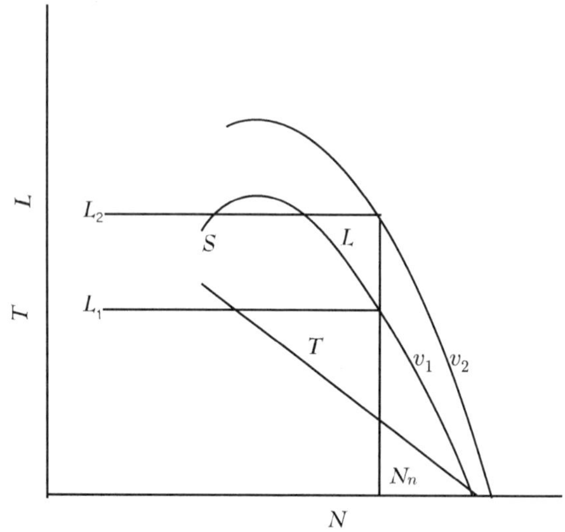

그림 8.7 풍차의 성능곡선

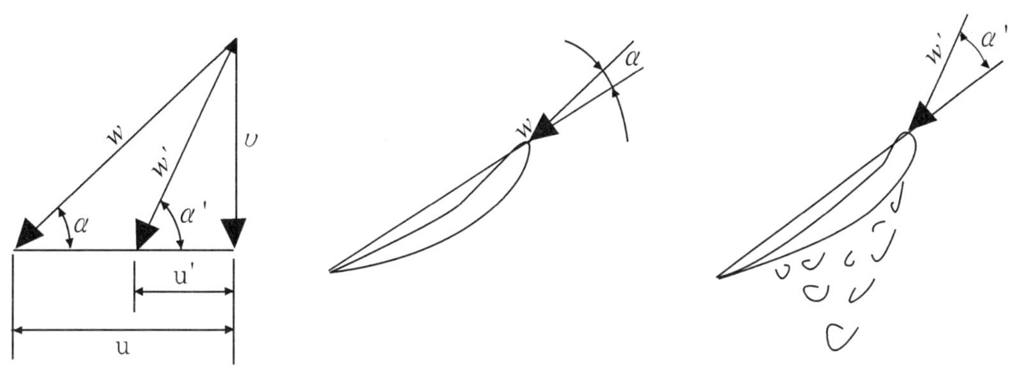

그림 8.8 풍차의 속도선도와 실속

풍차의 특성을 나타내는 회전수, 토크, 출력을 무차원수로 나타내면 특성곡선을 표시하거나 설계시에 편리하다. 회전수 N, 풍차에 작용하는 힘F, 토크 T, 출력 L을 나타내는 무차원수로서 속도계수 ϕ, 저항계수 C_F, 토크계수 C_T, 출력계수 C_L은 다음 식으로 표시한다.

$$\phi = \frac{u}{v_1} \tag{8.10}$$

$$C_F = \frac{F}{\frac{\rho v_1^2}{2} A} \tag{8.11}$$

$$C_T = \frac{T}{\frac{\rho v_1^2}{2} A r} \tag{8.12}$$

$$C_L = \frac{L}{\frac{\rho v_1^2}{2} A} \tag{8.13}$$

윗 식들에서 u : 회전차의 원주속도, v_1 : 풍속, $A(=\pi r^2)$: 풍차의 회전단면적, r : 풍차의 반지름을 나타낸다.

그림 8.9는 풍차의 특성곡선을 무차원수로 나타낸 그림이다.

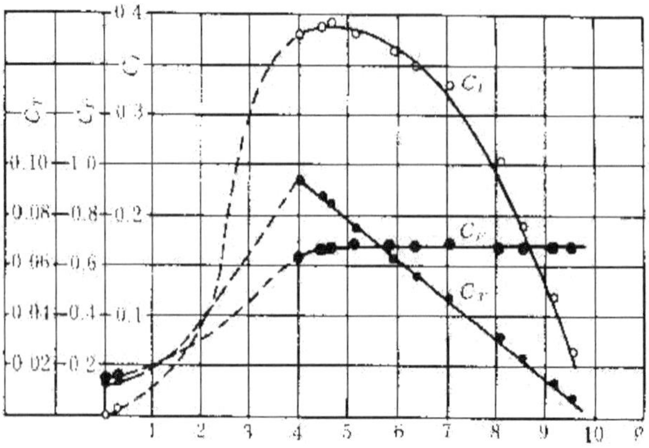

그림 8.9 풍차의 무차원 특성곡선

【예제 8.1】 수평축 풍차의 회전차의 반경 60m, 풍속 9m/s일 때 출력은 1600kW이었다. 풍차의 최대출력 L(kW)과 효율 (%)을 계산하여라. 단, 공기의 밀도는 1.2kg/m^{3}이다.

【풀이】 풍차의 최대출력 L_{max}는

$$L_{max} = p_t Q = \frac{\rho}{2} A v^3 = \frac{\frac{1.2}{2} \times \pi \times 60^2 \times 9^3}{1000} = 4944\,\text{kW}$$

풍차의 효율 η는

$$\eta = \frac{L}{L_{max}} = \frac{1600}{4944} \times 100 = 32.36\%\ \%$$

【예제 8.2】 wind turbine rotor의 직경 $D=80\text{m}$, 공기의 밀도 $\rho=1.2\text{kg/m}^3$, 풍속 $v_1=12\text{m/s}$, 로터출구에서 풍속 $v_2=4\text{m/s}$, 전효율 $\eta=30\%$일 때, (1)출력계수 C_p(소숫점이하 4자리까지계산)와 (2)출력(shaft power)L(kW)을 구하라.

【풀이】

(1) 출력계수 C_p

$$C_p=\frac{L_{th}}{L_w}=\frac{\frac{1}{4}\rho A(v_1^2-v_2^2)(v_1+v_2)}{\frac{1}{2}\rho A v_1^3}=0.5926$$

(2)출력 L

$$L=L_w\eta=\frac{1}{2}\rho A v_1^3\times\eta=\frac{1}{2}\times1.2\times\pi\times80^2/4\times12^3\times0.3=1563\,\text{kW}$$

【예제 8.3】 풍속 8m인 곳에 적합한 회전차의 외경 4800mm인 수평축 풍차를 그림 8.8을 이용하여 설계할 때, 출력(kW)과 회전수(rpm)를 구하라. 공기의 밀도는 1.2kg/m^3로 한다.

【풀이】 그림 8.8에서 양력계수 C_L은 0.38, 속도계수 $\phi=4.5$로 한다. 출력 L을 구하면

$$L=C_L\frac{\rho}{2}Av^3=\frac{0.38\times\frac{1.2}{2}\times\frac{\pi\times4.8^2}{4}\times8^3}{1000}=2.1\,\text{kW}$$

원주속도 u는

$$u=\phi v=4.5\times8=36\,\text{m/s}$$

회전수 N은

$$N=\frac{u}{\pi D/60}=\frac{36}{\pi\times4.8/60}=143\,\text{rpm}$$

8.5 프로펠러

프로펠러(propeller)는 기계적 에너지(축 토오크)를 이용하여 프로펠러를 회전시키고 프로펠러를 통과하는 유체를 가속시켜서 유체의 운동량변화에 의하여 추진력이나 양력을 발생시키는 기계이다. 그림 8.9와 같이 프로펠러 입구단면 ①에서 유속 v_1인 유체가 프로펠러의 회전에 의하여 가속되어 출구단면 ④에서 유속이 v_4가 되었고, 프로펠러를 통과하는 단면 ②, ③에서 단면적은 A, 유속은 v라 하면 프로펠러의 회전에 의해서 유체에 가해진 힘 F는

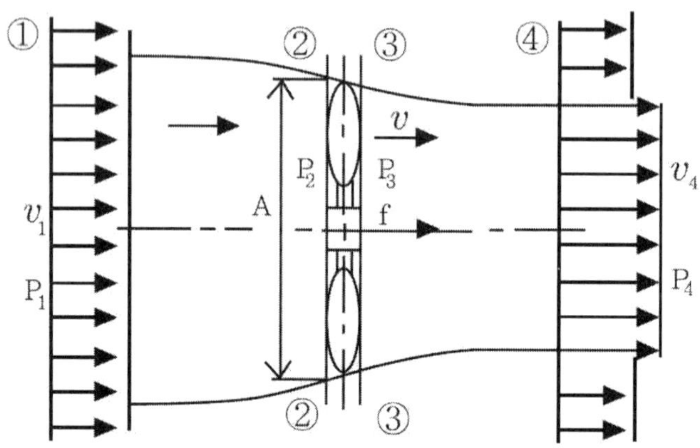

그림 8.10 프로펠러의 운동량변화

다음과 같다.

$$F = (p_3 - p_2)A = \rho Q(v_4 - v_1) = \rho A v(v_4 - v_1) \tag{8.14}$$

위 식에서

$$p_3 - p_2 = \rho v(v_4 - v_1) \tag{8.15}$$

단면 ①과 ②, ③과 ④에 베르누이 방정식을 적용하면

$$\frac{p_1}{\rho} + \frac{v_1^2}{2} = \frac{p_2}{\rho} + \frac{v_2^2}{2} \tag{8.16a}$$

$$\frac{p_3}{\rho} + \frac{v_3^2}{2} = \frac{p_4}{\rho} + \frac{v_4^2}{2} \tag{8.16b}$$

위의 식에서 $p_1 = p_4$로 하면

$$p_3 - p_2 = \frac{1}{2}\rho \frac{v_4^2 - v_1^2}{2} \tag{8.17}$$

식 (8.15)과 식 (8.17)에서 프로펠러를 통과하는 유속 v는 다음과 같다.

$$v = \frac{v_1 + v_4}{2} \tag{8.18}$$

프로펠러의 출력(유체가 프로펠러에 준 동력)L_{out}는

$$L_{out} = f v_1 = \rho Q v_1 (v_4 - v_1) \tag{8.19}$$

프로펠러의 입력(프로펠러가 유체에 준 동력) L_{in}은

$$L_{in} = \frac{1}{2}\rho Q (v_4^2 - v_1^2) = \rho Q v (v_4 - v_1) \tag{8.20}$$

프로펠러의 이론효율 η_{th}는 입력과 출력의 비로서 구할 수 있다.

$$\eta_{th} = \frac{L_{out}}{L_{in}} = \frac{v_1}{v} \tag{8.21}$$

연습문제

8.1 풍차에는 어떤 종류가 있는가?

8.2 풍차의 특성곡선에 대하여 설명하여라.

8.3 수평축 풍차의 회전차의 반경은 5m, 풍속은 7m/s일 때 출력은 3kW이었다. 풍차의 효율은 몇 %인가?

8.4 수평축 풍차의 직경은 90m, 풍속은 15m/s일 때 출력은 몇 kW인가? 단, 풍차의 전효율은 30%이다.

8.5 wind turbine의 rotor의 직경 $D = 80\text{m}$, 공기의 밀도 $\rho = 1.2\text{kg/m}^3$, 풍속 $v_1 = 12\text{m/s}$, rotor출구에서 풍속 $v_2 = 3\text{m/s}$, 전효율 $\eta = 32\%$일 때, (1)출력계수 C_p와 (2)출력(shaft power) L(kW)을 구하라.

8.6 풍속 12m/s, 풍차 rotor의 직경 90m, rotor 출구의 풍속 4m/s, 공기의 밀도 1.1kg/m^3, 풍차의 출력 $L = 2.8\text{MW}$일 때 출력계수 C_p와 풍차의 전효율 η를 구하라.

제9장
공기기계

9.1 공기기계의 분류

유체기계 중에서 공기와 같은 기체를 작동유체로 하여 에너지변환을 이루는 기계를 공기기계(gas machinery)라 하며, 공기기계에는 휀(fan), 송풍기(blower), 압축기(compressor), 진공펌프(vacuum pump) 등이 있다.

공기기계 중에서 작동하는 기체의 유동을 비압축성유동으로 간주할 수 있으면 비압축성유동의 에너지방정식을 적용하여 해석할 수 있다. 이러한 공기기계를 저압공기기계라 하며, 저압공기기계로서는 휀, 풍차 등이 있다. 기체의 압력변화가 커서 압축성유동의 에너지방정식을 적용해야 하는 공기기계를 고압공기기계라 하고, 고압공기기계로서는 압축기, 진공펌프등이 있다.

공기기계도 수력기계와 마찬가지로 작동원리에 따라서 터보형(turbo type)과 용적형(positive displacement type)으로 나눌 수 있다. 기계적 에너지를 받아서 기체의 유체에너지(공기동력)로 변화시켜서 기체를 이송시키는 용도로 사용되는 유체기계를 송풍기(fan, blower)라 한다. 송풍기 중에서 기체의 송출압력이 작은 경우(10kPa이하)를 휀(fan)이라 하고, 기체의 송출압력이 큰 경우(10~100kPa)를 블로어(blower)라 하며, 기체의 송출압력이 100kPa이상인 경우는 압축기(compressor)라 한다. 일반적으로 휀은 공기의 통풍용으로 사용되며, 블로어는 관(duct)을 통하여 공기를 이송시키는 용도로 이용되고, 압축기는 기체를 압축시키는 용도로 사용된다.

보통 휀에서 공기는 비압축성 유동이므로 휀은 저압형 공기기계이며, 블로어와 압축기내에서 기체는 밀도의 변화가 심하여 압축성유동으로 해석해야 하므로 블로어와 압축기는 고압형 공기기계에 속한다.

송풍기는 대개 터보형이지만 압축기는 터보형과 함께 용적형도 많이 사용된다. 터보형중에서 기체가 회전차를 축의 반지름 방향으로 통과하면서 에너지를 받는 것을 원심식(centrifugal type or radial flow type)이라 하며, 기체가 회전차의 축방향으로 통과하면서 에너지를 받는 것을 축류식(axial flow type)이라 한다.

또 용기내의 체적을 변화시켜서 흡입된 기체의 압력이 높아질 때 송출하는 형식을 용적형(positive displacement type)이라 하며, 용적형에는 특수형상의 회전체(rotor)와 케이싱(casing) 사이의 밀폐된 체적(공간)의 변화에 의하여 압력을 높여서 기체를 압송하는 회전식(rotary type)과 피스톤 등의 왕복운동에 의하여 밀폐된 체적의 변화에 의하여 압력을 얻어 압송하는 왕복식(reciprocating type)이 있다.

그림 9.1은 일반적으로 적용되는 휀, 블로어, 압축기에 대한 흡입유량과 송출압력의 범위를 나타낸 것이며, 그림 9.2는 여러 가지 형식의 휀, 블로어, 압축기를 JIS(일본공업규격)에서 분류한 명칭과 그림으로 나타낸 것이다. 그림 9.1과 그림 9.2에서와 같이 높은 송출압력이 요구되는 경우에는 왕복식과 회전식의 용적형 압축기가 사용되며, 송출압력이 낮은 곳에서는 터보형이 사용된다. 또 터보형 중에서도 상대적으로 압력이 높은 경우에는 원심식이 사용되며 압력이 낮은 경우에는 축류식이 사용된다.

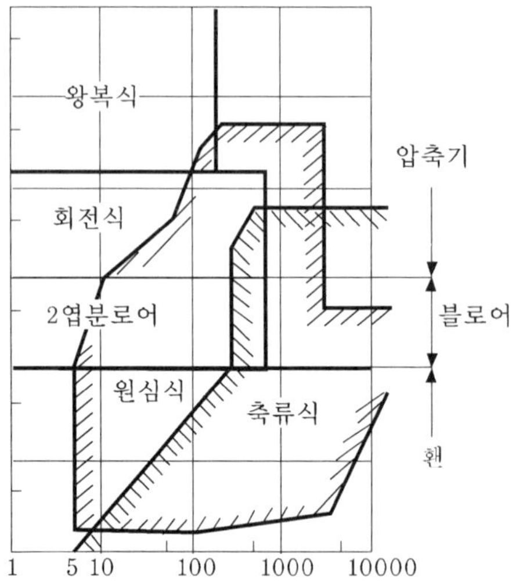

그림 9.1 송풍기와 압축기의 압력과 유량범위

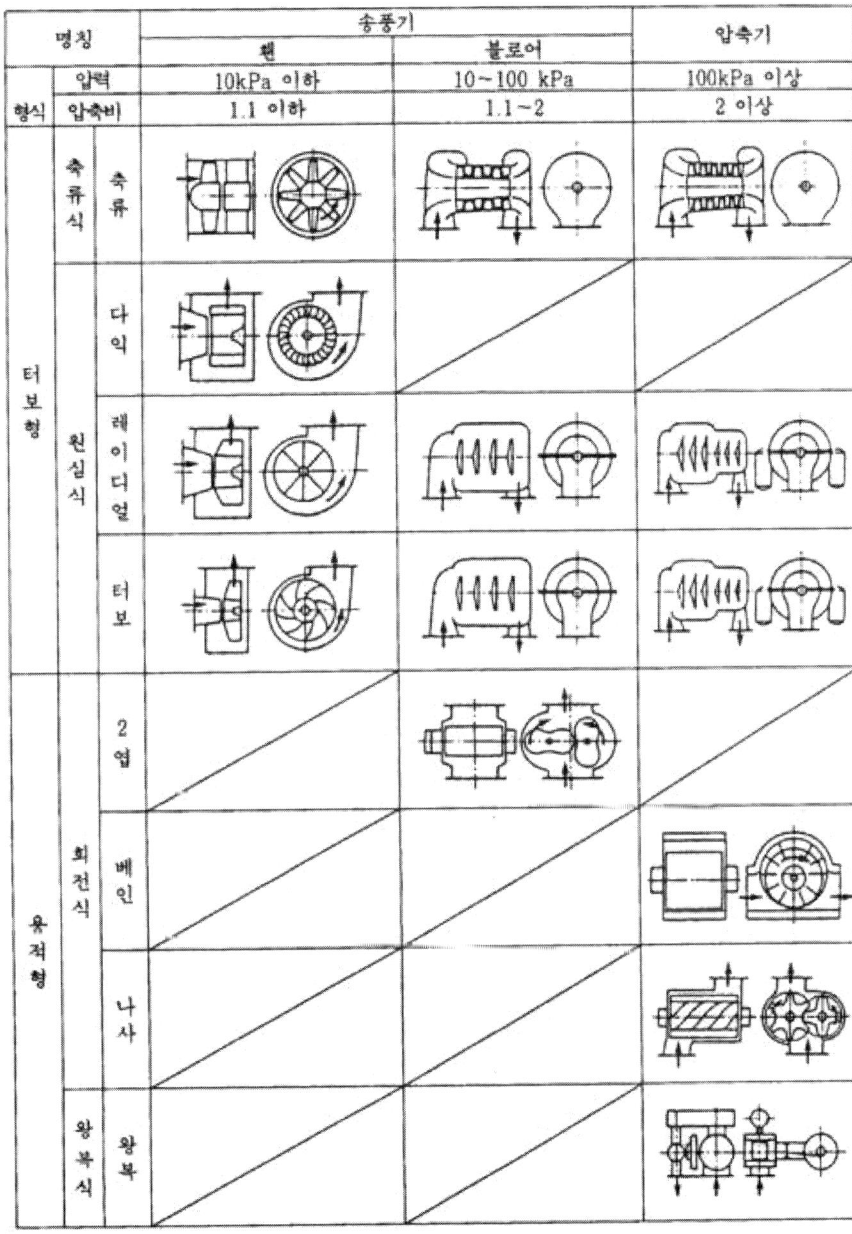

그림 9.2 송풍기와 압축기의 분류

9.2 동력과 효율

9.2.1 동력

1. 전압이론 공기동력

홴에서 같이 공기의 유동이 비압축성 유동인 경우 홴이 공기에 준 이론동력을 홴의 전압이론 공기동력이라 한다. 홴에서 압력비 p_2/p_1가 1.03 이하로 작으면 밀도 ρ를 상수로 가정할 수 있으며 비압축성 유동에 대한 에너지방정식을 적용할 수 있다.

홴의 입구와 출구 1, 2에서 공기의 절대압력은 p_1, p_2 속도는 v_1, v_2일 때 홴이 단위체적당 공기에 준 에너지(전압) p_t 는 위치에너지를 무시하면 다음 식으로 나타낼 수 있다.

$$p_t = \left(p_2 + \frac{\rho v_2^2}{2}\right) - \left(p_1 + \frac{\rho v_1^2}{2}\right)$$

여기서 홴이 단위체적당 공기에 준 에너지 p_t 를 송풍기의 전압(全壓, total pressure)이라 한다.

홴이 공기에 준 단위시간당 에너지를 전압이론 공기동력(空氣動力, air power)이라 하며, SI단위계에서 p_t 의 단위가 $\mathrm{Pa}(=\mathrm{N/m^2})$이고 유량 Q_1 의 단위가 $\mathrm{m^3/s}$라면 전압이론 공기동력 L_t 는 다음 식으로 구할 수 있다.

$$L_t = p_t Q_1 \,\mathrm{W} = \frac{p_t Q_1}{10^3} \mathrm{kW} \tag{9.1}$$

송풍기의 전압 $p_t \mathrm{kgf/m^2}$, 흡입유량 $Q_1 \mathrm{m^3/s}$일 때 전압이론 공기동력 L_t는 다음과 같다.

$$L_t = p_t Q_1 \mathrm{kgf\,m/s} = \frac{p_t Q_1}{75} \mathrm{ps} = \frac{p_t Q_1}{102} \mathrm{kW} \tag{9.2}$$

만일 p_t, Q_1의 단위가 각각 $\mathrm{kgf/cm^2}$, $\mathrm{m^3/min}$인 경우에는

$$L_t = \frac{(p_t \times 10^4)\, Q_1}{60 \times 75} \mathrm{ps} = \frac{(p_t \times 10^4)\, Q_1}{60 \times 102} \mathrm{kW} \tag{9.3}$$

이 된다.

2. 등온이론 공기동력

블로어나 압축기내에서 공기의 유동이 압축성 유동인 경우 온도가 일정한 상태에서 송풍기나 압축기가 공기에 준 동력을 등온이론 공기동력이라 한다. 압력비 p_2/p_1가 1.1~1.2 이상으로 밀도 ρ를 상수로 가정할 수 없는 경우에는 압축성 유동으로 해석하여야 한다. 압축성유동에서는 공기의 밀도 변화가 크므로 일반적으로 온도가 변화하게 된다. 그러나 온도의 변화가 작거나 온도를 일정하게 유지하는 경우에는 등온과정(isothermal process)의 압축으로 가정할 수 있다.

입구 1과 출구 2에서 공기의 절대압력은 p_1, p_2이고 비체적(단위중량당 체적)은 v_1, v_2일 때 온도가 일정하게 유지되는 동안 블로어나 압축기가 단위중량당 공기에 준 에너지(등온수두) H_{is}는

$$H_{is} = \int_1^2 v\,dp \tag{9.4}$$

이다.

등온변화의 상태식 $pv = p_1 v_1$에서 $v = \dfrac{p_1 v_1}{p}$이므로 식 (9.4)는 다음과 같이 나타낼 수 있다.

$$H_{is} = p_1 v_1 \int_1^2 \frac{dp}{p} = p_1 v_1 \ln\frac{p_2}{p_1} \tag{9.5}$$

흡입하는 공기의 중량유량을 $\dot{G}(=\gamma Q_1)$라 하면 등온이론 공기동력 L_{is}는 다음과 같다.

$$L_{is} = \dot{G}H_{is} = \dot{G}p_1 v_1 \ln\frac{p_2}{p_1} = \dot{G}RT_1 \ln\frac{p_2}{p_1} \tag{9.6}$$

기체의 상태방정식 $pV = GRT$에서 $p_1 Q_1 = \dot{G}RT_1$이므로 식 (9.6)은 다음과 같이 나타낼 수 있다.

$$L_{is} = p_1 Q_1 \ln\frac{p_2}{p_1} \tag{9.7}$$

3. 단열이론 공기동력

압축기에서 공기의 압력 변화가 크면 밀도가 변화하고 따라서 온도가 변화한다. 그러나 공기의 온도가 변화하더라도 외부에서 열의 방출이나 유입이 없다고 가정하면 단열과정(adiabatic process)의 압축으로 가정할 수 있다.

압축성 등엔트로피유동(isentropic flow)에 대한 에너지방정식에서 압축기의 입구와 출구 1, 2 사이에서 내부에너지는 u_1, u_2 절대압력은 p_1, p_2 밀도는 ρ_1, ρ_2 속도는 v_1, v_2 이고 송풍기나 압축기가 공기에 준 단위 중량당 에너지(단열수두)가 H_{ad} 이면 에너지방정식은 다음과 같이 나타낼 수 있다.

$$h_1 + \frac{v_1^2}{2g} + H_{ad} = h_2 + \frac{v_2^2}{2g} \tag{9.8}$$

여기서 $h_1\left(= u_1 + \frac{p_1}{\rho_1 g}\right)$, $h_2\left(= u_2 + \frac{p_2}{\rho_2 g}\right)$는 입구와 출구에서의 엔탈피(enthalpy)이다.

입구와 출구 1, 2에서의 절대온도는 T_1, T_2 일 때 압축기의 단열수두 H_{ad} 는 속도 v_1, v_2를 무시하면 다음과 같이 표시된다.

$$H_{ad} = h_2 - h_1 = c_p(T_2 - T_1) = c_p T_1\left(\frac{T_2}{T_1} - 1\right) \tag{9.9}$$

단열변화(adiabatic change)인 경우 $c_p = \frac{k}{k-1}R, \frac{T_2}{T_1} = \left(\frac{p_2}{p_1}\right)^{\frac{k-1}{k}}$ 이므로 식 (9.9)는 다음과 같이 나타낼 수 있다.

$$H_{ad} = \frac{k}{k-1} R T_1 \left[\left(\frac{p_2}{p_1}\right)^{\frac{k-1}{k}} - 1\right] \tag{9.10}$$

여기서 $k\,(= C_p/C_v)$는 비열비, R 은 기체상수이다.

흡입하는 공기의 중량유량을 $\dot{G}\,(= \gamma Q_1)$라 하면 압축기나 송풍기의 이론적 단열공기동력 L_{ad} 는 다음과 같다.

$$L_{ad} = \dot{G}H_{ad} = \frac{k}{k-1}\dot{G}RT_1\left[\left(\frac{p_2}{p_1}\right)^{\frac{k-1}{k}} - 1\right] \tag{9.11}$$

이상기체의 상태방정식 $pV = GRT$에서 $p_1Q_1 = \dot{G}RT_1$이므로 식 (9.11)은 다음과 같이 나타낼 수 있다.

$$Lad = \frac{k}{k-1}p_1 Q_1\left[\left(\frac{p_2}{p_1}\right)^{\frac{k-1}{k}} - 1\right] \tag{9.12}$$

여기서 Q_1은 흡입유량이다.

4. 폴리트로픽이론 공기동력

실제의 압축기에서는 공기의 압력변화와 마찰에 의하여 공기의 온도가 높아지고 벽면에서 열의 수수(授受)가 발생하여 단열과정으로 취급하기 어렵다. 이러한 경우 단열과정에서 비열비 $k\ (= C_p/C_v)$ 대신에 폴리트로픽과정(politropic process)에서의 폴리트로픽지수 n이 주어지면 실제에 가까운 공기동력을 구할 수 있다. 폴리트로픽과정에서 압축기가 공기에 준 폴리트로픽이론 공기동력 L_{pol}는 다음과 같다.

$$L_{pol} = \frac{n}{n-1}\dot{G}RT_1\left[\left(\frac{p_2}{p_1}\right)^{\frac{n-1}{n}} - 1\right] \tag{9.13}$$

또 식 (9.13)은 다음과 같이 나타낼 수 있다.

$$L_{pol} = \frac{n}{n-1}p_1 Q_1\left[\left(\frac{p_2}{p_1}\right)^{\frac{n-1}{n}} - 1\right] \tag{9.14}$$

5. 축동력

블로어나 압축기의 축동력 L에서 기계적 마찰손실동력 ΔL_m을 제외한 것이 블로어나 압축기의 내부에서 공기에 준 동력, 즉 내부동력(도시동력) L_i이다. 내부동력 L_i에서 누설에 의한 누설손실동력 ΔL_l 을 제외한 것이 공기에 준 이론적 공기동력 L_{th} (L_t, L_{is}, L_{ad}, L_{pol})이다. 블로어나 압축기의 내부에서는 고체벽면과 유체의 마찰, 흐름의 방향변화, 충돌 등에 의한 유체손실동력 ΔL_f 가 발생하므로 이론적 공기동력 L_{th} 에서 유체손실동력 ΔL_f 를 제외한 것이 송풍기나 압축기가 공기에 준 실제의 공기동력 L_a 이다.

등온과정인 경우 블로어나 압축기의 축동력 L 은 다음 식들로 표현할 수 있다.

$$L = L_i + \Delta L_m = L_{is} + \Delta L_l + \Delta L_m = L_a + \Delta L_f + \Delta L_l + \Delta L_m \tag{9.15}$$

단열과정인 경우 블로어나 압축기의 축동력 L 은 다음 식들로 표시된다.

$$L = L_i + \Delta L_m = L_{ad} + \Delta L_l + \Delta L_m = L_a + \Delta L_f + \Delta L_l + \Delta L_m \tag{9.16}$$

9.2.2 효율

블로어나 압축기의 압축성유동에서 효율은 다음과 같이 표시할 수 있다.

1. **기계효율(도시효율**, mechanical efficiency) η_m

$$\eta_m = \frac{\text{축동력} - \text{기계손실동력}}{\text{동력}} = \frac{\text{내부동력(도시동력)}}{\text{축동력}} = \frac{L_i}{L} \tag{9.17}$$

2. **체적효율**(volumetric efficiency) η_v

$$\eta_v = \frac{\text{내부동력} - \text{누설손실동력}}{\text{내부동력}} = \frac{\text{이론동력}}{\text{내부동력}} = \frac{L_{th}}{L_i} \tag{9.18}$$

3. **유체효율**(aerodynamic efficiency) η_h

$$\eta_h = \frac{\text{이론공기동력} - \text{유체손실동력}}{\text{이론공기동력}} = \frac{\text{(실제의) 공기동력}}{\text{이론공기동력}} = \frac{L_a}{L_{th}} \tag{9.19}$$

4. **전압효율**(total pressure efficiency) η_t

$$\eta_t = \frac{\text{전압이론공기동력}}{\text{축동력}} = \frac{L_t}{L} \tag{9.20}$$

5. **등온효율** (isothermal efficiency) η_{is}

$$\eta_{is} = \frac{\text{등온이론공기동력}}{\text{시동력}} = \frac{L_{is}}{L_i} \tag{9.21}$$

6. **전등온효율**(overall isothermal efficiency) η_{tis}

$$\eta_{tis} = \frac{\text{등온이론공기동력}}{\text{축동력}} = \frac{L_{is}}{L} \tag{9.22}$$

7. **단열효율**(adiabatic efficiency) η_{ad}

$$\eta_{ad} = \frac{\text{단열이론공기동력}}{\text{도시동력}} = \frac{L_{ad}}{L_i} \tag{9.23}$$

8. **전단열효율**(overall adiabatic efficiency) η_{tad}

$$\eta_{tad} = \frac{\text{단열이론공기동력}}{\text{축동력}} = \frac{L_{ad}}{L} \tag{9.24}$$

9. **폴리트로픽효율**(politropic efficiency) η_{pol}

$$\eta_{pol} = \frac{\text{폴리트로픽이론공기동력}}{\text{도시동력}} = \frac{L_{pol}}{L_i} \tag{9.25}$$

10. **전폴리트로픽효율**(overall politropic efficiency) η_{tpol}

$$\eta_{tpol} = \frac{\text{폴리트로픽이론공기동력}}{\text{축동력}} = \frac{L_{pol}}{L} \tag{9.26}$$

11. **전효율**(total efficiency) η

$$\eta = \eta_m \, \eta_v \, \eta_h = \frac{\text{실제의 공기동력}}{\text{축동력}} = \frac{L_a}{L} \tag{9.27}$$

【예제 9.1】 홴의 운전 중에 전압이 200mmAq일 때 풍량은 $3\,m^3/min$이고, 축동력은 2kW이었다. 이 때 홴의 효율은 몇 %인가?

【풀이】 전압 $200mmAq = \frac{200}{760} \times 101.3 = 26.66\,kPa$

홴의 공기동력 L_a는 $L_a = p_t Q_1 = 26.66 \times \frac{3}{60} = 1.3\,kW$

홴의 효율 η는

$$\eta = \frac{L_a}{L} = \frac{1.3}{2} = 0.65 = 65\%$$

【예제 9.2】 원심블로어에서 흡입공기유량은 $3\,m^3/min$, 흡입압력은 1bar(abs)일 때 등온상태에서 송출압력을 1.5bar(abs)로 높이려면 등온이론 공기동력은 몇 kW인가?

【풀이】

$$L_{is} = p_1 Q_1 \ln\frac{p_2}{p_1} = 1 \times 10^5 \times \frac{3}{60} \times \ln\frac{1.5}{1}$$

$$= 2027\,Nm/s(= W) = 2.027\,kW$$

【예제 9.3】 1단 원심압축기에서 흡입측 공기유량은 $2\,m^3/min$, 흡입압력은 1bar (abs)일 때 등온상태로 송출압력을 4bar(abs)로 높이려면 등온이론 공기동력은 몇 kW인가?

【풀이】

$$L_{is} = p_1 Q_1 \ln\frac{p_2}{p_1} = 1 \times 10^5 \times \frac{2}{60} \times \ln\frac{4}{1}$$

$$= \frac{4621}{1000} = 4.62\,kW$$

【예제 9.4】 압축기가 대기압상태의 공기를 유량 $4\,m^3/min$로 흡입하여 송출압력 3 atm(abs)로 송출할 때 이론단열 공기동력은 몇 kW인가?

【풀이】

$$L_{ad} = \frac{k}{k-1} p_1 Q_1 \left[\left(\frac{p_2}{p_1} \right)^{\frac{k-1}{k}} - 1 \right]$$

$$= \frac{1.4}{1.4-1} \times 1 \times 10^5 \times \frac{4}{60} \left[\left(\frac{3}{1} \right)^{\frac{1.4-1}{1.4}} - 1 \right]$$

$$= \frac{8604}{1000} = 8.6\,\text{kW}$$

【예제 9.5】 흡입압력은 대기압, 온도 20℃, 흡입유량 $10\,m^3/\text{min}$인 공기를 1단압축기로 5atm(abs)까지 압축한다. 등온압축, 단열압축, 폴리트로픽압축(n=1.3)의 경우에 대한 이론공기동력(kW) 및 압축후의 온도(℃)를 구하여라.

【풀이】 (1) 등온압축

이론등온동력 L_{is}는

$$L_{is} = p_1 Q_1 \ln\frac{p_2}{p_1} = \frac{1 \times 10^5}{1000} \times \frac{10}{60} \times \ln\frac{5}{1} = 26.8\,\text{kW}$$

온도 T_2는

$$T_2 = T_1 = 20\,℃$$

(2) 단열압축

이론단열동력 L_{ad}는

$$L_{ad} = \frac{k}{k-1} p_1 Q_1 \left[\left(\frac{p_2}{p_1} \right)^{\frac{k-1}{k}} - 1 \right]$$

$$= \frac{1.4}{0.4} \times \frac{1 \times 10^5 \times 10}{60 \times 1000} \left[\left(\frac{5}{1} \right)^{\frac{0.4}{1.4}} - 1 \right] = 34.1\,\text{kW}$$

온도 T_2는

$$T_2 = T_1 \left(\frac{p_2}{p_1} \right)^{\frac{k-1}{k}} = 293 \times 5^{\frac{0.4}{1.4}} = 464\,\text{K} = 191\,℃$$

(3) 폴리트로픽압축

이론폴리트로픽동력 L_p는

$$L_p = \frac{k}{k-1} p_1 Q_1 \left[\left(\frac{p_2}{p_1} \right)^{\frac{n-1}{n}} - 1 \right]$$

$$= \frac{1.3}{0.3} \times \frac{1 \times 10^5 \times 10}{60 \times 1000} \left[\left(\frac{5}{1} \right)^{\frac{0.3}{1.3}} - 1 \right] = 32.5\,\text{kW}$$

온도 T_2는

$$T_2 = T_1 \left(\frac{p_2}{p_1} \right)^{\frac{n-1}{n}} = 293 \times 5^{\frac{0.3}{1.3}} = 425\,\text{K} = 152\,℃$$

【예제 9.6】 원심압축기에서 흡입공기량은 $12\,\text{m}^3/\text{min}$, 표준대기압인 공기를 단열압축하여 송출압력은 5bar(abs)일 때, (1)단열이론 공기동력 L_{ad}(kW), (2)축동력 L(kW), (3)공기동력 L_a(kW)를 구하라. 단, 기계효율 $\eta_m = 0.9$, 체적효율 $\eta_v = 0.95$, 유체효율 $\eta_h = 0.8$이다.

【풀이】

(1)단열이론 공기동력

$$L_{ad} = \frac{k}{k-1} p_1 Q_1 \left[\left(\frac{p_2}{p_1} \right)^{\frac{k-1}{k}} - 1 \right]$$

$$= \frac{1.4}{1.4-1} 1 \times 10^5 \times 12/60 \left[\left(\frac{5}{1} \right)^{\frac{1.4-1}{1.4}} - 1 \right] = 40987\text{W} = 41\text{kW}$$

(2)축동력

$$L = \frac{L_{ad}}{\eta_m \eta_v} = \frac{41}{0.9 \times 0.95} = 47.8\text{kW}$$

(3)공기동력

$$L = L_{ad} \times \eta_h = 41 \times 0.8 = 32.8\text{kW}$$

9.3 상사법칙과 비속도

송풍기나 압축기에서도 같은 종류의 송풍기, 압축기에서는 상사법칙이 성립하며 상사법칙을 이용하면 송풍기나 압축기의 해석이나 설계를 용이하게 할 수 있다.

상사법칙이 성립하는 2대의 회전차에서 회전차의 바깥지름은 각각 D_1, D_2 회전수는 N_1, N_2 유량을 Q_1, Q_2 전수두를 H_1, H_2 축동력을 L_1, L_2라 하면 다음과 같은 유량, 수두, 동력에 관한 상사법칙이 성립한다.

$$\frac{Q_1}{Q_2} = \left(\frac{D_1}{D_2}\right)^3\left(\frac{N_1}{N_2}\right) \text{ 또는 } \frac{Q_1}{D_1^3 N_1} = \frac{Q_2}{D_2^3 N_2} \tag{9.28}$$

$$\frac{H_1}{H_2} = \left(\frac{D_1}{D_2}\right)^2\left(\frac{N_1}{N_2}\right)^2 \text{ 또는 } \frac{H_1}{D_1^2 N_1^2} = \frac{H_2}{D_2^2 N_2^2} \tag{9.29}$$

$$\frac{L_1}{L_2} = \left(\frac{D_1}{D_2}\right)^5\left(\frac{N_1}{N_2}\right)^3 \text{ 또는 } \frac{L_1}{D_1^5 N_1^3} = \frac{L_2}{D_2^5 N_2^3} \tag{9.30}$$

2대의 회전차를 상사하게 운전하면서 한 회전차가 단위 유량에서 단위수두를 내게 할 때, 이 회전차의 회전수를 기준이 되는 회전차에 대한 비속도(specific speed) 또는 비교회전도라 하며, 송풍기나 압축기의 형식결정과 설계를 위한 기준이 된다.

식 (9.29)과 식 (9.30)에서 D_1/D_2항을 소거하여 정리하면 다음의 식을 얻을 수 있다.

$$\frac{N_1 Q_1^{\frac{1}{2}}}{H_1^{\frac{3}{4}}} = \frac{N_2 Q_2^{\frac{1}{2}}}{H_2^{\frac{3}{4}}} \tag{9.31}$$

식 (9.31)에서 $Q_2 = 1, H_2 = 1,\ N_2 = N_s$로 놓으면 다음과 같이 표시된다.

$$\frac{NQ^{\frac{1}{2}}}{H^{\frac{3}{4}}} = N_s \tag{9.32}$$

식 (9.32)에서 N_s를 비속도(specific speed) 또는 비교회전도라 하며, 송풍기나 압축기의 형식결정에 기준이 되는 값이다.

전압이 p_t이면 $H = p_t/\gamma$이므로 식 (9.32)는 다음 식으로도 표시할 수 있다.

$$\frac{NQ^{\frac{1}{2}}}{(p_t/\gamma)^{\frac{3}{4}}} = N_s \tag{9.33}$$

그림 9.3은 비속도 N_s(m, m³/min, rpm)의 변화에 따른 송풍기의 형식과 효율의 관계를 나타낸 그림이다. 그림에서와 같이 비속도가 증가할수록 회전차의 형상은 원심형에서 축류형으로 선택하여야 한다.

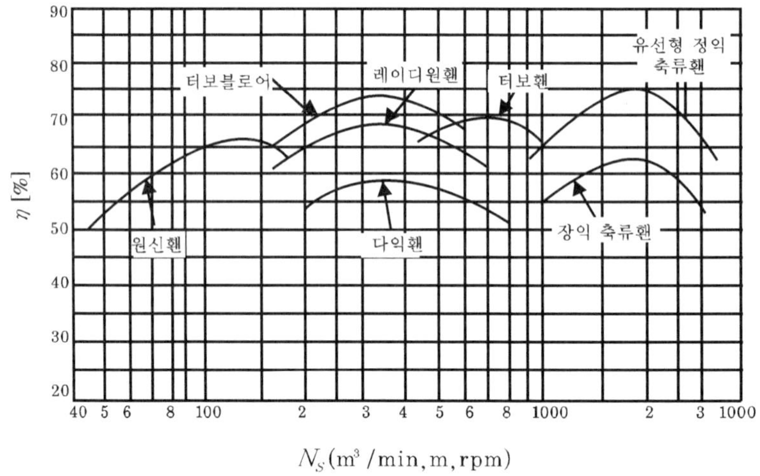

그림 9.3 속도와 송풍기의 효율

【예제 9.7】 터보송풍기의 풍량이 $4\,m^3/min$, 전압수두가 2mAq, 회전수 $N=1700rpm$ 일 때에 비속도 N_s 를 구하라.

【풀이】
$$N_s = \frac{NQ^{\frac{1}{2}}}{H^{\frac{3}{4}}} = \frac{1700 \times 4^{\frac{1}{2}}}{2^{\frac{3}{4}}} = 2022\ (\text{rpm, m, } m^3/\text{min})$$

【예제 9.8】 송풍기가 800rpm으로 운전될 때에 풍량 $16\,m^3/min$, 전압수두 50mmAq를 낸다. 만일 이 송풍기를 1500rpm으로 상사하게 운전할 때 풍량은 몇 $m^3/minm$인가?

【풀이】
$$Q_2 = Q_1\left(\frac{N_2}{N_1}\right) = 16 \times \frac{1500}{900} = 26.6\,m^3/\text{min}$$

9.4 원심식 공기기계

9.4.1 원심식 공기기계의 종류

그림 9.4 터보송풍기 그림 9.5 익형송풍기 그림 9.6 한정부하송풍기

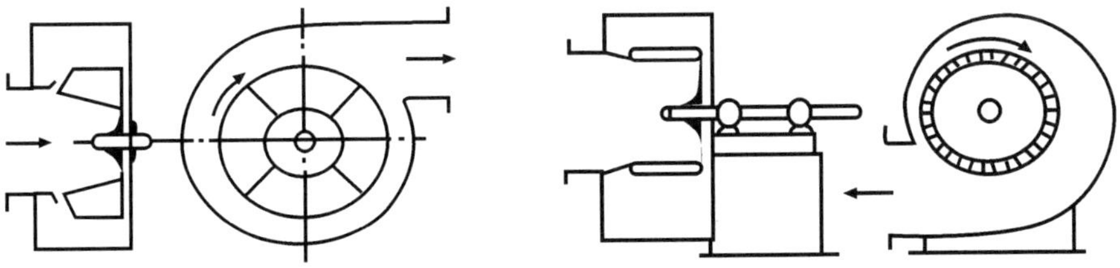

그림 9.7 레이디얼송풍기 그림 9.8 다익송풍기

1. 터보송풍기

터보송풍기(turbo blower)는 그림 9.4와 같이 보통의 후향익을 채택한 것으로서 깃의 경사각은 30~50°, 깃의 수는 12~24매, 효율은 85% 정도로서 원심송풍기 중에서 가장 효율이 좋다.

2. 익형송풍기

익형송풍기(airfoil blower)는 그림 9.5와 같이 후향의 익형을 깃으로 채택한 송풍기로서 풍량이 설계점 이상으로 증가하여도 축동력은 증가하지 않으며 효율도 좋고 소음도 작다.

3. 한정부하송풍기

한정부하송풍기(limit loaded blower)은 그림 9.6과 같이 깃이 S자의 형상을 가지며 케이싱 흡입구에 프로펠러형 안내깃이 고정되어 있으며 설계점 이상의 풍량에서도 축동력이 증가하지 않는다.

4. 레이디얼송풍기

레이디얼송풍기(radial blower)는 그림 9.7과 같이 반경익을 채택한 송풍기로서 구조가 간단하고 다익휀에 비하여 익의 길이는 길며 익의 폭은 짧다. 깃의 수는 보통 6~12매이며 효율은 50~65% 정도이고 소음이 크다는 결점이 있다.

5. 다익송풍기

다익송풍기(多翼송풍기, multiblade fan)은 그림 9.8과 같이 회전차는 길이는 짧고 폭은 넓은 전향익 36~64매로 구성되며, 시로코 휀(sirocco fan)이라고도 한다. 같은 회전속도의 다른 휀에 비하여 풍량은 크지만 송출압력은 70~80mmAq 정도이며 효율은 45~55% 정도이다.

6. 터보압축기

그림 9.9는 보통의 후향익을 채택한 터보압축기(turbo compressor)이다. 보통 1단 터보압축기의 압력비는 1.5~2에 이르며, 다단으로 하면 압력비는 5~7도 가능하다. 고압의 다

단 압축기에서는 단열압축열이 발생하여 송출온도가 100℃ 이상으로도 되기 때문에 중간 냉각기를 설치하여 냉각한 후에 다음 단에서 압축시킨다. 고압다단 터보압축기에는 압력비 50까지 가능한 것도 있다. 그림 9.11은 회전차의 원주속도가 275m/s일 때 깃의 경사각 β_2에 따른 효율 η의 변화를 나타낸 것이다. 그림에서 깃의 경사각 $\beta_2 = 30°\sim50°$의 범위에서 효율이 좋고 $\beta_2 = 42°$ 부근에서 효율은 가장 좋다.

7. 레이디얼압축기

그림 9.10과 같이 깃의 경사각 $\beta_2 = 90°$인 레이디얼압축기의 경우는 후향깃을 채택한 터보압축기에 비하여 효율은 낮지만 구조상으로 고속회전이 가능하므로 고압력비가 필요한 경우에 적합하다.

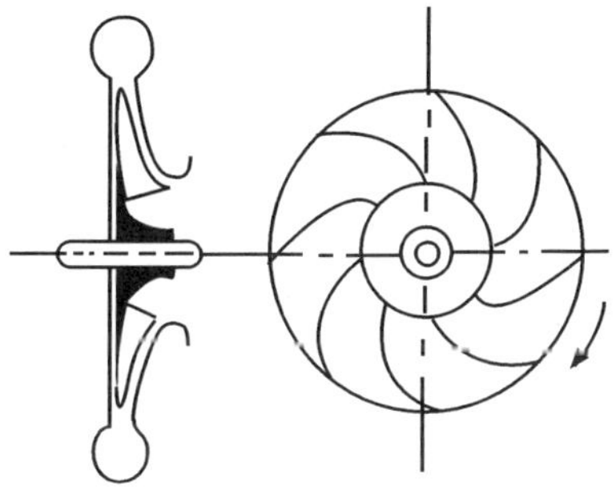

그림 9.9 터보압축기

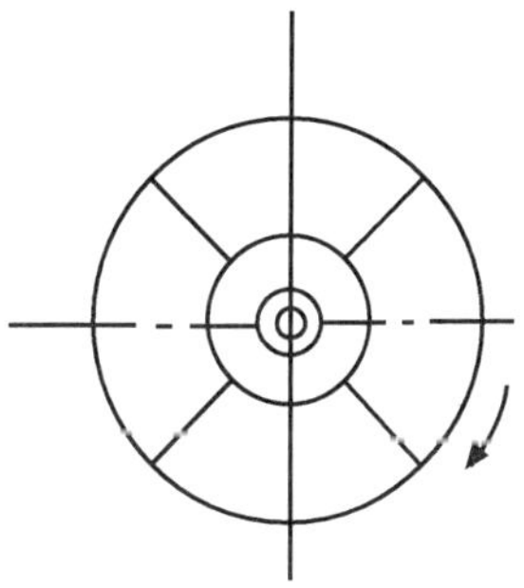

그림 9.10 레이디얼압축기

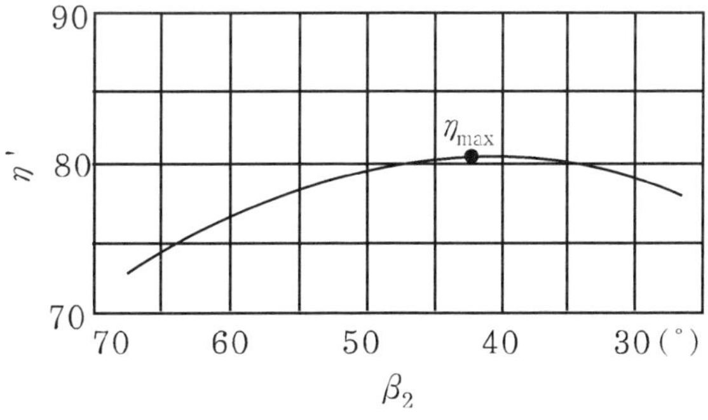

그림 9.11 깃의 경사각 β_2에 대한 효율곡선

9.4.2 원심식 공기기계의 이론

원심형의 송풍기, 압축기는 회전축에 부착된 회전차(rotor)와 회전차를 둘러싸고 있는 케이싱(casing) 또는 볼류트(volute)의 두 가지 주요한 요소로 구성되어 있다. 회전차는 축을 중심으로 하여 규칙적으로 배열된 다수의 깃(blade, vane)과 측판(shroud)으로 되어 있다. 주축에 축토크가 공급되어 회전차가 회전하면 유체는 회전차입구로 유입되고, 회전하는 깃에 의하여 유체에 토크(에너지)가 공급되고 유체는 선회유동하면서 반경방향으로 유출된다.

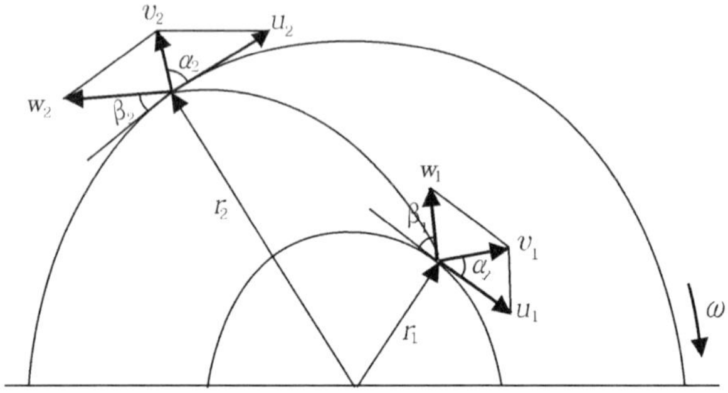

그림 9.12 회전차내에서 유체의 유동과 속도선도

그림 9.12와 같은 깃 수 무한인 원심형 회전차내의 공기유동에서 입구의 반경 r_1, 출구의 반경 r_2인 원심형 회전차가 각속도 ω로 회전운동 할 때 유체가 회전차내를 선회유동하면서 회전차로 유입 유출한다. 이 경우 v_1, v_2 : 유체의 절대속도, u_1, u_2 : 회전차의 원주속도, w_1, w_2 : 유체의 상대속도, α_1, α_2 : 유체입자의 유입각과 유출각, $v_{u1} = v_1 \cos\alpha_1$, $v_{u2} = v_2 \cos\alpha_2$라 하면 회전차가 유체에 주어지는 토크 T는 각운동량이론에 의하여 다음 식으로 표시된다.

$$T = \rho Q(r_2 v_{u2} - r_1 v_{u1}) = \frac{\gamma}{g} Q(r_2 v_2 \cos\alpha_2 - r_1 v_1 \cos\alpha_1) \tag{9.34}$$

깃 수 무한인 경우의 이론동력 L_{th} 는

$$L_{th} = T\omega = \frac{\gamma}{g} Q(u_2 v_2 \cos\alpha_2 - u_1 v_1 \cos\alpha_1) \tag{9.35}$$

이다.

이론동력 $L_{th\infty}$를 회전차로부터 유체가 얻는 이론전압수두 $H_{th\infty}$로 표시하면 다음과 같다.

$$L_{th\infty} = \gamma Q H_{th\infty} \tag{9.36}$$

식 (9.35)와 식 (9.36)으로부터 이론전압수두 $H_{th\infty}$는 다음 식으로 나타낼 수 있다.

$$H_{th\infty} = \frac{1}{g}(u_2 v_2 \cos\alpha_2 - u_1 v_1 \cos\alpha_1) \tag{9.37}$$

유입각 $\alpha_1 = 90°$ $(v_{u1} = 0)$로 하면 식 (9.37)은 다음과 같이 된다.

$$H_{th\infty} = \frac{1}{g} u_2 v_2 \cos\alpha_2 \tag{9.38}$$

깃 수 유한인 경우에 회전차내에서 와류 등을 고려한 이론전압을 p_{th}라 하면 깃 수 무한인 경우 이론전압 $p_{th\infty}$와 깃 수 유한인 경우의 이론전압의 비를 미끄럼률이라 한다.

$$\frac{p_{th}}{p_{th\infty}} = \mu \tag{9.39}$$

로 나타내면, 여기서 μ를 미끄럼계수(slip coefficient)라 한다. μ의 값은 회전차의 형상, 회전속도, 유량 등에 따라서 다르지만 대개 0.8~0.9이다.

9.4.3 성능곡선

송풍기나 압축기의 성능곡선은 유량의 변화에 따른 송출압력 p, 효율 η, 동력 L 등의 관계를 나타낸 것이며, 그림 9.13은 각종 송풍기의 성능곡선을 무차원수로 나타낸 그림이다. 여기서 무차원수들은 다음과 같다.

송출압력 p 를 나타내는 압력계수 ϕ 는 유체의 밀도를 ρ, 회전차의 원주속도를 u 라 하면 다음과 같다.

$$\phi = \frac{p}{\rho u_2^2/2} \tag{9.40}$$

흡입유량 Q 를 나타내는 유량계수 ϕ 는 자오면속도를 v_{m2}, 회전차외경과 출구폭을 각각 D_2, b_2 라 하면 다음과 같다.

$$\phi = \frac{v_{m2}}{u_2} = \frac{Q}{\pi D_2 b_2 u_2} \tag{9.41}$$

축동력 L 을 나타내는 동력계수 L' 는 다음과 같다.

$$L' = \frac{L}{\pi D_2 b_2 u_{\rho 2}^3} \tag{9.42}$$

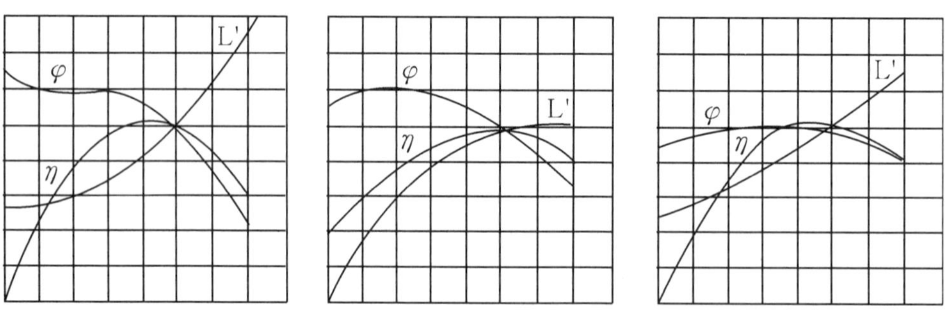

(a) 터보홴 (b) 다익홴 (c) 레이디얼홴

그림 9.13 각종 원심식 송풍기의 특성곡선

9.5 축류식 공기기계

9.5.1 축류식 공기기계의 종류

축류식의 송풍기는 회전축에 부착된 동익(회전차, rotor)과 회전차를 둘러싸고 있는 케이싱(casing), 케이싱에 붙어있는 정익(안내깃, stator)의 주요한 요소로 구성되어 있다. 주축에 축토크가 공급되어 회전차가 회전하면 유체는 회전차입구에서 축방향으로 유입되고, 회전차에 의하여 에너지를 공급받으면서 축방향으로 유출한다.

축류식 송풍기는 원심식에 비하여 1단에서의 압력비는 낮지만, 고속회전이 가능하므로 풍량을 크게 할 수 있으며, 회전차를 다단(多段)으로 하면 압력비도 쉽게 높일 수 있다. 축류식은 원심식에 비하여 소음이 크고 설계점 이외의 풍량에서는 효율이 급격히 떨어진다. 축류식의 송풍기나 압축기는 동익(회전차, rotor blade)과 정익(안내깃, stator blade)으로 구성되며, 날개의 수는 회전차의 크기, 시방에 따라 다르지만 보통 4~16매이다. 케이싱은 보통 강판으로 제작되며 0~15 mmAq 정도로 정압이 낮을 때는 정익을 설치하지 않지만, 그 이상일 때는 임펠러의 앞 또는 뒤에 정익이 설치된다. 이 정익을 가변으로 하여 풍량을 제어하면 효율이 높아지고 넓은 범위의 풍량제어를 할 수 있다. 다단일 경우는 각단의 정익을 일제히 움직여서 풍량을 제어하는 방법이 널리 쓰이고 있다. 또 동익을 운전중에 가변으로 하여 풍량제어를 하면 더욱 효과적으로 제어를 할 수 있다.

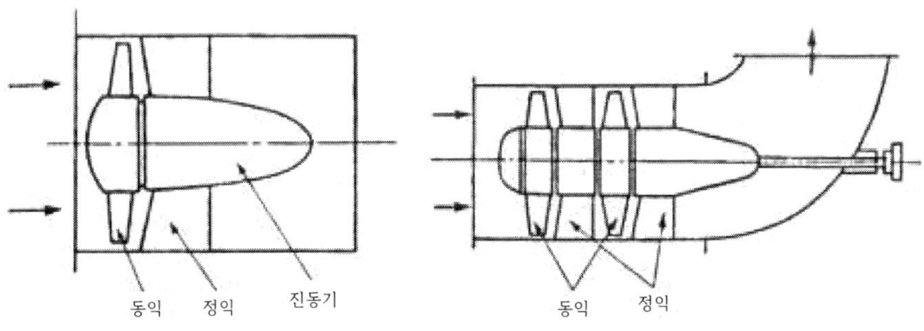

(a) 축류햰 (b) 축류블로어

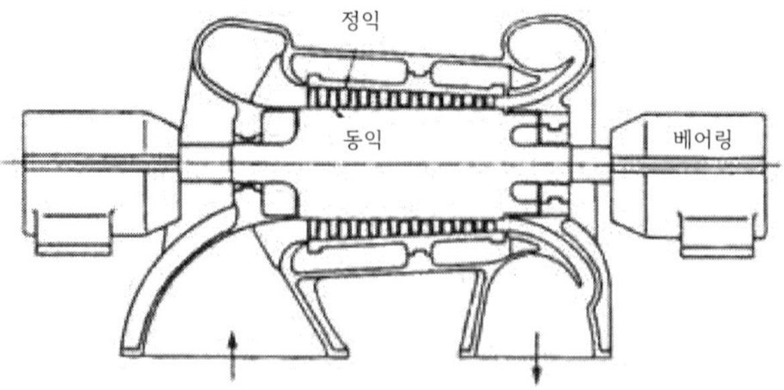

(c) 축류압축기

그림 9.14 축류송풍기와 축류압축기

축류압축기에서 1단당 압력비는 1.1~1.6범위이며, 16단 정도까지 가능하고 최고 압력비는 10이상도 가능하다. 원심압축기에 비하여 효율이 5~10%정도 높고 압력변화에 대한 유량변화가 적다. 진동도 적고 고속회전으로 하면 소형이 되어 설치면적이 작아도 되는 이점이 있다. 그러나 적정 유량범위를 벗어나면 서징(surging)이 일어나기 쉬우며 소음이 크고 먼지 등에 의한 깃의 오염이 성능에 미치는 영향이 크다는 등의 결점이 있다. 축류압축기는 제트엔진, 가스터빈 등에서 성능에 중요한 영향을 미치며, 이와 관련하여 많은 기술적 진보를 이루었다. 기타의 산업용으로서도 규모의 대형화에 따라 원심식이 쓰이고 있던 영역까지 축류식이 사용되고 있다.

9.5.2 축류식 송풍기와 압축기의 이론

그림 9.15은 축류식 회전차의 입구와 출구에서의 속도선도를 나타낸다. 그림의 반경 r 인 단면에서의 익렬은 원주속도 u 로 회전하며, 유체는 절대속도 v_1 으로 유입하여 v_2 로 유출할 때, 회전차의 이론전압수두 H_{th} 는 다음 식으로 나타낼 수 있다.

$$H_{th} = \frac{u}{g}\left(v_{u2} - v_{u1}\right) \tag{9.43}$$

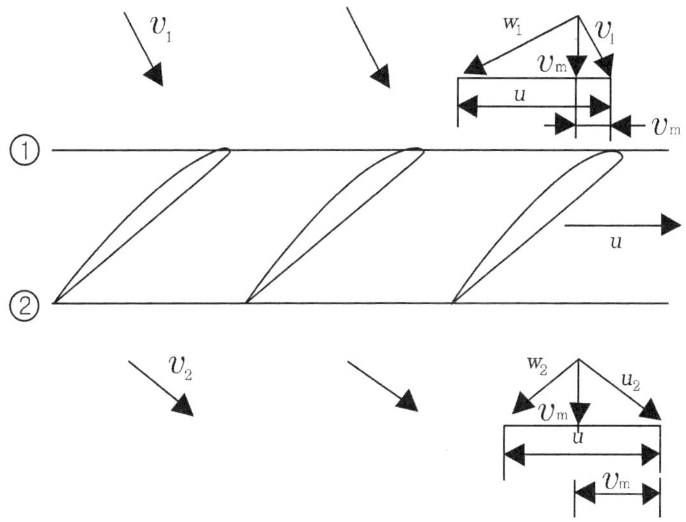

그림 9.15 축류회전차에서 유체의 유동과 속도선도

여기서 v_{u1}, v_{u2}는 각각 회전차입구와 출구에서 절대속도의 원주방향성분, 즉 $v_{u1} = v_1 \cos\alpha_1$, $v_{u2} = v_2 \cos\alpha_2$이다.

이론전압수누 H_{th}를 속도성분만으로 나다내면 $u_1 - u_2$이므로 다음과 같다.

$$H_{th} - \frac{v_2^2 - v_1^2}{2g} + \frac{w_1^2 - w_2^2}{2g} \tag{9.44}$$

식 (9.44)에서 우변 제 1 항은 회전차를 통과한 유체가 얻은 속도에너지를 나타내며, 제 2 항은 상대속도의 감소에 의한 정압의 상승을 나타낸다.

정압의 상승이 엔탈피(enthalpy)로 변화된다면

$$\frac{w_1^2 - w_2^2}{2g} = h_2 - h_1 = C_p(T_2 - T_1) = \frac{k}{k-1} R(T_2 - T_1) \tag{9.45}$$

이므로 이론전압수두 H_{th}는 다음 식으로 나타낼 수 있다.

$$H_{th} = \frac{v_2^2 - v_1^2}{2g} + \frac{k}{k-1} R(T_2 - T_1) \tag{9.46}$$

식 (9.46)에서 송풍기나 압축기에서 기체의 압력이 상승하면 온도가 상승한다는 것을 알 수 있다.

9.6 용적형 압축기

용적형 압축기(positive displacement type compressor)는 외부에서 기체를 흡입하여 밀폐된 공간의 체적을 변화시켜서 기체를 압축하고 송출하는 형식의 압축기를 말한다. 용적형 압축기는 왕복형(reciprocating type)과 회전형(rotary type)으로 나눌 수 있으며, 작동원리와 구조는 용적형 펌프와 유사하다. 용적형 압축기는 터보형에 비하여 송출유량은 작지만 높은 송출압력이 요구되는 경우에 사용된다. 그러므로 용적형압축기는 급수용이나 양수용보다는 유압시스템에서 유압펌프로 많이 사용된다.

9.6.1 왕복압축기

왕복압축기는 피스턴이 실린더 내를 왕복운동하는 동안에 기체를 흡입밸브를 통하여 실린더내로 흡입하여 압축하고, 압축된 기체는 송출밸브를 통하여 송출한다. 이와 같은 작동은 고속운동이 불가능하여 터보형 압축기보다 회전수가 적으므로 송출유량을 크게 하기 위해서는 체적이 크게 된다. 그러나 왕복형은 고압을 낼 수 있는 장점이 있으므로 터보형에서는 다단으로 해야하는 송출압력도 1단으로 가능하며, 또한 설계와 제작이 쉽고 가격이 저렴하다는 특징이 있다.

왕복형 압축기는 압력범위가 크기 때문에 압축기로서 널리 사용되고 있으며, 각 단의 압력비는 소유량(0.1~1.5m^3/min)에서는 6~12, 중유량(1.5~15m^3/min)에서는 5~8, 대유량(15m^3/min)에서는 2~4 정도가 보통이다. 왕복압축기는 실린더의 배열에 따라서 수평형, 수직형, V형, 대향형(對向形), W형 등으로 분류할 수 있으며, 가능한 한 피스톤의 왕복운동시에 관성력의 평형이 좋고 진동이 경감될 수 있도록 해야 한다.

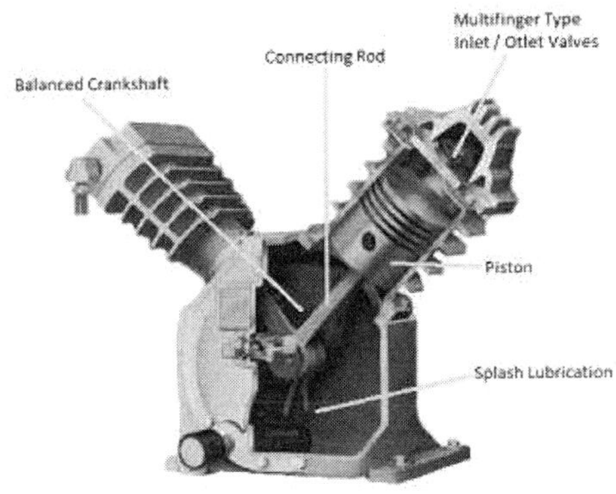

그림 9.16 왕복형 압축기

1. 행정체적 및 이론유량

실린더내에서 피스톤 1개의 행정체적 v_0는 다음 식으로 표시할 수 있다.

$$v_o = AL \tag{9.47}$$

여기서 $A\left(=\frac{\pi}{4}D^2\right)$: 피스톤의 단면적, L : 피스톤의 행정

피스톤의 수를 Z, 구동축 1회전당의 이론적 배제용적 v_{th}는 다음 식과 같다.

$$v_{th} = ZAL \tag{9.48}$$

구동축의 회전수가 N일 때, 이론 송출량 Q_{th}는 다음과 같다.

$$Q_{th} = Zv_{th} = ZALN \tag{9.49}$$

2. 체적효율 η_v

그림 9.17과 같이 실린더내에서 압축공기의 송출과정(b−c)시에 간극체적 ϵv_0에 남아있는 압력 p_2인 공기는 송출되지 못하고 흡입과정(c−d−a)시에 압력 p_1인 흡입공기와 합쳐지게 된다. 따라서 흡입과정시에 실제의 흡입체적 $v\ (= v_0 + \epsilon v_0 - v_c)$는 행정체적 v_0보다 작

아진다. 행정체적 v_0와 흡입체적 v 의 비를 체적효율(η_v)이라 하며, 실린더 내에서 공기가 폴리트로픽압축(지수 n)한다면 다음 식으로 표시할 수 있다.

$$\eta_v = \frac{v}{v_o} = \frac{v_0 + \epsilon v_0 - v_c}{v_0}$$

$$= 1 - \epsilon\left(\frac{v_c}{\epsilon v_0} - 1\right) = 1 - \epsilon\left[\left(\frac{p_2}{p_1}\right)^{\frac{1}{n}} - 1\right] \tag{9.50}$$

여기서 ϵ 을 간극비(clearance ratio)라 하며, 행정체적과 간극체적의 비이다.

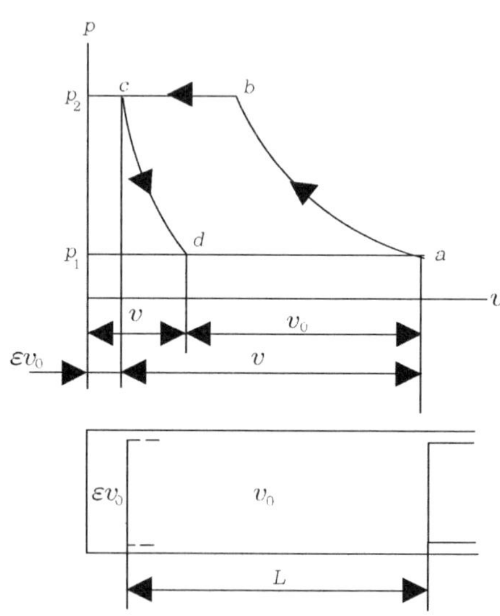

그림 9.17 왕복압축기의 $p-v$ 선도

9.6.2 회전압축기

회전압축기(rotary compressor)에는 그림 9.18(a)와 같이 로터(rotor)에 설치된 방사상의 홈속을 베인이 왕복운동하며 회전하는 형식의 베인압축기(vane compressor), 그림 9.18(b)와 같이 2개 나사의 물림을 이용한 스크루압축기(screw compressor), 그림 9.18(c)와 같이 기어(gear)의 이사이의 골이 이동하는 것을 이용한 기어압축기(gear compressor) 등이 사용되고 있다.

왕복형과 비교하여 회전압축기는 송출압력은 작지만 송출유량이 크고 회전수가 일정할 때 송출유량이 압력비에 관계없이 일정하게 유지되는 이점이 있다. 터보형 압축기과 비교하면 회전압축기는 회전수가 일정할 때 송출유량이 압력비에 관계없이 일정하게 유지되는 이점이 있다.

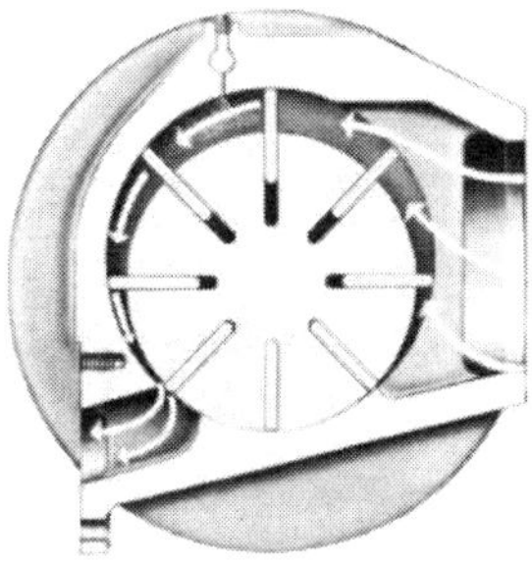

(a) 베인압축기

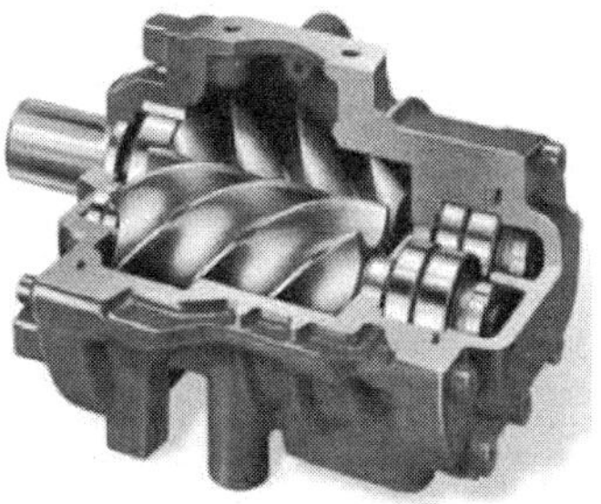

(b) 스크류압축기

(c) 기어압축기

그림 9.18 회전압축기

연습문제

9.1 용적형압축기와 비용적형압축기를 비교하여 특징을 설명하시오.

9.2 표준대기압인 공기를 유량 8㎥/min으로 흡입하여 출구에서 7bar(gage)로 송출하는 압축기의 등온이론공기동력, 단열이론공기동력, 폴리트로픽이론 공기동력은 각각 몇 kW인가? 단, $k=1.4, n=1.3$이다.

9.3 1ata, 25℃인 공기를 유량 6㎥/min으로 흡입하여 5ata로 1단 압축한다. 압축기의 전단열효율이 75%, 기계효율이 86%이면 축동력과 내부동력은 각각 몇 kW인가?

9.4 축류휀의 동익을 설계하려고 한다. 깃차가 2000rpm으로 회전하고 있을 때, 회전차 지름 452mm 인 곳에서 바람은 익렬입구에서 축방향으로 15.3m/s의 속도로 들어오고 익렬출구에서 회전방향으로 12.2m/s의 분속도를 얻어 나간다. 동익의 양력계수는? 단, $l/t = 1.614$이다.

9.5 어떤 송풍기가 1200rpm으로 운전될 때에 풍량 20㎥/min, 전압 80mmAq를 낸다. 이 송풍기를 1600rpm으로 운전할 때 풍량은 몇 ㎥/min인가?

9.6 압력이 10MPa인 축압기에서 기체의 온도가 35℃에서 170℃로 높아지는 동안 체적은 0.03㎥에서 0.02㎥으로 감소하였다. 압력은 몇 MPa로 변하였는가?

9.7 체적이 일정한 탱크내에서 가스의 압력은 1.7MPa이었다. 가스를 가열하여 온도가 30℃에서 120℃로 되었다면 압력은 몇 MPa로 변하였는가?

9.8 압력 6ata, 온도 110℃인 압축공기 0.3㎥를 단열팽창시켜서 외부에 20000Nm의 일을 경우 공기의 압력과 체적을 구하여라.

9.9 매분 1750 회전에서 전압 120mmAq, 풍량 62㎥/min를 충족시키는 레이디얼 휀의 축동력은 몇 kW인가? 단, 송풍기 효율은 66%이다.

9.10 흡입공기량은 60㎥/min, 흡입압력은 1bar(abs), 흡입공기의 온도가 20℃이며, 압력비가 3.5인 원심압축기의 축동력은 몇 kW인가? 단, 전단열효율은 0.85이다.

9.11 압력 1bar, 온도 20℃, 흡입유량 30㎥/min인 공기를 1단압축기로 5bar까지 압축한다. 등온압축, 단열압축, 폴리트로픽압축(n=1.3)의 경우에 대한 이론공기동력(kW) 및 압축후의 온도(℃)를 구하여라.

제10장
가스터빈과 증기터빈

10.1 가스터빈

10.1.1 가스터빈의 개요

가스터빈기관(gas turbine engine)은 고온 ·고압의 연소가스로 터빈을 가동(稼動)시키는 회전형 열기관으로서 주로 발전용이나 항공기엔진용으로 사용된다. 그림 10.1은 항공기 엔진용 가스터빈기관을 나타내며, 그림에서와 같이 가스터빈엔진은 압축기(compressor), 연소기(combustor), 터빈(turbine) 등의 기본적인 요소로 구성된다.

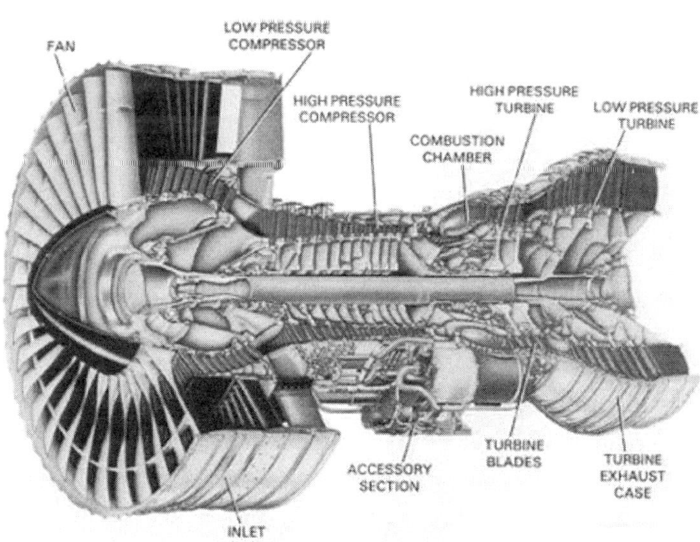

그림10. 1 가스터빈기관의 구조

가스터빈의 기본 사이클은 브레이턴 사이클(Brayton cycle)이며, 그림 10.2와 같이 압축기로 공기를 압축하여 압축된 공기를 연소기로 보내고, 여기서 연료를 분사하여 정압하에서 연소시킨다. 이때 생긴 고온 ·고압의 연소가스는 터빈에서 팽창하며 터빈을 회전시킨다.   보통 압축기와 터빈은 직접 또는 간접적으로 1개의 축으로 연결되어 있는데, 압축기를 가동시키는 동력은 터빈에서 발생하는 출력의 25~30%를 사용한다. 따라서 가스터빈으로 발전기 또는 프로펠러 등을 회전시키는 출력은 터빈에서 발생하는 출력에서 압축기를 가동시키는 데 소요되는 출력을 뺀 출력(유효출력)이 된다.

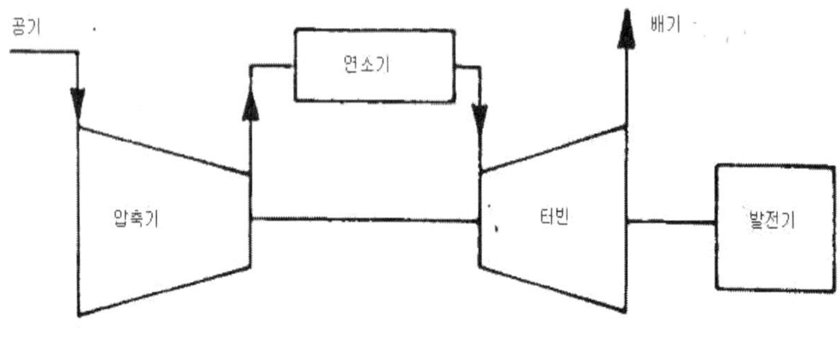

그림 10.2 가스터빈 사이클

단순한 브레이턴 사이클은 터빈에서 나온 배기가스가 대기 중에 버려지는 사이클로서 개방사이클이라 하며, 열효율을 높이기 위하여 배기가스를 회수하여 냉각 압축 후 압축기로 보내는 밀폐사이클 방식도 있다. 가스터빈의 에너지효율은 압축기의 압축압력이 높을수록 좋으며, 터빈으로 들어가는 연소가스의 온도를 높게 하면 열효율이 좋아진다. 따라서 압축 압력이 높고 효율이 좋은 압축기와 고온에 견디는 터빈 재료가 필요해진다. 또한 열교환기, 중간냉각기, 재열기를 사용함으로써 열효율이나 출력을 높일 수 있으나 구조가 복잡해지고 용적도 커진다.

가스터빈은 유체에너지를 받아서 회전운동을 일으키는 회전차(rotor), 회전차로 들어가고 나오는 유동을 안내하는 케이싱(casing) 등으로 이루어진다. 가스터빈의 분류 방법에는 여러 가지가 있지만 가장 일반적인 방법은 회전차를 통과하는 유동의 방향에 의한 분류로서 축류터빈(axial flow turbine), 반경류터빈(radial flow turbine), 혼류터빈(mixed flow turbine)으로 분류할 수 있다.

가스의 유동방향이 회전차의 회전축과 평행 방향이면 축류형이며, 이 경우에는 회전차 입구와 출구의 유동 방향이 모두 회전축방향과 일치한다. 반경류형은 가스가 회전차 입구에서 축의 반지름방향으로 유입하여 회전차 출구에서 축방향으로 유출한다.

10.1.2 반경류 가스터빈

그림 10.3은 반경류 터빈의 구성요소와 가스의 유동방향을 나타낸다. 반경류 터빈에서는 가스가 볼류우트(volute)에 회전차의 반경방향으로 유입하여 정익(stator vane)과 동익(rotor blade)을 거쳐서 축방향으로 유출한다. 그림 10.3에서와 같이 가스는 정익을 통과하

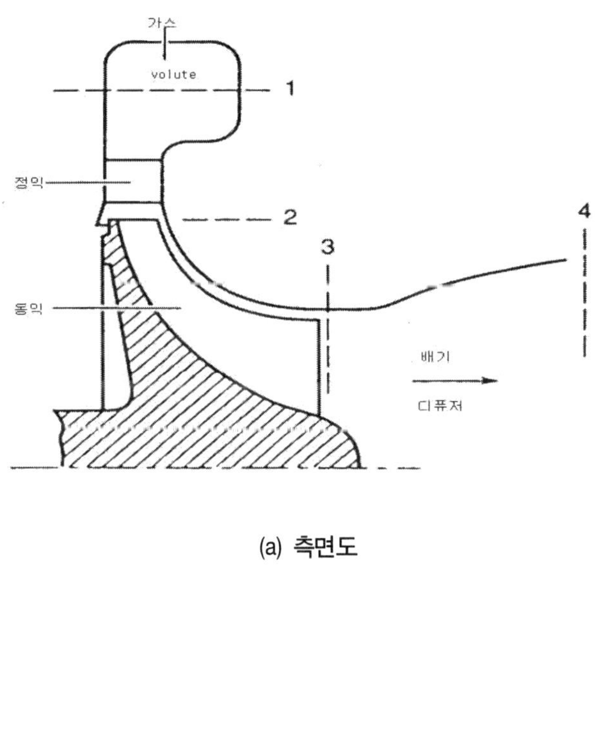

(a) 측면도

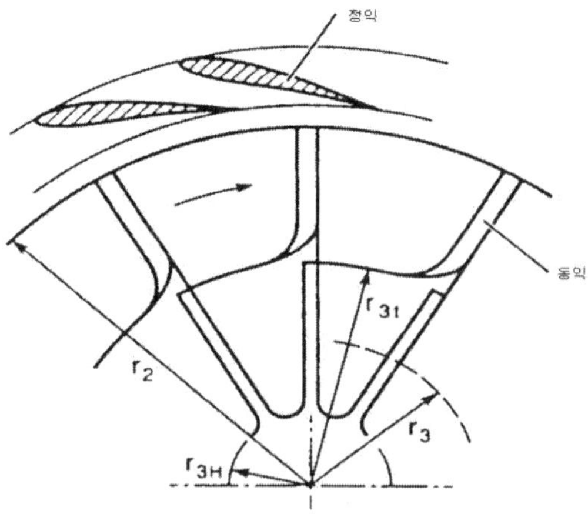

(b) 정면도

그림 10.3 반경류 터빈의 측면도와 정면도

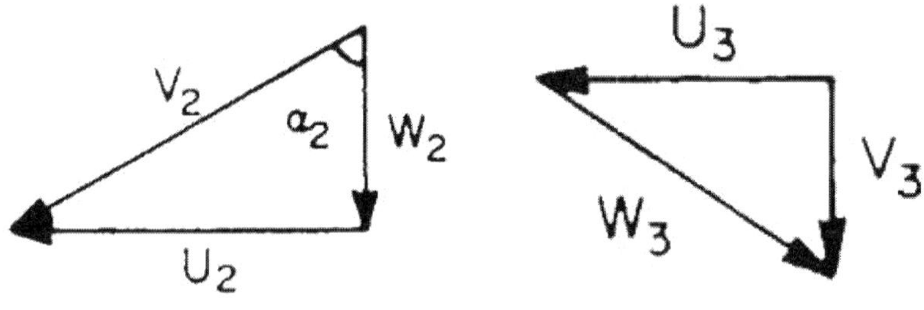

(a) 회전차 입구 (b) 회전차 출구

그림 10.4 반경류 가스터빈의 속도선도

면서 정익출구에서 속도 v_2로 팽창되고, 유출각 α_2로 유출하여 동익으로 유입된다. 가스는 상대속도 w_2로 반경 r_2단면상의 동익에 반경방향으로 유입하여 유동하다가 동익 출구에서 상대속도 w_3로 축방향과 각 β_3를 이루며 유출한다. 동익출구에서 압력 p_3인 배기는 디퓨저에서 압축되어 대기압 p_a로 방출된다.

정익의 입구 1과 출구 2에 대한 에너지방정식을 적용하면

$$h_2 + \frac{v_2^2}{2} = h_3 + \frac{v_3^2}{2} \tag{10.1}$$

로 되며, 배기 디퓨저 입구 3과 출구 4에 대한 에너지방정식은 다음과 같다.

$$h_3 + \frac{v_3^2}{2} = h_4 + \frac{v_4^2}{2} \tag{10.2}$$

가스가 터빈 로터(rotor)에 준 단위 질량당에너지가 E이면, 터빈 로터입구 2와 출구 3에 대한 에너지방정식은 다음 식으로 표시된다.

$$h_2 + \frac{v_2^2}{2} = h_3 + \frac{v_3^2}{2} + E \tag{10.3}$$

Euler의 터빈방정식에서 가스가 터빈 회전차(rotor)에 준 단위 질량당에너지 E는 다음과 같다.

$$E = u_2 v_{u2} - u_3 v_{u3} \tag{10.4}$$

윗 식은 다음과 같이 나타낼 수도 있다.

$$E = \frac{u_2^2 - u_3^2}{2} + \frac{v_2^2 - v_3^2}{2} + \frac{w_3^2 - w_2^2}{2} \tag{10.5}$$

식 (10.5)를 식 (10.3)에 대입하여 다음과 같은 식을 얻을 수 있다.

$$h_2 + \frac{w_2^2}{2} - \frac{u_2^2}{2} = h_3 + \frac{w_3^2}{2} - \frac{u_3^2}{2} \tag{10.6}$$

회전운동하는 로터내부 유로(passage)의 어떤 위치에서 가스의 상대속도가 0, 즉 상대적 정체상태(relative stagnation state)이면 이점에서 가스의 엔탈피는 상대적 전(정체)엔탈피(relative total(stagnation) enthalpy) h_{0R}가 된다.

$$h_{0R} = h + \frac{w^2}{2} \tag{10.7}$$

상대적 정체상태일 때 가스의 전(정체)압력(relative total(stagnation) pressure)은 p_{oR}, 전(정체)온도(relative total(stagnation) temperature)는 T_{oR}로 나타내면 상대적 정체상

태에서 온도-엔탈피선도(T-S diagram)는 그림 5로 나타낼 수 있다.

식 (10.7)을 정압비열 c_P로 나누면 전(정체)온도 T_{oR}은 다음과 같이 나타낼 수 있다.

$$T_{o2R} = T_2 + \frac{{w_2}^2}{2c_P} \tag{10.8}$$

$$T_{o3R} = T_3 + \frac{{w_3}^2}{2c_P} \tag{10.9}$$

그림 10.5에서 점 2와 점 02R사이는 등엔트로피과정이므로 압력과 온도사이에 다음의 관계가 성립한다.

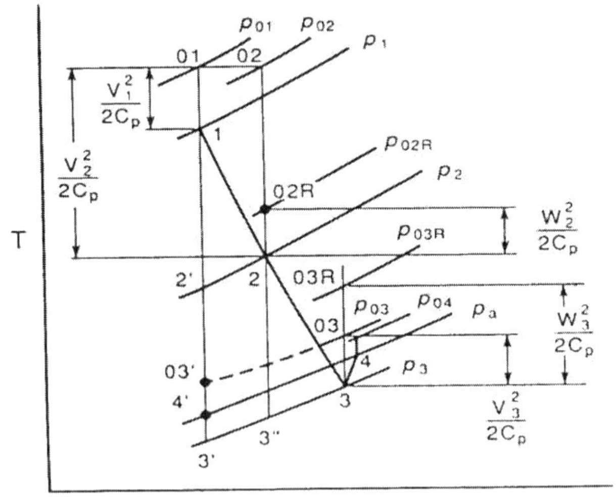

그림 10.5 반경류터빈의 T-S선도

$$\frac{T_{02R}}{T_2} = \left(\frac{p_{02R}}{p_2}\right)^{\frac{k-1}{k}} \tag{10.10}$$

마찬가지로 점 3과 점 03R사이에서도 등엔트로피과정이므로 다음의 관계가 성립한다.

$$\frac{T_{03R}}{T_3} = \left(\frac{p_{03R}}{p_3}\right)^{\frac{k-1}{k}} \tag{10.11}$$

그러므로 그림 10.5의 점 01, 02, 03에서 절대적 정체성질들(absolute stagnation(total) properties), 즉 전엔탈피, 전온도, 전압력은 다음 식으로 나타낼 수 있다.

$$h_{01} = h_1 + \frac{v_1^2}{2} \tag{10.12}$$

$$h_{02} = h_2 + \frac{v_2^2}{2} \tag{10.13}$$

$$h_{03} = h_3 + \frac{v_3^2}{2} \tag{10.14}$$

$$T_{01} = T_1 + \frac{v_1^2}{2c_P} \tag{10.15}$$

$$T_{02} = T_2 + \frac{v_2^2}{2c_P} \tag{10.16}$$

$$T_{03} = T_3 + \frac{v_3^2}{2c_P} \tag{10.17}$$

$$p_{01} = p_1\left(\frac{T_{01}}{T_1}\right)^{\frac{k}{k-1}} \tag{10.18}$$

$$p_{02} = p_2\left(\frac{T_{02}}{T_2}\right)^{\frac{k}{k-1}} \tag{10.19}$$

$$p_{03} = p_3 \left(\frac{T_{03}}{T_3} \right)^{\frac{k}{k-1}} \tag{10.20}$$

로터입구에서 가스의 유입각 $\alpha_2 = 0°$, 즉 깃의 입구각 $\beta_2 = 90°$이고 로터출구에서는 가스가 축방향으로 유출하는 이상적 반경류터빈(ideal flow radial turbine)인 경우에는 $v_{u2} = u_2$, $v_{u3} = 0$이므로 Euler의 터빈방정식 (4)는 다음과 같이 된다.

$$E = u_2^2 \tag{10.21}$$

가스가 터빈에 준 이상적에너지(ideal energy)를 E_i로 놓으면 에너지방정식 (10.3)은 다음과 같이 표시된다.

$$h_2 + \frac{v_2^2}{2} = h_{3'} + \frac{v_{3'}^2}{2} + E_i \tag{10.22}$$

로터출구 3에서 가스의 운동에너지가 0이라고 가정하면 $v_{3'} = 0$이고, 볼류우트(volute)에서 전에너지 h_{01}은 로터입구에서 에너지합 $h_2 + v_2^2/2$과 같으므로 다음과 같이 된다.

$$E_i = h_{01} - h_{3'} \tag{10.23}$$

볼류우트 단면 01과 로터단면 $3'$사이에서 가스의 팽창과정이 등엔트로피과정이고 노즐출구에서 가스의 최대속도를 v_i라 하면 $E_i = v_i^2/2$이므로

$$\frac{v_i^2}{2} = h_{01} - h_{3'} \tag{10.24}$$

이며, 윗 식에서 터빈 로터팁(rotor tip)의 최대속도 v_i를 구할 수 있다.
로터출구에서 가스의 운동속도 $v_{3'} = 0$인 이상적터빈에서는 $h_{03'} = h_{3'}$이며, 이때의 전정효율(total to static efficiency) η_{ts}는 다음 식으로 구할 수 있다.

$$\eta_{ts} = \frac{h_{01} - h_{03}}{h_{01} - h_3{}'} \tag{10.25}$$

윗 식에서 $h_{01}-h_{03}=E$이므로 전정효율 η_{ts}는 다음 식으로도 나타낼 수 있다.

$$\eta_{ts}=2\frac{E}{v_i^2} \tag{10.26}$$

$p_{3'}=p_3$로 놓으면 식 (10.24)에서 $h_{01}-h_{3'}=C_p(T_{01}-T_3)$와 온도 압력사이의 상태관계식을 이용하면 최대속도를 v_i는 다음 식으로도 구할 수 있다.

$$v_i=\left[\frac{k}{k-1}2RT_{01}\left\{1-\left(\frac{p_3}{p_{01}}\right)^{\frac{k-1}{k}}\right\}\right]^{\frac{1}{2}} \tag{10.27}$$

$v_{3'}\neq 0$인 실제의 터빈에서 터빈의 전전효율(total to total efficiency) η_{tt}는 다음 식으로 표시된다.

$$\eta_{tt}=\frac{h_{01}-h_{03}}{h_{01}-h_{03}'} \tag{10.28}$$

이상적 반경류가스터빈에 대하여 Whifield 와 Baines는 1990년에 그림 10.6과 같은 Balje 선도(Balje diagram)를 발표하였다.

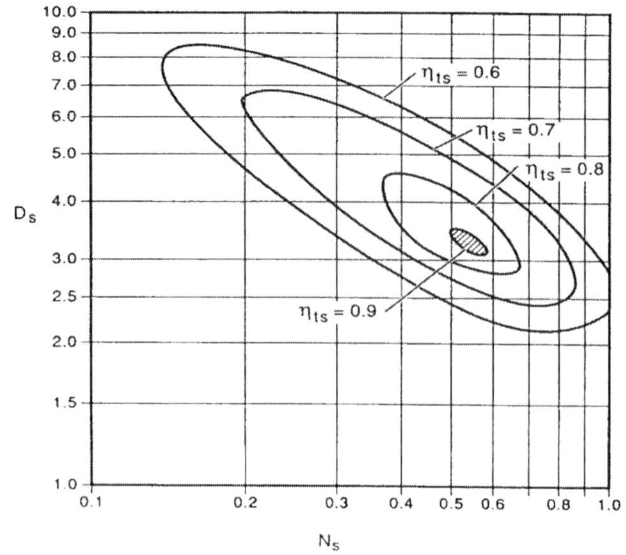

그림 10.6 이상적 가스터빈에 대한 Balje 선도

그림 10.6에서 N_s는 비속도(specific speed), D_s는 비직경(specific diameter)이며 다음 식으로 주어진다.

$$N_s = \frac{N Q_3^{\frac{1}{2}}}{(v_i^2/2)^{\frac{3}{4}}} \tag{10.29}$$

$$D_s = \frac{D_2 [(v_i^2/2)]^{\frac{1}{4}}}{Q_3^{\frac{1}{2}}} \tag{10.30}$$

윗 식에서 N은 회전수, $Q_3(=\dot{m}/\rho)$는 로터출구에서 가스의 체적유량, D_2는 로터의 외경(rotor tip diameter)이며, 그림 10.6을 이용하면 이상적 반경류가스터빈인 경우에 최적의 로터직경 D_2를 구할 수 있다.

10.1.3 축류 가스터빈

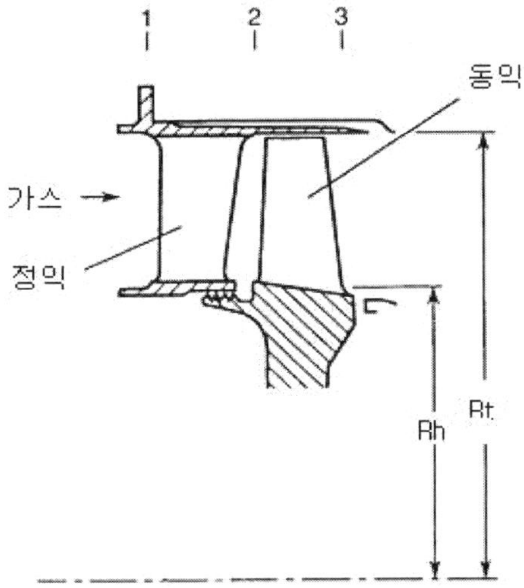

그림 10.7 축류가스터빈의 단면도

축류가스터빈은 축류충동터빈(impulse turbine)과 축류반동터빈(reaction turbine)으로 분류된다. 충동터빈(axial flow impulse turbine)은 정익에서 가스의 압력이 강하되면서 운동에너지가 생성되고 동익에서 운동에너지가 감소되면서 일로 변화되는 형식이다.

반동터빈(axial flow reaction turbine)은 가스가 축을 따라 유동하면서 정익과 동익이 교대로 배치된 유로에서 정익에서 가스가 팽창하며 동익에서 압력이 강하되는 형식으로서 파슨즈(Parsons) 터빈이 대표적이며, 1단 반동터빈(single stage reaction turbine)은 그림 10.7과 같이 일렬의 정익(stator vane)과 일렬의 동익(rotor blade)으로 구성된다.

충동터빈은 여러 단에서 순차적으로 압력강하가 이루어지는 압력복식 충동터빈(pressure compounded impulse turbine, Rateau turbine)과 가스의 속도를 여러 단에서 순차적으로 변화시켜서 운동에너지를 이용하는 속도복식 충동터빈(velocity compounded impulse turbine, Curtis turbine)이 있다.

그림 10.8은 축류가스터빈의 속도선도를 나타낸다. 속도선도에서 v_2, v_3는 각각 노즐출구(nozzle or stator exit)와 로터출구(rotor exit)에서 가스의 절대속도(absolute velocity)

를 나타내고, w_2, w_3는 각각 로터입구와 출구에서 가스의 상대속도(relative velocity)를 나타낸다. 충동터빈에서는 상대속도 w_2, w_3의 크기는 동익을 지나는 동안에 변하지 않으며 유

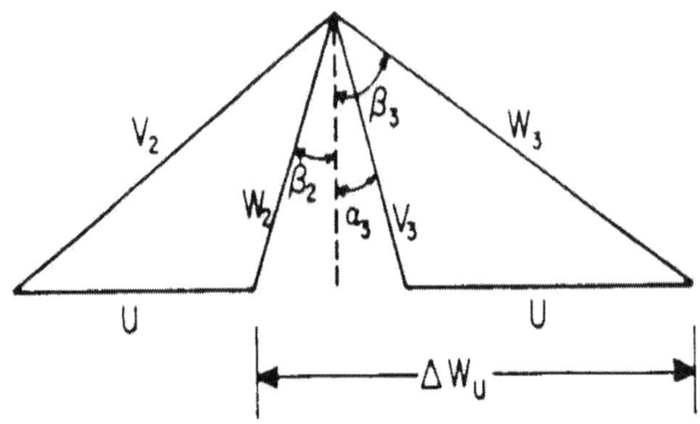

그림 10.8 축류가스터빈의 속도선도

동하는 각도만 β_2에서 β_3로 변한다. 그러므로 충동터빈에서 가스가 로터에 준 에너지는 다음 식으로 표시할 수 있다.

$$E = \frac{v_2^2 - v_3^2}{2} \tag{10.31}$$

그림 10.8의 속도선도가 좌우 대칭인 경우에는 $v_2 = w_3$, $v_3 = w_2$이므로 Euler의 터빈방정식 (10.4)는 다음과 같이 된다.

$$E = 2u^2 \tag{10.32}$$

이 된다. 이것은 같은 로터회전속도에서 충동터빈은 반동도 $\rho = 1/2$인 반동터빈 출력의 2배를 낼 수 있다는 것을 보여주며, 반동터빈이 충동터빈과 동일한 출력을 내기 위해서는 더 무겁고 더 많은 제작비용이 소요된다는 것을 의미한다.

10.2. 증기터빈

10.2.1 증기터빈의 개요

증기터빈(steam turbine)은 화력발전이나 원자력발전과 같은 원동소(power plant)에서 증기의 압력에너지나 운동에너지를 기계적 에너지로 변환시키는 역할을 하는 유체기계이다. 그림 10.9는 일반적인 화력발전소에서 기본적인 구성요소인 보일러(boiler), 과열기(super heater), 증기터빈(steam turbine), 발전기(generator), 복수기(conderser), 급수펌프(feed water pump)로 구성되는 랭킨사이클(Rankine cycle)을 나타낸다.

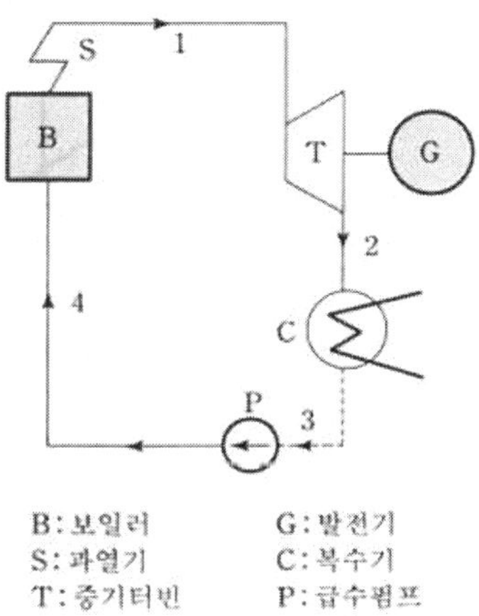

그림 10.9 증기터빈의 사이클(Rankine cycle)

그림 10.10 증기터빈의 구조

증기터빈은 가스터빈과 같이 축류터빈(axial flow turbine)이 주로 사용되고 있으며 충동터빈(impulse)과 반동터빈(reaction turbine)으로 분류할 수 있다.

단순한 형태의 축류 증기터빈(axial flow steam turbine)은 축류 가스터빈(gas turbine)과 구조가 유사하지만 증기의 유동은 액체상태의 액적(droplets of liquid water)을 포함하는 이상유동(two phase flow)이므로 좀 더 복잡하다. 단순한 증기터빈의 이상 사이클(ideal cycle)은 Rankine cycle이며, 그림 10.11은 Rankine cycle의 온도-엔트로피선도(T-S선도)를 나타낸다.

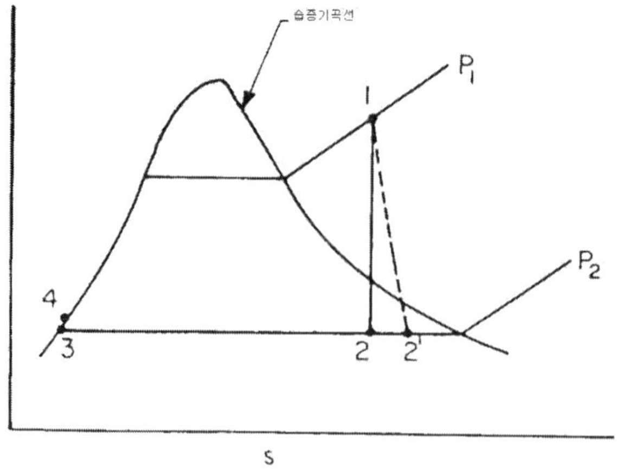

그림 10.11 증기터빈사이클의 T-S선도

그림 10.11에서 1-2과정은 증기의 이상팽창(ideal expansion)과정으로서 터빈내로 유입된 과열증기가 습증기로 변화되면서 증기의 유체에너지를 터빈의 기계적 에너지로 변환시키는 과정을 나타내며, 실제로는 1-2과정처럼 엔트로피가 증가하는 과정이 된다. 2-3과정은 터빈에서 팽창된 습증기(wet steam)가 응축기(凝縮器, condenser)또는 복수기(復水器)로 배출되는 과정이며 점 3에서 포화증기(飽和蒸氣, saturated vapor)로 된다. 3-4과정은 급수펌프에서 물을 가압하여 보일러로 공급하는 과정이며, 4-1과정은 보일러내의 물과 증기에 열을 가하여 고온, 고압의 과열증기 상태로 되는 과정이다. 상태 1의 과열증기(superheated steam)는 터빈으로 보내져서 일 에너지(work energy)로 변화된다.

운동에너지와 위치에너지 그리고 펌프일을 무시하고 터빈에서 등엔트로피과정으로 가정하면 랭킨사이클에서 출입하는 열 및 일은 엔탈피의 차로 표시할 수 있다. 즉 보일러에서 습증기에 공급한 열에너지는 $q_{in} = h_1 - h_4$, 터빈에서 만들어진 일에너지는 $w_{net} = h_1 - h_2$, 복수기에서 방출된 열에너지는 $q_{out} = h_2 - h_3$, 펌프일을 무시하면 $h_3 = h_4$로 표시할 수 있으므로 이상적 랭킨사이클에서 열효율 η_{th}는 다음 식으로 나타낼 수 있다.

$$\eta_{th} = \frac{q_{in} - q_{out}}{q_{in}} = \frac{w_{net}}{q_{in}} = 1 - \frac{h_2 - h_4}{h_1 - h_4} = \frac{h_1 - h_2}{h_1 - h_4} \qquad (10.33)$$

10.2.2 충동터빈

충동터빈(impulse turbine)에서는 증기의 압력에너지가 노즐에서 모두 운동에너지로 변화되고 터빈의 동익(rotor blade)에서 증기의 운동에너지는 일로 변화된다.

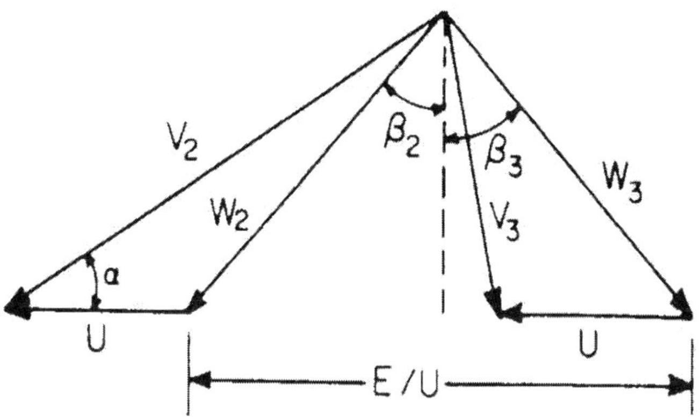

그림 10.12 충동터빈의 속도선도

그림 10.12은 충동터빈에서의 속도선도를 나타낸다. 속도선도에서 v_2, v_3는 각각 로터(rotor)입구와 출구에서 증기의 절대속도(absolute velocity)를 나타내고, w_2, w_3는 각각 로터입구와 출구에서 증기의 상대속도(relative velocity)를 나타낸다. 상대속도 w_2, w_3는 압력에너지를 나타내는 값이므로 충동터빈에서 크기는 변하지 않으며 동익을 지나는 동안에 유동하는 각도만 유입각 β_2에서 유출각 β_3로 변한다. 따라서 충동터빈에서 증기가 로터에 준 에너지는 다음 식으로 표시할 수 있다.

$$E = \frac{v_2^2 - v_3^2}{2} \tag{10.34}$$

그런데 실제로는 로터 날개(rotor blade)사이의 유로에서 익면의 경계층으로 인하여 상대속도가 느려지므로 다음과 같이 상대속도계수 K_R을 고려하여야 한다.

$$K_R = \frac{w_2}{w_3} \tag{10.35}$$

충동터빈에 대한 오일러(Euler)의 터빈방정식은 다음과 같다.

$$E = u(v_{u2} - v_{u3}) = u(w_{u2} - w_{u3}) \tag{10.36}$$

윗 식의 w_{u2}, w_{u3}를 유입각 β_2와 유출각 β_3로 나타내면 다음과 같다.

$$E = u(w_2 \sin\beta_2 + w_3 \sin\beta_3) \tag{10.37}$$

윗 식을 상대속도계수 K_R로 나타내면 다음과 같이 표시된다.

$$E = uw_2(\sin\beta_2 + K_R \sin\beta_3) \tag{10.38}$$

속도선도에서 $w_2 \sin\beta_2 = v_2 \cos\alpha - u$이므로 윗 식은 다음과 같이 나타낼 수 있다.

$$E = u\,(v_2 \cos\alpha - u)\left(1 + \frac{K_R \sin\beta_3}{\sin\beta_2}\right) \tag{10.39}$$

그러므로 터빈의 이론출력 L_{th}는

$$L_{th} = \rho QE = \rho Qu\,(v_2 \cos\alpha - u)\left(1 + \frac{K_R \sin\beta_3}{\sin\beta_2}\right) \tag{10.40}$$

이며, $L_{th} = T\omega$이므로 터빈의 축토크 T는 다음과 같다.

$$T = \frac{1}{2}\rho QD(v_2 \cos\alpha - u)\left(1 + \frac{K_R \sin\beta_3}{\sin\beta_2}\right) \tag{10.41}$$

여기서 D는 로터의 직경이다.

또한 블레이드효율 η_B는 다음과 같이 정의된다.

$$\eta_B = \frac{E}{v_2^2/2} \tag{10.42}$$

식 (10.39)를 식 (10.42)에 대입하면

$$\eta_B = 2\frac{u}{v_2}\left(\cos\alpha - \frac{u}{v_2}\right)\left(1 + \frac{K_R \sin\beta_3}{\sin\beta_2}\right) \tag{10.43}$$

식 (10.43)으로 부터 $d(\eta_B(u/v_2)) = 0$인 조건에서 최대블레이드효율을 나타내므로 최적 속도비 u/v_{2opt}는 다음 식에서 구할 수 있다.

$$\frac{2u}{v_{2opt}} = \cos\alpha \tag{10.44}$$

노즐의 분사각 α는 보통 $\alpha = 15°$ $25°$이며, 블레이드효율 η_B는 상대속도계수 K_R, 증기의 유입각 β_2, 유출각 β_3이 일정하면 u/v_2에 의하여 변화한다. 그림 11은 이 관계를 나타낸 충동터빈의 성능곡선으로서 $u = v_2$일 때 노즐효율 η_B는 0이되고, 축토크 T도 0이 된다.

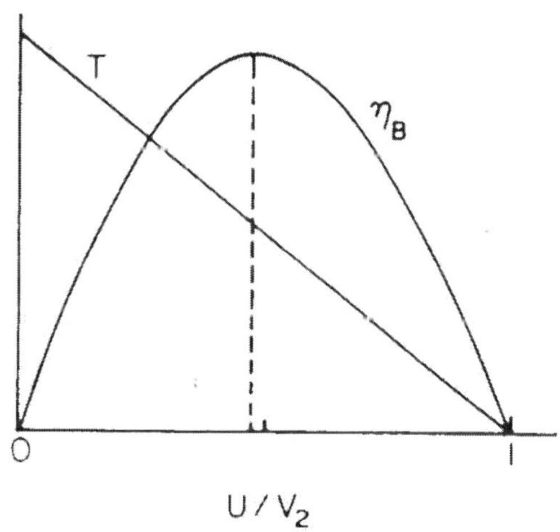

그림 10.13 충동터빈의 성능곡선

10.2.3 반동터빈

충동터빈에서는 노즐에서만 증기의 팽창이 일어나지만 반동터빈(reaction turbine)에서는 노즐에서뿐 만아니라 동익(rotor blade)에서도 증기가 팽창하므로 충동터빈보다 더 넓은 범위의 로터회전속도에서도 효율이 높다는 특징이 있다. 반동터빈의 속도선도는 충동터빈의 속도선도와 비슷하지만 동익에서 증기의 압력에너지변화가 일어나므로 그림 12.12와 같이 상대속도 w_3가 w_2보다 크다. 이것은 동익에서 증기가 팽창하여 압력이 강하되면서 엔탈피는 감소하고 상대적 운동에너지는 증가하기 때문이다.

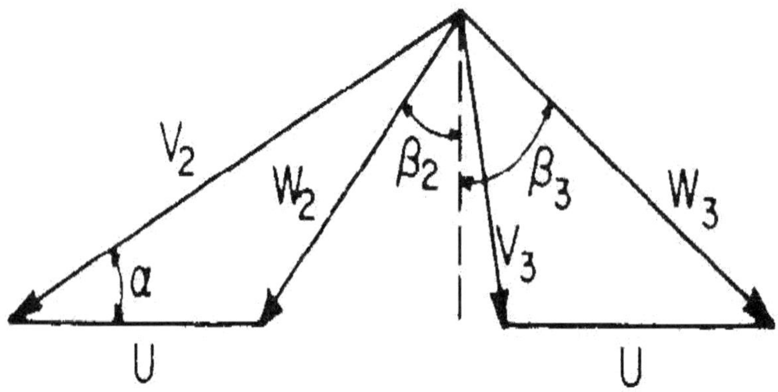

그림 10.14 반동터빈의 속도선도

반동터빈에서 증기가 로터에 준 에너지가 E일 때 에너지방정식은

$$h_2 + \frac{v_2^2}{2} - E = h_3 + \frac{v_3^2}{2} \tag{10.45}$$

이며, Euler의 터빈방정식에서 증기가 터빈 로터(rotor)에 준 단위 질량당에너지 E는 다음 식으로 표시된다.

$$E = \frac{v_2^2 - v_3^2}{2} + \frac{w_3^2 - w_2^2}{2} \tag{10.46}$$

식 (10.46)을 식 (10.45)에 대입하면

$$h_2 + \frac{w_2^2}{2} = h_3 + \frac{w_3^2}{2} \tag{10.47}$$

로 표시되며, 반동터빈에서는 동익에서 증기가 팽창하여 압력이 강하되면서 엔탈피는 감소하고 상대적 운동에너지는 증가하므로 $h_3 < h_2$ 이고, $w_3 > w_2$ 로 된다.

정익(stator vane)에서 마찰에 의한 엔트로피증가가 없는 이상적 팽창과정의 엔탈피를 h_2', 증기속도를 v_2'로 표시하면 다음식이 성립할 수 있다.

$$h_2 + \frac{v_2^2}{2} = h_{2'} + \frac{v_{2'}^2}{2} \tag{10.48}$$

식 (10.48)을 정익속도계수 $K_S(=v_2/v_2')$로 나타내면 다음과 같다.

$$h_2 - h_{2'} = \frac{v_{2'}^2}{2}(1-K_S^2) \tag{10.49}$$

마찬가지로 동익(rotor blade)에서 마찰에 의한 엔트로피증가가 없는 이상적 과정의 엔탈피를 h_3', 증기의 상대속도를 w_3'로 표시하면

$$h_3 + \frac{w_3^2}{2} = h_{3'} + \frac{w_{3'}^2}{2} \tag{10.50}$$

로 되고, 윗 식을 동익속도계수 $K_R(=w_3/w_3')$로 나타내면 다음과 같다.

$$h_3 - h_{3'} = \frac{w_{2'}^2}{2}(1-K_R^2) \tag{10.51}$$

반동터빈에 대한 오일러(Euler)의 터빈방정식은

$$E = u(w_{u2} - w_{u3}) = u(w_2 \sin\beta_2 + w_3 \sin\beta_3) \tag{10.52}$$

이며, 속도선도에서 $w_2 \sin\beta_2 = v_2 \cos\alpha - u$이므로 위식은 다음과 같이 나타낼 수 있 다.

$$E = u\,(v_2 \cos\alpha - u + W_3 \sin\beta_3) \tag{10.53}$$

속도선도가 좌우대칭으로서 $v_2 = w_3$, $v_3 = w_2$로 가정하면 $w_3 \sin\beta_3 = v_2 \cos\alpha$ 이므로 위 식은 다음과 같이 표시된다.

$$E = u\,(2v_2 \cos\alpha - u) \tag{10.54}$$

$d(E(u/v_2)) = 0$인 조건에서 최대효율을 나타내므로 최적속도비 u/v_{2opt}는 다음과 같다.

$$\frac{u}{v_{2opt}} = \cos\alpha \tag{10.55}$$

윗 식에서 반동터빈의 최적 로터회전속도는 충동터빈의 2배인 것을 알 수 있다.

연습문제

10.1 직경 5cm인 강관내에서 유동하는 공기의 압력은 10bar, 온도는 100℃, 유속은 80m/s로 60m를 유동하였을 때 마하수와 압력을 구하라.

10.2 비열비는 1.4인 공기가 속도 75m/s, 압력 160kPa, 온도 300K로 연소실로 유입되고, 연소실에서 가열량은 1000kJ/kg이다. 연소실출구에서 속도, 압력, 온도를 구하라.

10.3 가스터빈엔진용 압축기의 입구에서 공기의 엔탈피 $h_1 = 200$kJ/kg, 속도 $v_1 = 200$m/s이고, 출구에서 엔탈피 $h_2 = 1800$kJ/kg, 속도 $v_2 = 260$m/s이다. 압축기를 통과하는 공기의 질량유량 $\dot{m} = 2.6$kg/s일 때 압축기의 단열이론공기동력은 L_{th}는 몇 kW인가?

10.4 로터의 입구직경은 16cm, 출구직경은 8cm인 반경류 가스터빈이 24000rpm으로 작동하고 있을 때 출력은 140kW, 로터출구에서 배기의 속도는 250m/s, 압력은 101.3kPa, 온도는 370℃일 때 흡입되는 공기의 질량유량과 노즐출구의 압력을 구하라.

10.5 배기가 축방향으로 유출하는 이상적 반경류터빈에서 가스의 정익입구 전온도 $T_{o1} = 730$℃, 압력비 $p_{o1}/p_3 = 2.4$, 흡입측 공기와 연료의 질량유량 $\dot{m} = 0.36$kg/s, 로터의 직경 $D_2 = 15$cm, 비열비 $k = 1.35$, 기계효율은 95%일 때 (1) 속도비 u/v_2, (2) 터빈의 제동출력 L, (3) 전정효율 η_{ts}을 구하라.

10.6 축류가스터빈에서 노즐입구의 가스속도 $v_1 = 290\text{m/s}$, 가스온도 $T_1 = 1160℃$, 노즐 출구에서 가스속도 $v_2 = 450\text{m/s}$, 가스온도는 $T_2 = 920℃$이고 노즐 면적비 $A_2/A_1 = 1.5$, 가스의 비열비 $k = 1.35$, 가스의 축방향속도성분은 로터의 입구와 출구에서 같은 조건에서 운전하고 있을 때 (1) 배기의 속도, (2) 노즐 출구속도, (3) 변환된 에너지를 구하라.

10.7 반동도 $\rho = 0.5$인 단단 가스터빈에서 흡입측 단면적은 36cm^2, 로터출구의 평균직경은 8cm, 배기온도 $T_3 = 0℃$, 비기압력은 표준대기압, 로터의 회전수 $N = 40000\text{rpm}$, 축방향 속도성분 $v_{a2} = v_{a3} = 75\text{m/s}$, 원주방향 속도성분 $v_{u2} = 380\text{m/s}$, 비열비는 1.3일 때 (1) 노즐 각, (2) 로터의 원주속도, (3) 가스의 질량유량, (4) 터빈출력을 구하라.

10.8 단단 충동스팀터빈에서 노즐 각 $\alpha = 20°$, 로터의 평균반경 $r_m = 25\text{cm}$, 회전수 $N = 7200\text{rpm}$, 증기의 상대각 $\beta_2 = \beta_3$, 노즐출구에서 증기의 엔탈피 $h = 2750\text{kJ/kg}$, 압력 $p_2 = 97\text{kPa}$, 속도 $v_2 = 380\text{m/s}$일 때 속도선도를 구리고 출력을 구하라.

부 록 A

물의 물리적 성질

	밀도	비중량	점성계수	동점성계수	증기압수두	체적탄성계수
T	ρ	γ	$\mu \times 10^3$	$\nu \times 10^6$	p_v/γ	$E \times 10^{-7}$
(℃)	(kg/㎥)	(N/㎥)	(N·s/㎥)	(m2/s)	(m)	(N/m2)
0	999.9	9806	1.792	1.792	0.06	204
5	1000.0	9807	1.519	1.519	0.09	206
10	999.7	9804	1.308	1.308	0.12	211
15	999.1	9798	1.140	1.141	0.17	214
20	998.2	9789	1.005	1.007	0.25	220
25	997.1	9778	0.894	0.897	0.33	222
30	995.7	9764	0.801	0.804	0.44	223
35	994.1	9749	0.723	0.727	0.58	224
40	992.2	9730	0.656	0.661	0.76	227
45	990.2	9711	0.599	0.605	0.98	229
50	988.1	9600	0.549	0.556	1.26	230
55	985.7	9666	0.506	0.513	1.61	231
60	983.2	9642	0.469	0.477	2.03	228
65	980.6	9616	0.436	0.415	2.56	226
70	977.8	9589	0.406	0.415	3.20	225
75	974.9	9560	0.380	0.390	3.96	223
80	971.8	9530	0.357	0.367	4.86	221
85	968.6	9499	0.336	0.347	5.93	217
90	965.3	9466	0.317	0.328	7.18	216
95	961.9	9433	0.299	0.311	8.62	211
100	958.4	9399	0.284	0.296	10.33	207

부록 B

표준대기압에서 공기의 물리적 성질

	밀도	비중량	점성계수	동점성계수	비열비	음속
T	ρ	γ	$\gamma \times 10^{-5}$	$\nu \times 10^{-5}$	k	c
(℃)	(kg/㎥)	(N/㎥)	(N·s/㎥)	(m2/s)	(m)	(N/m2)
-40	1.514	14.85	1.57	1.04	1.401	306.2
-20	1.395	13.68	1.63	1.17	1.401	319.1
0	1.292	12.67	1.71	1.32	1.401	331.4
5	1.269	12.45	1.73	1.36	1.401	334.4
10	1.247	12.23	1.76	1.41	1.401	337.4
15	1.225	12.01	1.80	1.47	1.401	340.4
20	1.204	11.81	1.82	1.51	1.401	343.3
25	1.184	11.61	1.85	1.56	1.401	346.3
30	1.165	11.43	1.86	1.60	1.400	349.1
40	1.127	11.05	1.87	1.66	1.400	354.7
50	1.109	10.88	1.95	1.76	1.400	360.3
60	1.060	10.40	1.97	1.86	1.399	365.7
70	1.029	10.09	2.03	1.09	1.399	371.2
80	0.9996	9.803	2.07	2.07	1.399	376.6
90	0.9721	9.533	2.14	2.20	1.398	381.7
100	0.9461	9.278	2.17	2.29	1.397	386.9
200	0.7641	7.317	2.53	3.39	1.390	434.5
300	0.6159	6.040	2.98	4.84	1.379	476.3
400	0.5243	5.142	3.32	6.34	1.368	514.1
500	0.4565	4.477	3.64	7.97	1.357	548.8
1000	0.2772	2.719	5.04	18.20	1.321	694.8

부록 C

관내유속의 기준

유체	구분	용도	평균유속 (m/s)
액체	펌프	일반원신펌프흡입관	2 ~2.5
		일반원심펌프송출관	2.5~3.5
		저압원심펌프흡입관	2.5~3
		고압원심펌프송출관	3 ~3.5
		왕복펌프흡입관(장관)	0.7이하
		왕복펌프흡입관(단관)	1
		왕복펌프송출관(장관)	1
		왕복펌프송출관(단관)	2
	수도	상수도(공설)	0.6
		상수도(일반용)	1.5~2.5
		상수도(근거리) 지름3~15mm	~0.5
		상수도(근거리) 지름 ~30mm	~1
		상수도(근거리) 지름 > 100mm	~2
		상수도(중거리)	~1
		상수도(장거리)	0.5~0.7
	기타	보일러 급수	1.5~2
		일반급수(공장)	1~3
		해수 수송	1.5~2
		소방용 호스	6~10
		수력원동소 도수관	2~5
		난방탕관	0.1~3
	압축기	저압기통 흡입밸브	30~55
		저압기통 송출밸브	35~60
		고압기통 흡입밸브	15~25
		저압기통 송출밸브	20~30
증기	증기일반	포화증기관	12~40
		과급증기관 (일반)	40~80
		과급증기관 (5~7기압)	30~60
		과급증기관 (5~50기압)	15~20(소경)
		과급증기관 (5~50기압)	23~27(대경)
		과급증기관 (5~50기압)	30~50 (고급강제관)
		과급증기관 (5~50기압)	65~80 (ø75~ø250관)
		포화수증기	20~30
		과열수증기	30~45
		폐증기	15~25
	난방	증기난방지관(일관)	2.5~5
		증기난방지관(공업용)	3~7.5
		증기난방주관	7~13

유체	구분	용도	평균유속 (m/s)
증기	증기기관	포화증기	20~30
		과열증기	30~45
		과열증기(대형터빈)	50~70
		저압기통 급기밸브	40~65
		저압기통 배기밸브	35~55
		고압기통 급기밸브	35~55
		고압기통 배기밸브	30~50
공기	압축기	흡입관	10~20
		저압 송출관	20~30
		고압 송출관	10~15
		압축공기(2~3기압)	16~32
		동력용 압축공기 (5~7기압)	7~14(공장내) 6~30(지하시설)
	기관	소형가스석유기관흡입관	10~15
		대형가스석유기관흡입관	15~20
		소형디젤기관 흡입관	4~7
		대형디젤기관 흡입관	2~6
	송풍기	흡입관	10~15
		송출관	15~25
		배기용 공기덕트(구)	4~7
		배기용 공기덕트(입)	2~6
가스	일반	저압가스	10~20
		고압가스	15~25
		배기가스(연도내)	2~3
		배기가스(연돌내)	4~7
		석탄가스관	2~6
점성액	일반	점도 소(1~10kg/c㎡)	1.5~3
		점도 소(200~300 kg/cm2)	0.7~1.0
		점도 대	1.0~1.6
	50 CP	ø25	0.5~0.9
		ø75	0.7~1.0
		ø100	1.0~1.6
	10 CP	ø25	0.3~0.6
		ø50	0.5~0.7
		ø100	0.7~1.0
		ø200	1.2~1.6
	10 CP	ø25	0.1~0.2
		ø50	0.16~0.25
		ø100	0.25~0.35
		ø200	0.35~0.55

부록 D

펌프의 구경과 양수량

경(mm)		양수량(㎥/min)		유속(m/s)	
호칭지름	상당가스관지름(B)	표준수량	최대수량	표준수량	최대수량
20	3/4	0.025	0.03	1.33	1.60
25	1	0.05	0.06	1.70	2.04
35	$1\frac{1}{4}$	0.08	0.10	1.39	1.74
40	$1\frac{1}{2}$	0.13	0.15	1.73	1.99
50	2	0.20	0.25	1.41	1.83
70	$2\frac{1}{2}$	0.3~0.4	0.45	1.30~1.74	1.95
80	3	0.5~0.63	0.65	1.66~2.10	2.16
100	4	0.85~1.1	1.2	1.49~1.93	2.11
130	5	1.4~1.7	1.9	1.76~2.14	2.39
160	6	2.1~2.6	2.7	1.74~2.16	2.24
180	7	3.3	3.8	2.16	2.49
210	8	4~4.8	5.0	1.93~2.31	2.40
260	10	6~7.5	8.0	1.89~2.36	2.52
300	12	9~11	12	2.12~2.65	2.84
360		14	16	2.62	2.62
400		17~20	21	2.26~2.65	2.79
450		25	27	2.62	2.83
500		30	33	2.55	2.85
550		37	41	2.60	2.87
600		45	49	2.65	2.91
700		55~65	66	2.39~2.83	2.87
800		85	88	2.81	2.91
900		95	110	2.50	2.89
1000		115~140	140	2.45~2.98	2.98

참고문헌

1. Pump Handbook, Igor J.karassik, Mcgraw-Hill, 1976
2. Pumps, Harry L. Stewart, Theodore Audel &Co, 1977
3. Turbomachinery, Earl logan, Marcel Dekker, Inc, 1993
4. Handbook of Fluid Dynamics and Fluid Machinery, Schetz, Wiley, 1996
5. Fluid Machinery Wright, CRC Press, 1999
6. 流体機械, 大橋秀雄, 參北出版社, 1986
7. 流体機械, 原田幸夫, 朝倉書店, 1978
8. 流体機械, 村上光清, 參北出版社
9. 流体機械, 草間秀俊, 共立出版社
10. 공업열역학, 이창식외, 동명사, 1995
11. 유체기계, 김춘중외, 보성각, 1996
12. 유체기계, 하재현외, 문운당, 1996
13. 유체기계, 박이동, 동명사, 1996
14. 효성펌프편람, 효성Ebara주식회사, 2000
15. 유체기계, 이명호외, 보성각, 2002
16. 유체역학, 이명호외, 보성각, 2004
17. 에너지터보기계, 이명호, 아진, 2007

저자소개

이명호 - 공학박사
서울과학기술대학교 기계자동차공학과 교수

설비 유체기계

A-JIN
지은이와 협의 인지 생략

인　　쇄 : 2018년 09월 20일
발　　행 : 2018년 09월 28일
저　　자 : 이명호
발 행 처 : 도서출판 아진
16006
의왕시 이미로 40 (포일동 653)
인덕원 IT밸리 A동 1019호
TEL:02-737-0663 FAX:02-737-0664
Homepage:ajin.to E-mail:kgb@ajin.to
발 행 인 : 김 근 배
등록번호 : 제330-1995-56호
I S B N : 978-89-5761-519-5 93560

가격 25,000원